数 学 建 模

（Python版）

秦喜文 主编

董小刚　刘　铭　谭佳伟 副主编

清華大學出版社
北 京

内 容 简 介

本书包括运筹优化、图论模型、微分方程、随机模拟和统计方法等传统建模方法,同时还增设了智能优化算法、机器学习方法和深度方法,可以满足广大读者和参赛者的学习需求。本书算法实现以 Python 语言为主,每章内容均有详细的代码,可以帮助读者高效掌握 Python 编程实现算法。本书共包含 19 章,前两章为基础部分,分别为数学建模简介和 Python 简介;第3~11章为传统建模方法部分,其中,第 3 章和第 4 章分别介绍运筹优化中的线性规划和非线性规划,第 5 章介绍图论,第 6 章介绍微分方程,第 7 章介绍插值与拟合,第 8 章介绍随机模拟,第 9~11 章介绍统计方法,包括回归分析、聚类分析和主成分分析;第12~19 章为智能优化和机器学习部分,其中,第 12~14 章为智能优化,分别介绍模拟退火算法、遗传算法和粒子群优化算法,第 15~19 章为机器学习方法,分别介绍支持向量机、决策树、随机森林、神经网络和深度学习。

本书可作为高等学校数学建模、数学实验课程教材,也可作为数学建模竞赛的培训教材。

图书在版编目(CIP)数据

数学建模:Python 版/秦喜文主编.—北京:清华大学出版社,2024.3
ISBN 978-7-302-65237-3

Ⅰ.①数… Ⅱ.①秦… Ⅲ.①数学模型 Ⅳ.①O141.4

中国国家版本馆 CIP 数据核字(2024)第 035926 号

责任编辑:郭丽娜
封面设计:曹 来
责任校对:袁 芳
责任印制:杨 艳

出版发行:清华大学出版社
      网   址:https://www.tup.com.cn,https://www.wqxuetang.com
      地   址:北京清华大学学研大厦 A 座   邮   编:100084
      社 总 机:010-83470000   邮   购:010-62786544
      投稿与读者服务:010-62776969,c-service@tup.tsinghua.edu.cn
      质量反馈:010-62772015,zhiliang@tup.tsinghua.edu.cn
      课件下载:https://www.tup.com.cn,010-83470410
印 装 者:三河市龙大印装有限公司
经   销:全国新华书店
开   本:185mm×260mm   印   张:15.75   字   数:379 千字
版   次:2024 年 5 月第 1 版   印   次:2024 年 5 月第 1 次印刷
定   价:59.00 元

产品编号:094380-01

前言

数学建模以问题为导向,对次要问题进行理想性假设,突出重要的核心问题,建立和求解数学模型,并根据建模结果解决实际问题。数学建模是将数学理论、统计方法和专业领域知识交叉融合的有效途径,能够培养学生自主学习、独立分析和编程实现算法的能力,是一种培养学生创新意识和实践能力的有效手段。正因如此,我国从1992年开始启动了全国大学生数学建模竞赛,该竞赛受到了全国高等学校的高度重视,已成为全国高校规模最大的基础性学科竞赛,也是世界上规模最大的数学建模竞赛。

近年来,随着计算机硬件不断升级和计算机算力不断提升,数据科学和人工智能的时代已经来临,从前难以解决的高维的、复杂的建模问题有了新的解决方案与途径。数学建模涉及的领域非常广泛,如2021年全国大学生数学建模竞赛E题——中药材的鉴别,同时出现了无监督学习、有监督学习和半监督学习问题,是对中药材鉴别领域的一次新尝试和探索,对中药材鉴别具有重要的理论意义与应用价值;又如2021年美国大学生数学建模竞赛B题——确认关于大黄蜂的传言(Confirming the Buzz about Hornets),需要参赛者利用机器学习和深度学习方法对图片进行特征提取与分类鉴别,并对取证材料的真伪进行判定,在控制舆情和人员调度方面有重大意义。可见,数学建模问题贴近现实,涉及的知识体系逐渐丰富,对人们生产和生活产生了重大而深远的影响。

本书不仅包括运筹优化、图论模型、微分方程、随机模拟和统计方法等传统建模方法,还增设了智能优化算法、机器学习方法和深度学习方法,以满足广大读者和参赛者在新时代建模的需求。Python作为一门强大的编程语言,在实现机器学习和深度学习方面具有优势,可兼容其他软件的重要功能,因此本书编程实现以Python语言为主。本书既是一本可以掌握数学建模理论方法和编程实现的教材,也可以作为高等学校数学建模课程教材和数学建模竞赛的培训教材。

本书共包含19章,其中,第1章和第2章为基础章节,分别介绍了数学建模领域和Python编程语言基础知识。第3~11章为传统建模方法章节,其中第3章和第4章分别介绍了运筹优化中的线性规划和非线性规划；第 5 章介绍了图论；第 6 章介绍了微分方程模型；第 7 章和第 8 章分别介绍了插值与拟合和随机模拟实验；第 9～11 章为统计方法,包括回归分析、聚类分析和主成分分析；第 12～19 章为智能优化和机器学习建模章节,其中,第 12～14 章为智能优化部分,分别介绍了模拟退火算法、遗传算法和粒子群优化算法；第 15～19 章为机器学习方法部分,分别介绍了支持向量机、决策树、随机森林、神经网络和深度学习。

本书的主要特色如下。

(1)增设智能优化和机器学习方法。智能优化算法借助元启发式策略,在许多工程领域广泛应用,是一种高效的新求解策略。机器学习方法通过数据驱动,能够实现"端到端"的表征学习,构建较高泛化能力和预测能力的分类和回归预测模型,在有监督、半监督和无监督问题上具有明显优势。

(2)采用"理论—实现—应用"行文模式,普及数学建模方法理论,搭建方法理论到方法实现的"桥梁",强化"理论—实现"的建模思想和流程。理论方法是建模的基础,只有理解掌握建模理论,才能正确解决建模问题；编程实现是建模的求解过程,是通往建模结果的"桥梁"；以案例方式加深读者对理论方法的理解和应用,使本书更具可读性。

感谢我的研究生团队,他们为本书的整理和校对付出了辛苦努力。限于编者水平有限,书中难免有不足之处,恳请广大读者批评、指正。

编　者

2024 年 3 月

历年中国大学生数学建模竞赛赛题

例题源代码及数据

目 录

第1章 数学建模简介

马克思曾强调,一种科学只有在成功地运用数学时,才算达到了真正完善的地步。[①] 随着大数据和人工智能时代的到来,数学不仅在工程技术、自然科学等领域发挥越来越重要的作用,而且在经济、金融、生物、医疗、环境、人口、交通等众多领域的应用也逐渐拓宽和加深。我国著名的数学家王梓坤院士曾说过:"今天的数学兼有科学和技术两种品质,数学科学是授人以能力的技术。"数学作为一门技术,现已成为高新技术的重要组成部分,也是未来高素质创新人才必须具备的一门技术。数学建模活动是实现数学技术的有效途径,也正是数学建模活动为大学的数学教学改革打开了一个重要的突破口。

1.1 数学模型与数学建模

1.1.1 数学模型

模型是对原型的一种抽象或模拟,这种抽象或模拟正是要抓住原型的本质,并且抛弃次要部分。由此可以得出,模型可以反映原型,但不等于原型,可以说是对原型的近似。

数学模型(Mathematical Model)可以表述为:基于现实世界的一个特定对象,为某个特定目标,根据其特有的内在规律,做出一些必要的简化假设,再运用适当的数学工具而得到的一个数学结构。事实上,人们所了解的微积分、柯西积分公式、万有引力定律、能量转换定律、相对论等都是非常具有代表性的数学模型。

数学模型目前还没有统一的定义,站在不同的角度可以有不同的定义,例如:

(1) 当一个数学结构作为某种形式语言(包括常用符号、函数符号、谓词符号等符号集合)解释时,该数学结构就称为数学模型。

(2) 数学模型一般是实际事物的一种数学简化。为了使描述更具科学性、逻辑性、客观性和可重复性,人们采用一种普遍认为比较严格的语言描述各种现象,这种语言就是数学。使用数学语言描述的事物就称为数学模型。

(3) 数学模型是为一定目的而做的一种关于部分现实世界抽象、简化的数学结构,简言之,数学模型是用数学术语对部分现实世界进行的描述。

总之,数学模型既源于现实,又高于现实,它运用数理逻辑方法和数学语言对实际问题进行简化和概括,方便人们更好地理解所要解决的实际问题。

数学模型可以根据不同的方式进行分类,下面介绍几种常用的分类方式。

---

① 中共中央马克思恩格斯列宁斯大林著作编译局.回忆马克思[M].北京:人民出版社,2005:191.

（1）按模型使用的数学方法，可分为几何模型、图论模型、微分方程模型、概率模型、最优控制模型、规划论模型、马氏链模型等类型。

（2）按模型的时间关系，可分为静态模型和动态模型、定常参数模型和时变参数模型。

（3）按变量的性质，可分为离散变量模型和连续变量模型、确定型变量模型和随机型变量模型、单变量模型和多变量模型、线性模型和非线性模型。

（4）按模型的应用领域，可分为人口发展模型、交通模型、经济模型、生态模型、资源模型、环境模型等模型。

（5）按建模的目的，可分为分析模型、预测模型、优化模型、决策模型、控制模型等类型。

（6）按对模型结构的了解程度，可分为白箱模型、灰箱模型、黑箱模型等类型。

1.1.2 数学建模

数学建模是一种数学的思考方法，是运用数学语言和方法，通过抽象、简化建立能近似刻画并解决实际问题的一种强有力的数学手段。数学建模架起了数学与现实问题之间联系的桥梁，是数学在各个领域广泛应用的媒介，是数学技术转化为应用的重要体现。如今，数学建模在科学技术发展中的重要作用日益凸显，越来越受工程技术、自然科学等领域的普遍重视，已成为现代科技工作者必备的重要能力之一。

为了适应当今高科技发展的需要，数学建模开始进入大学教育的视线。国内外越来越多的高校开始进行"数学建模"这门课程的教学，并且举办数学建模大赛来培养学生的数学素养，提高学生建立数学模型和运用计算机技术解决实际问题的综合能力，鼓励广大学生踊跃参加课外科技活动，拓宽知识面，培养创造精神和合作意识，推动大学数学教学体系、教学内容和方法的改革。为了满足培养高质量、高层次科技人才，许多院校逐步转变自己的教学方式，将抽象与具体、理论与实践相结合，努力探索更加有效的数学建模教学方法。"数学建模"课程与我国其他课程相比，难度更大，创新点更多，涉及面更广，因此对教师和学生的能力水平要求更高、更加严格。数学建模是一个"探索、发现、建模、求解、验证、完善"的过程，这要求我们摆脱过去以教师为核心、以授课为主要途径的传统教学模式，取而代之的是以学生为核心、以提高创新能力为目标、以动手操作为主要方法的新型教学模式。数学建模的教学与实践，不仅开阔了学生的视野，而且有利于培养创造力、思维能力、自学能力、综合应用知识能力、计算机应用能力、写作能力及团结合作精神，使学生能够在工作、学习中用数学思维解决问题，提高应用计算机软件的能力，将数学与计算机相结合来解决实际问题。

1.2 数学建模的步骤

数学建模是富有创造性的过程，其具有一定的阶段性：首先，对现实问题进行分析，研究如何将问题转化为数学语言；其次，对转化后的实际问题用数学方法进行分析研究，求出正确结果；最后，再次回到实际问题中，运用求出的模型解决和解释实际问题。数学建模的步骤如图 1-1 所示。

1. 模型准备

数学建模的问题通常都是来自现实生活中各个领域的实际问题，没有固定的方法和标准答案。因此,数学建模的第一步是对问题所给的条件和数据进行分析,厘清对象的特征,明确要解决的问题、所要做的工作与所要完成的目标;同时,还要明确题目所给条件和数据的实际背景,从而可以清楚解决问题的意义和作用。

2. 模型假设

模型假设是指根据问题的实际意义,在明确研究对象的特征和建模目的的基础上,对所研究的问题进行必要的、合理的简化,用准确简练的语言进行表述,这是数学建模的重要一步。合理假设在数学建模中除了起着简化问题的作用外,还对模型的求解方法和使用范围起着限定作用。模型假设的合理性是评价一个模型优劣的重要指标之一,也是模型建立成败的关键所在。

假设合理性原则如下。

(1)目的性原则:根据对象的特征和建模的目的,简化那些与建立模型无关或关系不大的因素。

(2)适当性原则:所给出的假设条件过于简单或过于详细都可能使模型建立失败,因此要求假设条件简单、准确。

(3)真实性原则:假设条件要符合情理,简化带来的误差应在实际问题所能允许的误差范围内,不合理的假设会导致模型失败。

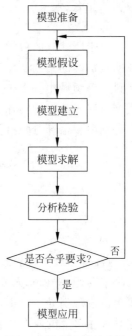

图 1-1 数学建模的步骤

需要注意的是,实际中要想做出合适的假设,需要一定的经验和探索。有时不一定一次就能成功,如果假设合理,则认为模型与实际问题比较吻合;如果假设与实际问题不吻合,就需要在建模过程中对已做的假设进行补充和修改。

3. 模型建立

在合理的假设之下,根据所给条件和数据,探索问题中相关变量或因素之间的数学规律,利用对象的内在规律和适当的数学工具构造各个变量之间的关系。在建立模型时究竟采用什么数学工具,要根据问题的特征、建模的目的及建模者的数学特长而定。数学的任何分支都能应用到建模过程中,而同一实际问题也可采用不同数学方法建立起不同的模型。

4. 模型求解

构造出数学模型之后,需根据已知条件和数据对模型的特征和结构特点进行分析。不同的数学模型的求解方法一般是不同的,通常涉及不同数学分支的专门知识和方法,这就要求我们除了熟练地掌握解方程、证明定理、逻辑运算、数值计算等各种传统数学知识和方法外,还应具备在必要时针对实际问题学习新知识的能力;同时,应具备熟练的计算机操作能力,熟练掌握一门编程语言和一两个数学工具软件包的使用,这会有助于高效、准确地解决问题。

5. 分析检验

由于数学模型是在一定的假设下建立的,而且利用计算机近似求解,其结果产生一定的误差是必然的,因此对于所求出的解,必须进行分析。首先是数学上的分析,有时要根据问题的性质,分析各变量之间的依赖关系或解的结果稳定性;有时要根据所得结果对实际问题的发展趋势进行预测;有时要给出数学上的最优决策或控制。除此之外,还需要进行误差分析、模型对数据的灵敏度分析等。其次需要对实际意义进行分析,即模型的解在实际中说明了什么、效果怎样、模型的适用范围如何等。

6. 模型应用

对于所建立的数学模型及求解结果，只有放到实际问题中应用，通过了实践检验才能被证明是正确的。数学模型的应用非常广泛，而且越来越多地渗透到社会科学、生命科学、环境科学等领域中。由于建模是预测的基础，而预测又是决策与控制的前提，因此可应用数学模型对许多部门的实际工作进行指导，如节省开支、减少浪费、增加收入，特别是可以对未来进行预测和估计，这对促进科学技术和工农业生产的发展具有深远意义。

1.3　数学建模的作用

1.3.1　数学建模课程的思政作用

《高等学校课程思政建设指导纲要》指出，培养什么人、怎样培养人、为谁培养人是教育的根本问题，立德树人成效是检验高校一切工作的根本标准。全面推进课程思政建设，就是要寓价值观引导于知识传授和能力培养之中，帮助学生塑造正确的世界观、人生观、价值观，这是人才培养的应有之义，更是必备内容。数学建模课程也在不断地探索与思政相结合的教育模式，与习近平新时代中国特色社会主义思想、社会主义核心价值观、家国情怀、社会责任、文化自信、人文情怀、工匠精神等思想政治元素有机融合，从而达到立德树人的目标。数学建模课程的思政作用主要体现在以下几方面。

（1）数学建模能增强学生的爱国意识。数学建模立足于解决经济、医学、环境、地质、人口、交通等领域中的问题，通过分析建模问题，把实际问题与数学联系起来，可以加深学生对国情的认识，引导学生关注国家发展、社会时事，树立正确的价值观、理想信念和家国情怀。

（2）数学建模突出培育学生求真务实、实践创新、精益求精的工匠精神，锤炼踏实严谨、耐心专注、吃苦耐劳、追求卓越等优秀品质，使学生成长为心系社会、有责任、有担当的专业人才。在建模过程中，由于实际问题解决方案的非唯一性，学生在运用不同的数学方法解决问题的过程中不断试错，不断改进，进而从科学认识规律的角度掌握数学创新的思维及方法。另外，在数学建模中，学生需要秉持诚信的原则，坚决杜绝抄袭行为，这有利于学生形成诚实守信的优良品德及严谨治学的学术态度。

（3）数学建模可以培养学生的科学素养和创新意识。建立一个合理的数学模型不是一蹴而就的，而是需要进行不断的推敲和尝试。在解决问题的过程中，每一步公式的推导、每一个问题的求解、每一个模型的优化，都在潜移默化地提高学生运用数学解决问题的能力，提升学生的科学素养。在建模过程中，学生可以体会到对现实问题由浅入深、由表及里的探索过程，并且愿意研究现实生活中隐藏的奥秘。

（4）数学建模可以培养学生的团队协作能力。大学生数学建模竞赛要求以队为单位参赛，参赛队由指导教师和若干名队员组成。任何团队工作的顺利进行都离不开团队合作和团队精神，团队成员之间的有效沟通对工作的开展至关重要。参赛过程中，每一名队员都需要明确自己的工作。多人组成的团队必须合理分工，取长补短，充分发挥每名队员的聪明才智，达到个人与团队的有机结合，实现"人力资源"的最大化利用。

（5）数学建模中处处体现着数学美。描述问题时精练语言之美、数学公式创新之美、数学模型解法的奇异之美、数学建模过程的和谐之美都是数学美的体现。另外,同一个问题可以建立多个数学模型,这些模型也是审美意识的具体应用。数学的神秘性使人产生幻想和揭示其奥妙的欲望,它也可以激发学生探求未知的欲望和对美的不懈追求。

1.3.2　数学建模对大学生能力的培养作用

随着我国高等教育的快速发展,大学已经成为我国高层次创新型人才的主要培养基地和高科技领域原始创新的源头。在数学建模过程中,学生需要用数学语言表达问题,需要用数学方法构建模型解决实际问题,需要在不断的头脑风暴中求索,需要经受脑力和体力的考验,因此数学建模能够培养学生多方面的能力。

(1) 文献检索和信息收集能力。数学建模是多学科知识、技能和能力的高度综合,对学生来说涉及许多未知领域,这就要求学生具备丰富的知识储备。学生需要自学掌握文献检索和信息收集技能,广泛查阅资料,加深对问题的了解,这大大锻炼和提高了学生的文献检索和信息收集能力。

(2) 知识拓展和综合运用能力。数学建模问题大多来源于实际问题,其背景可能涉及经济、生物、医学、环境、人口、交通等各个领域。全国大学生数学建模竞赛的时间仅有三天,学生必须在较短时间内通过自学掌握自己从未涉及的相关知识,并且灵活地把相关领域的知识与数学方法、计算机应用快速有效地结合起来,这就拓展了学生的知识领域并提高了学生对知识的综合运用能力。

(3) 数学软件的应用能力。在对数学模型的求解过程中需要大量的编程、计算、作图等工作,以处理建模所用到的数据。熟练应用 MATLAB、Python、R 等软件完成复杂的数学计算,是参加数学建模的参赛者必须具备的技能,这也是对每一名参赛者的要求。因此,数学建模活动对提高学生的计算机操作能力及编程能力的作用是不言而喻的。

(4) 逆向思维能力。逆向思维主要在于思维的独特性和新颖性,甚至打破常规思维。在数学建模过程中,有时如果打破"时空顺序",颠倒问题发生、发展的顺序,沿着相反的思路对问题进行展开,会产生意想不到的效果。因此,数学建模有利于培养学生的逆向思维。

(5) 科研创新能力。由于建模主题来自实际问题,因此没有标准答案,具有很大的灵活性,学生可以从不同角度分析问题,运用不同方法解决问题,有利于提高学生的创新能力。

1.4　数学建模论文的撰写

当参加数学建模竞赛时,竞赛论文是评价小组建模工作的唯一依据,而竞赛要求在三天内完成建模的所有工作,包括论文写作。因此,在赛前学习如何撰写建模论文是非常必要的。参赛者既要熟悉数学建模论文各部分内容的写作方法,又要具备良好的掌握时间节奏的能力。

数学建模竞赛章程规定,对论文的主要评价标准为"假设的合理性,建模的创造性,结果的正确性和文字表述的清晰程度",所以在论文中应尽力诠释这些特点。下面简单介绍数学建模论文的主要组成部分及各部分内容的撰写方法。

1. 题目

论文题目是一篇论文给出的涉及论文范围及水平的第一个重要信息,既要准确表达论文内容,恰当反映所研究的范围和深度,又要尽可能概括、精练。

2. 摘要

摘要是论文内容的简短陈述,其作用是使读者不必阅读论文全文即能获得必要的信息。在数学建模论文中,摘要是非常重要的一部分。数学建模论文的摘要应包含以下内容:所研究的实际问题、建立的模型、求解模型的方法、获得的基本结果及对模型的检验或推广。论文摘要需要用概括、简练的语言反映这些内容,尤其要突出论文的优点,如巧妙的建模方法、快速有效的算法、合理的推广等。全国大学生数学建模竞赛的摘要字数在300字以内为宜,从2001年开始,为了提高论文评选效率,大赛组委会要求论文第一页上只写题目和摘要,对摘要字数已无明确限制,故在摘要中也可适当出现反映结果的图、表和数学公式。

3. 问题重述

数学建模比赛要求解决给定的问题,所以论文中应叙述给定的问题。撰写这部分内容时,不要照抄原题,而应把握问题的实质,用简短精练的语言叙述问题。

4. 模型假设

建模时,要根据问题的特征和建模目的抓住问题的本质,对问题进行必要的简化,做出一些合理的假设。论文中的假设要以严格、确切的数学语言来表达,使读者不产生任何曲解。假设做得不合理或太简单,会导致模型无用或者错误;假设做得过于详尽,试图把复杂对象的众多因素都考虑进去,会使工作变难甚至无法继续下去。因此,在做出假设后应验证假设的合理性,选择最恰当的假设。

5. 分析与建立模型

这部分内容要根据假设,用数学语言符号抽象而确切地描述对象的内在规律,通过一定的数学方法建立方程式或归纳为其他形式的数学问题。在撰写这部分时,需要用分析和论证的方法,让评审专家清楚地了解建立模型的过程;对所用的变量符号、计量单位应做解释,特定的变量和参数应在文中保持一致,使模型易懂。总之,要把得到模型的过程表达清楚,方便评审专家更快地判断该模型的合理性。

6. 模型求解

模型是使用各种数学方法或软件包求解的。此部分应包括求解过程的公式推导、算法步骤及计算结果。为求解而编写的计算机程序应放在附录部分,有时需要对求解结果进行数学上的分析,如结果的误差分析、模型对数据的稳定性或灵敏度分析等。

7. 模型检验

把求解和分析结果反演到实际问题,与实际对象的现象、数据进行比较,检验模型的可靠性、合理性和适用性。如果结果不合理,需要对模型进行补充修正,甚至重新建模,这一步十分关键。

8. 模型推广

将该问题的模型推广到解决更多的类似问题,或讨论给出该模型的更一般情况下的解法,或指出可能的深化、推广及进一步研究的建议。

9. 参考文献

在正文中提及或直接引用的文献或原始数据应注明出处,并将相应的出版信息列在参考文献中,参考文献的具体格式可参照数学建模竞赛的有关规定。

10. 附录

附录是正文的补充,与正文有关而又不便于写入正文的内容都收集在这里(如果有需要就保留,不需要可以舍弃),包括计算机程序、比较重要但数据量较大的中间结果等。为便于阅读,应在源程序中加入必要的注释和说明语句。

1.5　数学建模竞赛

1.5.1　全国大学生数学建模竞赛

全国大学生数学建模竞赛(以下简称"竞赛")始于 1992 年,每年一届,是中国工业与应用数学学会(China Society for Industrial and Applied Mathematics,CSIAM)主办的面向全国大学生的群众性科技活动,旨在激励学生学习数学的积极性,提高学生建立数学模型和运用计算机技术解决实际问题的综合能力,鼓励广大学生踊跃参加课外科技活动,拓宽知识面,培养创造精神及合作意识,推动大学数学教学体系、教学内容和方法的改革。

竞赛题目一般来源于科学与工程技术、人文与社会科学(含经济管理)等领域,是经过适当简化加工的实际问题,不要求参赛者预先掌握深入的专门知识,只需要学过高等学校的数学基础课程。题目有较大的灵活性,供参赛者发挥其创造能力。参赛者应根据题目要求,完成一篇包括模型假设、建立和求解、计算方法的设计和计算机实现、结果的分析和检验、模型的改进等方面的论文(答卷)。竞赛评奖以假设的合理性、建模的创造性、结果的正确性和文字表述的清晰程度为主要标准。

1.5.2　中国研究生数学建模竞赛

中国研究生数学建模竞赛是一项面向在校研究生进行数学建模应用研究的学术竞赛活动,是广大在校研究生提高建立数学模型和运用互联网信息技术解决实际问题能力,培养科研创新精神和团队合作意识的大平台。其因综合性、创新性和实践性等特性吸引优秀人才加入,参赛队伍规模不断壮大。

中国研究生数学建模竞赛起源于 2003 年,最初是由东南大学发起并主办的"南京及周边地区高校研究生数学建模竞赛",2004 年更名为"全国研究生数学建模竞赛",2013 年被纳入教育部学位中心主办的中国研究生创新实践系列大赛。2017 年参赛高校扩大到国外高校,再次更名为"中国研究生数学建模竞赛"。2020 年,由华东理工大学承办第 17 届竞赛,共吸引了来自国内外的 523 所高校和部分研究院的 17219 支队伍 51657 名研究生报名参赛,该赛事已从地区性活动发展为全国性甚至是国际性活动,受到了广泛的关注。

1.5.3　美国大学生数学建模竞赛

美国大学生数学建模竞赛(Mathematical Contest in Modeling/Interdisciplinary Contest in Modeling,MCM/ICM)由美国数学及其应用联合会主办,是国际性数学建模竞赛,也是世界范围内最具影响力的数学建模竞赛。MCM 始于 1985 年,ICM 始于 1999 年,MCM/ICM 着重强调研究和解决方案的原创性、团队合作、交流及结果的合理性。

    MCM/ICM 的宗旨是鼓励大学师生对范围并不固定的各种实际问题予以阐明、分析并提出解法,强调实现完整的模型构造过程。MCM/ICM 是一种完全公开的竞赛,每年选取若干个来自不同领域的实际问题,学生以 3 人一队的形式参赛,在 4 天内任选一题,完成该实际问题的数学建模全过程,并就问题的重述、简化、假设及其合理性,数学模型的建立和求解(及软件)、检验和改进,模型的优缺点及其可能的应用范围等内容写出论文。由专家组成的评阅组评出优秀论文,并给予参赛者某种奖励。MCM/ICM 规定,在竞赛期间参赛者不得与队外任何人(包括指导教师)讨论赛题,但可以利用各种图书资料、互联网上的资料、计算机和软件等,为充分发挥参赛者的创造性提供了广阔的空间。

第2章 Python简介

重点内容

◇ Python 的安装和启动。

◇ Python 的基本数据类型。

◇ 条件判断及循环结构。

难点内容

◇ 类的定义及使用。

◇ 使用 NumPy 库处理高维数组。

◇ 使用 Matplotlib 库绘制图形。

Python 是一种具有动态语义、面向对象的解释型高级编程语言。Python 语法和动态类型，以及解释型语言的本质，使其成为多数平台上写脚本和快速开发应用的编程语言。随着 Python 版本的不断更新和新功能的添加，其逐渐被用于独立的、大型项目的开发。Python 功能强大，可以满足数学建模的需要，因此本书中的数学模型的编程实现以 Python 语言为主。本章思维导图如图 2-1 所示。

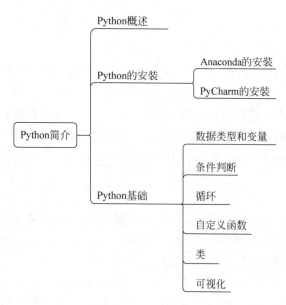

图 2-1　本章思维导图

2.1 Python 概述

Python 的设计理念强调代码的可读性和语法的简洁性,尤其是使用空格缩进划分代码块,而非使用花括号或者关键词,让开发者能够用更少的代码表达想法。不管是小型还是大型程序,都试图让程序的结构清晰明了。由于语法简洁而清晰,且具有丰富和强大的类库,Python 往往能够用几行简单的代码就可以驱动操作系统及实现应用程序的多样化功能。Python 能够将不同语言编写的程序拼在一起,因此它又被称为胶水语言。

Python 是由 Guido van Rossum 于 20 世纪 80 年代末 90 年代初,在荷兰国家数学和计算机科学研究所设计出来的。Python 有很多版本,用一个 Python 版本编写的程序未必与用另一个 Python 版本编写的程序兼容。

Python 2.0 于 2000 年 10 月 16 日发布,其增加了完整的垃圾回收功能,并且支持 Unicode。Python 3.0 于 2008 年 12 月 3 日发布,此版不完全兼容之前的 Python 源代码。不过,Python 3.0 的很多新特性后来也被移植到旧的 Python 2.6/2.7 版本,相对于 Python 的早期版本,这是一个较大的升级。Python 3.x 版本(x 表示不断递增的编号)也十分优秀,其去除了很多容易让人混淆的语言功能。目前来看,Python 3.x 的设计理念更加人性化,大规模普及和应用已经是大势所趋。

在科学领域,特别是在机器学习、统计建模、数据科学领域,Python 也被广泛使用。Python 除了具有高性能之外,凭借着 NumPy、SciPy 等优秀的数值计算、统计分析库,在数据科学领域占有不可动摇的地位。

2.2 Python 的安装

要使用 Python 语言进行程序开发,必须安装其开发环境,即 Python 解释器。由于 Python 自身缺少 NumPy、Matplotlib(绘图库)、SciPy、Scikit-learn 等一系列包,因此需要安装 pip 来导入这些包才能进行相应运算,但每次进入 Python 时都需要重新导入所需的包,这就使得操作略微烦琐。对于初学者而言,可以利用第三方 Python 集成开发环境 (Integrated Development Environment,IDE)进行程序设计,本书推荐直接安装 Anaconda。

2.2.1 Anaconda 的安装

Anaconda 是 Anaconda 公司提供的 Python 集成版,当在计算机上安装好 Anaconda 3 时,就相当于安装好 Python,以及 NumPy、SciPy、Pandas、IPython、Matplotlib、Scikit-learn 和 NLTK 等一些常用的库。

以 Windows 操作系统为例,进入 Anaconda 官网(https://www.anaconda.com),根据操作系统是 32 位还是 64 位选择对应的版本进行下载。下载好后运行该文件,按照提示进行安装即可。安装完 Anaconda 后,就可以使用其中的 Spyder 和 Jupyter Notebook 集成开发环境。

Spyder 开发环境比 Python 自带的集成开发和学习环境(Integrated Development and Learning Environment,IDLE)方便。在 Spyder 环境下,当表达式计算完成时,马上就可以看到其值;而 Python 自带的 IDLE 下,当表达式计算完成后并不显示其值,需要用 print 语句显示。也可以使用 Jupyter Notebook 编程,它的本质是一种 Web 应用程序,支持实时代码、数学方程、可视化和 Markdown 语法,并且能将这些内容全部组合到一个易于共享的文档中。它可以直接在代码旁写出叙述性文档,使代码一目了然。

2.2.2 PyCharm 的安装

PyCharm 是一种 Python IDE,带有一整套可以帮助用户在使用 Python 语言开发时提高其效率的工具。此外,该 IDE 提供了一些高级功能,以支持 Django 框架下的专业 Web 开发。

PyCharm 可到 JetBrains 官网首页下载,其中有两个版本:专业版(Professional Edition)和社区版(Community Edition),推荐下载安装社区版,其可以免费使用,无须激活,用户选择与自己系统对应的版本进行下载安装即可。如果之前没有安装 Python 解释器或 Anaconda,还需要下载安装 Python 解释器或 Anaconda,因为在 PyCharm 中编写 Python 程序时要有 Python 解释器的支持。

2.3 Python 基础

2.3.1 数据类型和变量

Python 是一种动态类型语言,在定义数据时不需要事先指定数据类型。也就是说,Python 中的变量不用声明,赋值之后可以直接使用,类型是在运行过程中自动确定的。

在运行过程中,基于变量的数据类型,Python 解释器会分配内存,并决定什么数据可以存储在内存中。因此,变量可以指定不同的数据类型。Python 中的数据类型包括数字类型(Numbers)、布尔值(Boolean)、字符串(String)、列表(List)、元组(Tuple)、字典(Dictionary)和集合(Set)。列表、元组、字典和集合类型的数据包含多个相互关联的数据元素,所以称它们为复合数据类型。字符串其实也是一种复合数据,其元素是单个字符。

列表、元组和字符串是有顺序的数据元素的集合体,称为序列(Sequence),序列可以通过各数据元素在序列中的位置编号(索引)来访问数据元素。集合和字典属于无顺序的数据集合体,数据元素没有特定的排列顺序,因此不能像序列那样通过位置编号来访问数据元素。

1. 数字类型

Python 支持四种不同的数字类型,分别是 int(整型)、long(长整型)、float(浮点型)、complex(复数)。

(1) int:通常称为整型或整数,是指不带小数点的正整数或负整数。

(2) long:不同于 C 语言,Python 的长整型没有指定位宽,即 Python 没有限制长整数的大小。但实际上,由于机器内存有限,长整数不可能无限大。

(3) float:用来处理实数,即带有小数的数字。之所以称其为浮点数,是因为按照科学计数法表示时,一个浮点数的小数点位置是可变的,如 2.99×10^8 和 29.9×10^7 是完全相等的。

(4) complex:由实数部分和虚数部分组成,一般形式为 $x + yi$。

2. 布尔值

布尔值与布尔代数的表示完全一致,一个布尔值只有 True 和 False 两种值,要么是True,要么是 False。在 Python 中,布尔数据类型通常用于流程控制中的逻辑判断,包括and、or 和 not 三种运算,具体运算法则如表 2-1 所示。

表 2-1　and、or、not 运算

逻辑运算	描　述	示　例
and(与运算)	只有两个布尔值都为 True,运算结果才为 True	True and True,返回 True True and False,返回 False False and True,返回 False False and False,返回 False
or(或运算)	只要有一个布尔值为 True,运算结果即为 True	True or True,返回 True True or False,返回 True False or True,返回 True False or False,返回 False
not(非运算)	单目运算符,把 True 变成 False,False 变成 True	not True,返回 False not False,返回 True

通过比较运算符比较两个对象的大小时也可返回布尔值,如表 2-2 所示。

表 2-2　比较运算结果

比较运算符	描　述	示　例
==	判断两个对象是否相等	a=1,b=2,(a==b)返回 False
!=	判断两个对象是否不相等	a=1,b=2,(a!=b)返回 True
>	判断 x 是否大于 y	a=1,b=2,(a>b)返回 False
<	判断 x 是否小于 y	a=1,b=2,(a<b)返回 True
>=	判断 x 是否大于或等于 y	a=1,b=2,(a>=b)返回 False
<=	判断 x 是否小于或等于 y	a=1,b=2,(a<=b)返回 True

3. 字符串

在 Python 中,定义一个字符串可以使用单引号、双引号和三引号(三个单引号或三个双引号)。单引号和双引号表示法在字符串显示上完全相同,一般不用区分。但是通常情况下,单引号用于定义一个单词,双引号用于定义一个词组或句子。将字符串内容放在一对三引号中间时,不仅保留字符串的内容,还保留字符串的格式。三引号通常用于输入多行文本信息,一般可以表示大段的叙述性字符串。

1) 创建字符串

字符串是 Python 中最常用的数据类型之一。创建字符串的方法很简单,只要为变量分配一个值即可。例如:

```
var = "Hello world!"
print(var)
```

输出结果如下：

Hello world!

2）计算字符串的长度

len()方法返回对象（字符、列表、元组等）长度或项目个数，语法格式如下：

len(s)

其中，参数 s 为要计算长度的字符、列表、元组等。

3）转换字母大小写

与其他语言一样，Python 为字符串对象提供了转换字母大小写的方法：upper()和 lower()。不仅如此，Python 还提供了首字母大写、其余字母小写的 capitalize()方法，以及所有单词首字母大写、其余字母小写的 title()方法。例如：

```
s = "hEllo wOrld"
print(s.upper())                #所有字母大写
print(s.lower())                #所有字母小写
print(s.capitalize())           #首字母大写,其余字母小写
print(s.title())                #所有单词首字母大写,其余字母小写
```

输出结果如下：

```
HELLO WORLD
hello world
Hello world
Hello World
```

4）查找字符串

find()方法用来检测字符串中是否包含子字符串，如果指定 beg(开始)和 end(结束)范围，则检测子字符串是否包含在指定范围内。

find()方法的语法格式如下：

```
str.find(sub, beg = 0, end = len(string))
```

其中，sub 表示指定检索的子字符串；beg 表示开始索引，默认为 0；end 表示结束索引，默认为字符串的长度。find()方法的返回结果为子字符串所在位置的最左端索引，如果没有找到，则返回-1。例如：

```
str1 = "Runoob example"
str2 = "exam"
print(str1.find(str2))
```

输出结果如下：

7

5）统计字符出现次数

count()方法用于统计字符串里某个子字符串出现的次数，可选参数是在字符串中进行搜索的开始位置与结束位置。count()方法的语法格式如下：

```
str.count(sub, start = 0, end = len(string))
```

其中，参数 sub 指要搜索的子字符串；参数 start 指搜索的开始位置，默认为第一个字符，第

一个字符的索引值为 0；参数 end 指搜索的结束位置，默认为字符串 str 最后一个字符的位置。count()方法返回的是子字符串 sub 在字符串 str 中出现的次数。

4. 列表

列表是 Python 中最基本的复合数据类型。列表中的每个元素都分配一个数字——它的位置或索引，第一个索引是 0，第二个索引是 1，以此类推。

创建一个列表，只需把逗号分隔的不同数据项使用方括号括起来即可。列表中的元素类型不受任何限制，可以存放数值、字符串及其他数据结构的内容。例如：

```
list1 = [1, 2, 3, 4, 5, 6]
list2 = ['a', 'b', 'c', 'd']
```

列表是一种序列，即每个元素是按照顺序存入的，这些元素都有一个属于自己的位置。另外，列表是一种可变类型的数据结构，允许对列表进行修改，包括增加、删除和修改列表中的元素值。

(1) 可以使用索引值访问列表中的元素，也可以使用切片(形如[start：end：step])截取字符：从索引 start 开始到(end−1)，每隔 step 取一个字符。例如：

```
print("list1[0]:", list1[0])
print("list1[1:5]:", list1[1:5])
```

输出结果如下：

```
list1[0]: 1
list1[1:5]: [2, 3, 4, 5]
```

(2) 如果要取最后一个元素，除了计算索引值外，还可以用−1 做索引。例如：

```
list1[-1]
```

输出结果如下：

```
6
```

(3) 可以用 append()方法向列表中追加元素到末尾。例如：

```
list2.append('e')
print(list2)
```

输出结果如下：

```
['a', 'b', 'c', 'd', 'e']
```

(4) 可以用 insert()方法把元素插入指定的位置，如索引号为 1 的位置。

```
list1.insert(1, 0)
print(list1)
```

输出结果如下：

```
[1, 0, 2, 3, 4, 5, 6]
```

5. 元组

元组是一个不可改变的列表，不可改变意味着其不能被修改。对于一些不想被修改的数据，可以用元组来保存。元组写在圆括号中，元素之间用逗号隔开。元组与列表类似，但由于元组只是存储数据的不可变容器，因此在定义时，元组的元素就必须确定下来。如果要

定义一个空的元组,可以写成:

```
t = ()
t
```

输出结果如下:

```
()
```

要定义一个只有 1 个元素的元组,如果写成

```
t = (1)
t
```

输出结果如下:

```
1
```

可知其定义的不是元组,而是 1 这个数。这是因为圆括号既可以表示元组,也可以表示数学公式中的小括号,于是产生了歧义。因此,Python 规定,这种情况下按小括号进行计算,计算结果自然是 1。若要定义只有 1 个元素的元组,必须加一个逗号来消除歧义,例如:

```
t = (1, )
t
```

输出结果如下:

```
(1,)
```

Python 在显示只有 1 个元素的元组时也会加一个逗号,以免被误解成数学计算意义上的括号。

6. 字典

字典是另一种可变容器模型,并且可以存储任意类型对象,如字符串、数字、元组。字典在其他语言中也称为 map,使用键-值(key-value)存储,具有极快的查找速度。

字典由键和对应值成对组成,字典的每个键值对用冒号分隔,每个键值对之间用逗号分隔,整个字典包括在花括号中。例如:

```
dict = {'Name':'Amber', 'Age':18, 'Class':'First'}
```

键必须独一无二,但值则不必,其既可以是标准对象,也可以是用户自定义对象。值可以取任何数据类型,但必须是不可变类型,如字符串、数字或元组。键不可变,所以可以用数字、字符串或元组充当,而不可以用列表。

由于一个 key 只能对应一个 value,因此如果多次对一个 key 赋 value,则后面的值会把前面的值覆盖。例如:

```
dict['Age'] = 20
dict
```

输出结果如下:

```
{'Name': 'Amber', 'Age': 20, 'Class': 'First'}
```

使用内置方法 clear()可以清空字典。若要删除字典中的某一项,可以使用内置方法 pop(),也可以使用函数 del()。例如:

```
del dict['Age']                    #删除键为'Age'的条目
dict
```

输出结果如下:

{'Name': 'Amber', 'Class': 'First'}

Python 字典常用的函数如表 2-3 所示。

表 2-3　Python 字典常用的函数

函　　数	说　　明
cmp(dict1,dict2)	比较两个字典元素
len(dict)	计算字典元素个数,即键的总数
str(dict)	将字典转成字符串
type(variable)	返回输入的变量类型,如果变量是字典,就返回字典类型

7. 集合

集合是一个无序排列的、不重复的集合体,类似于数学中的集合概念,可对其进行交、并、差等运算。集合和字典都属于无序集合体,有许多操作是一致的。

1) 集合的创建

在 Python 中,创建集合有两种方式:一种是用一对花括号({})将多个用逗号分隔的数据括起来;另一种是使用 set()函数,该函数可以将字符串、列表、元组等类型的数据转换成集合类型的数据。

创建一个空集合必须用 set()函数而不是{},因为{}是用来创建一个空字典的。

集合中不能有相同元素,如果在创建集合时有重复元素,Python 会自动删除重复的元素。集合的这个特性非常有用,例如,要删除列表中大量重复的元素,可以先用 set()函数将列表转换成集合,再用 list()函数将集合转换成列表,操作效率非常高。

集合操作范例如下:

```
#程序文件
a = set('abcde')                #把字符串转化为集合
print (a)                       #每次输出是不一样的,如输出: {'a', 'd', 'e','c','b'}
b = [1,2,2,2,3,5,6,6]
c = set (b)                     #转化为集合,去掉重复元素
print (list(c))                 #显示去掉重复元素列表,输出:[1,2,3,5,6]
```

2) 集合的常用方法

Python 以面向对象方式为集合类型提供了很多方法,集合的常用方法见表 2-4。

表 2-4　集合的常用方法

方　　法	含　　义
s. add(x)	在集合 s 中添加对象 x,如果对象已经存在,则不添加
s. remove(x)	从集合 s 中删除 x,若 x 不存在,则引发 KeyError 错误
s. discard(x)	如果 x 是集合 s 的成员,则删除 x,x 不存在,也不出现错误
s. clear()	清空集合 s 中的所有元素
s. copy()	将集合 s 进行一次浅复制
s. pop()	从集合 s 中删除第一个元素,如果 s 为空,则引发 KeyError 异常
s. update(s2)	用 s 与 s2 得到的并集更新集合 s

8. 变量

变量的概念与初中代数的方程变量基本是一致的,只是在计算机程序中,变量不仅可以是数字,还可以是任意其他数据类型。

在 Python 中,等号是赋值语句,可以把任意数据类型赋值给变量。例如:

```
a = 123                    #a是整数
print(a)
```

输出结果如下:

```
123
```

同一个变量可以反复赋值,而且可以是不同类型的值。例如:

```
a = 'ABC'                  #a变为字符串
print(a)
```

输出结果如下:

```
ABC
```

注意:理解变量在计算机内存中的表示也非常重要。当写"a='ABC'"时,Python 解释器做了两件事情:在内存中创建一个字符串'ABC',同时在内存中创建一个名为 a 的变量,并把它指向'ABC'。

也可以把一个变量 a 赋值给另一个变量 b,该操作实际上是将变量 b 指向变量 a 所指向的数据。例如:

```
a = 'ABC'
b = a
a = 'XYZ'
print(b)
```

输出结果如下:

```
ABC
```

9. NumPy

NumPy 是 Python 语言的一个第三方库,支持高维度数组与矩阵运算。它是一个由多维数组对象和用于处理数组的例程集合组成的库。此外,NumPy 针对数组运算提供了大量的数学函数,其通常与 SciPy 和 Matplotlib 一起使用。这种组合可视为一种技术计算平台,能在一些领域中替代 MATLAB。因此,在用 Python 实现数学建模的过程中,NumPy就成了必不可少的工具之一。

1) 导入 NumPy

NumPy 是外部库,这里所说的"外部"是指不包含在标准版 Python 中。Python 中使用import 语句导入库。导入 NumPy 库的语句如下:

```
import numpy as np
```

这里的 import numpy as np 表示"将 NumPy 作为 np 导入",之后 NumPy 相关的方法

均可通过 np 来调用。

一般地,使用 import 语句导入模块的语法如下:

```
import module1[, module2[,..., moduleN]]
```

2)生成 NumPy 数组

要生成 NumPy 数组,需要使用 np.array()方法。np.array()接收 Python 列表作为参数,生成 NumPy 数组(numpy.ndarray)。例如,通过列表创建一个一维数组。

```
x = np.array([1, 2, 3, 4, 5])
print(x)
```

输出结果如下:

```
[1 2 3 4 5]
```

3)NumPy 的算术运算

当 NumPy 的两个数组元素个数相同时,可以对各个对应元素进行算术运算。如果元素个数不同,程序就会报错,所以元素个数保持一致非常重要。例如:

```
y = np.array([1.0, 2.0, 3.0])
z = np.array([2.0, 4.0, 6.0])
print(y + z)                    #对应元素的加法
print(y / z)                    #对应元素的除法
```

输出结果如下:

```
[3. 6. 9.]
[0.5 0.5 0.5]
```

4)NumPy 的 N 维数组

NumPy 不仅可以生成一维数组,也可以生成多维数组。数学上将一维数组称为向量,将二维数组称为矩阵。例如,生成一个 2×2 的矩阵 A。

```
A = np.array([[1,2], [3,4]])
print(A)
```

输出结果如下:

```
[[1 2]
 [3 4]]
```

另外,矩阵 A 的形状可以通过 shape 查看,矩阵元素的数据类型可以通过 dtype 查看。NumPy 的常用函数如表 2-5 所示。

表 2-5 NumPy 的常用函数

函　　数	说　　明
array	将输入数据(列表、元组、数组或其他序列类型)转换为 ndarray 如不显示指明数据类型,将自动推断;默认复制所有的输入数据
asarray	将输入转换为 ndarray,但如果输入已经是 ndarray,则不再复制用于生成数组,在给定间隔内返回均匀间隔的值
arange	类似于内置的 range,但返回的是一个 ndarray,而不是列表

续表

函 数	说 明
ones，ones_like	根据指定的形状和 dtype 创建一个全 1 数组。one_like 以另一个数组为参数，并根据其形状和 dtype 创建一个全 1 数组
zeros，zeros_like	类似于 ones 和 ones_like，只不过产生的是全 0 数组
empty，empty_like	创建新数组，只分配内存空间，但不填充任何值
full，full_like	用 fill_value 中的所有值，根据指定的形状和 dtype 创建一个数组。full_like 使用另一个数组，用相同的形状和 dtype 创建一个数组
eye，identity	创建一个 $n \times n$ 的单位矩阵

2.3.2 条件判断

条件判断的代表性语句是 if 语句，Python 条件语句根据条件表达式的值(True 或者 False)决定要执行的代码块。下面介绍 if 语句的三种结构：单分支结构、双分支结构和多分支结构。

1. 单分支结构

单分支 if 语句的一般格式如下：

```
if 条件表达式:
    条件执行体
```

当条件表达式的值为 True 时，就执行条件执行体；反之，则不执行代码，如图 2-2 所示。

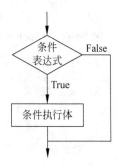

图 2-2 单分支结构流程图

注意：

(1) 在 if(或 elif)语句的条件表达式后面必须加冒号":"。

(2) if(或 elif)语句中的条件执行体必须向右缩进，条件执行体可以是单个语句，也可以是多个语句。当包含两个或两个以上语句时，语句的缩进必须一致，即执行体中的语句必须上下对齐。

(3) 如果执行体只有一条语句，则 if(或 elif)语句和执行体可以写在同一行上。

例如：

```
a = 10
b = 20
if a <= b:print("最大数为:", b)
```

输出结果如下：

```
最大数为: 20
```

2. 双分支结构

双分支 if 语句的一般格式如下：

```
if 条件表达式:
    条件执行体 1
else:
    条件执行体 2
```

当条件表达式的值为 True 时,执行条件执行体 1;反之,执行条件执行体 2,如图 2-3 所示。
例如,用双分支 if 语句输出 a 和 b 中的最大数。

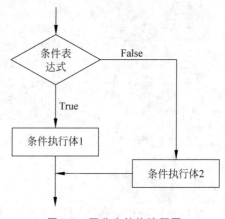

```
a, b = eval(input("请输入 a,b 两个数:"))
#把字符串转化为数值
if a <= b:
    print("最大数为:", b)
else:
    print("最大数为:", a)
```

输出结果如下:

请输入 a,b 两个数: 40,50
最大数为: 50

图 2-3　双分支结构流程图

3. 多分支结构

多分支 if 语句的一般格式如下:

```
if 条件表达式 1:
    条件执行体 1
elif 条件表达式 2:
    条件执行体 2
...
elif 条件表达式 M:
    条件执行体 M
else:
    条件执行体 M+1
```

多分支结构流程如图 2-4 所示。

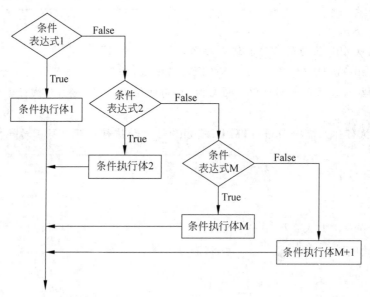

图 2-4　多分支结构流程图

例如,使用多分支 if 语句输入学生成绩并为其分级。

```
score = int(input("输入成绩:"))
if 90 <= score <= 100:
    print("级别为:A 级")
```

```
elif 80 <= score < 90:
    print("级别为:B级")
elif 70 <= score < 80:
    print("级别为:C级")
elif score < 70:
    print("级别为:D级")
else:
    print("成绩有误")
```

输出结果如下:

```
输入成绩: 90
级别为:A级
```

2.3.3 循环

Python 有两种循环结构:一种是 while 循环,另一种是 for 循环。为了让计算机能进行成千上万次的重复运算,就需要使用循环语句。

例如,计算 1~10 的和可以直接采用如下表达式。

```
1 + 2 + 3 + 4 + 5 + 6 + 7 + 8 + 9 + 10
```

输出结果如下:

```
55
```

但如果计算 1~1000 的和,采用直接写出表达式的方式就很烦琐了,这时就需要引入循环语句,命令计算机进行重复运算,以便更加快捷地得到结果。

1. while 循环

while 循环的语法结构如下(图 2-5):

```
while 条件表达式
    循环执行体
```

例如,利用 while 循环结构计算 0~1000 的和。

```
a = 0
sum = 0
while a < 1001:
    sum = sum + a
    a = a + 1
print("和为:", sum)
```

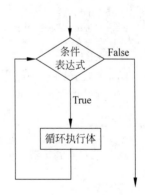

图 2-5 循环结构流程图

2. for 循环

for 循环又称计数循环,是一种可以重复执行固定次数的循环。

for 循环的语法格式下:

```
for item in 可迭代对象:          # item 为自定义变量
    循环执行体
```

例如,利用 for 循环计算 1~500 的偶数和。

```
sum = 0
for item in range(1,501):        # range()产生一个整数序列,计数到 501,但不包括 501
    if item % 2 == 0:            # "%"为取余运算符
```

```
        sum = sum + item
print(sum)
```

输出结果如下：

```
62750
```

2.3.4　自定义函数

在编写脚本的过程中,对于要重复完成的工作可以提取出来,将其编写为函数,在脚本中使用时调用即可。在 Python 中,函数必须先声明,然后才能在脚本中使用。使用函数时,只要按照函数定义形式向函数传递必需的参数,就可以调用函数完成所需的功能。使用函数可以提高代码的可维护性和可读性。

Python 中自定义函数的语法如下：

```
def 函数名(参数列表):
    函数语句
    return 结果
```

根据参数返回值的有无,可将函数的定义分为 4 种形式,下面通过 4 个例子予以说明。

形式 1：

```
def func1():                        # 函数无传入参数
    print("func1")                  # 无返回值
    func1()                         # 函数调用
```

形式 2：

```
def func2():
    return("func2")                 # 返回字符串 "func2"
```

形式 3：

```
def func3(a,b):                     # 需传两个参数
    print("a + b = %d" % (a + b))   # 输出表达式,无返回值
```

形式 4：

```
def func4(a,b):                     # 需传两个参数
    return (a + b)                  # 返回 a + b 的值
```

📝注意：

(1) 函数定义必须放在函数调用前,否则编译器会因找不到该函数而报错。

(2) 返回值不是必需的,如果没有 return 语句,则 Python 默认返回 None。

定义好函数后,就可以使用函数名调用函数。

如定义一个求 n 的阶乘的函数,再调用该函数求 5 的阶乘,代码如下：

```
def factorial(n):
    r = 1
    while n > 1 : r *= n; n -= 1
        return r
print(factorial(5))                 # 调用函数
```

输出结果如下：

120

2.3.5 类

类是指用来描述具有相同属性和方法的对象的集合。也就是说，类定义了这种集合中每个对象共有的属性和方法。如果用户自己定义类，就可以自己创建数据类型，也可以定义原创的方法（类的函数）和属性。类的组成包括类属性、实例方法、类方法和静态方法。

在 Python 中通过 class 关键字创建类，其语法如下：

```
class 类名(object):
```

类名通常是大写字母开头的单词，object 表示该类是从哪个类继承下来的。例如，创建一个 Student 类的实例（其中的__init__()方法是进行初始化的方法，也称为构造函数，只有在生成类的实例时被调用一次）。

```
class Student:
    native_place = "吉林"              ♯直接写在类里的变量称为类属性
    def __init__(self, name, age):
        self.name = name              ♯self、name 为实体属性，self.name = name 是赋值操作，
                                      ♯将局部变量 name 的值赋给了实体属性
    def study(self):                  ♯实例方法
      print("学生在学习……")

    @classmethod                      ♯类方法
    def cm(cls):
      print ("我是类方法，因为我使用了 classmethod 进行修饰")
    @staticmethod                     ♯静态方法
    def method():
      print("我是静态方法，因为我使用了 staticmethod 进行修饰")
```

2.3.6 可视化

图形的绘制和数据的可视化在数学建模过程中具有十分重要的作用。Matplotlib 是用于绘制图形的库，使用 Matplotlib 可以轻松地绘制图形和实现数据的可视化。Matplotlib 提出了对象容器（Object Container）的概念，有 Figure、Axes、Axis、Tick 4 种类型的对象容器。其中，Figure 负责图形大小、位置等操作；Axes 负责坐标轴位置、绘图等操作；Axis 负责坐标轴的设置等操作；Tick 负责格式化刻度的样式等操作。4 种对象容器之间是层层包含的关系。

1. 常用绘图函数

Matplotlib.pyplot 模块中的 plot()函数可用于绘制折线图，其常用语法和参数含义如下：plot(x,y,s)，其中，x 为数据点的横坐标；y 为数据点的纵坐标；s 为指定线条颜色、线条样式和数据点形状的字符串（见表 2-6）。

表 2-6 绘图常见的样式和颜色类型

类 型	参 数 符 号	含 义
线条颜色	b	蓝色(blue)
	c	青色(cyan)
	g	绿色(green)
	k	黑色(black)
	m	洋红色(magenta)
	r	红色(red)
	w	白色(white)
	y	黄色(yellow)
线条样式	-	实线(solid line)
	--	虚线(dashed line)
	-.	点画线(dashed-dot line)
	:	点线(dotted line)
数据点形状	.	点(point)
	o	圆圈(cycle)
	*	星形(star)
	x	十字架(cross)
	s	正方形(square)
	p	五角星(pentagon)
	D/d	菱形/窄菱形
	h	六角形(hexagon)
	+	加号
	|	竖直线
	1/2/3/4	下/上/左/右箭头

plot()函数也可以使用如下调用格式。

```
plot(x, y, linestyle, linewidth, color, marker, markersize, markeredgecolor, markerfacecolor,
markeredgewidth, label, alpha)
```

其中参数说明如下。

（1）linestyle：指定折线的类型，可以是实线、虚线和点画线等，默认为实线。

（2）linewidth：指定折线的宽度。

（3）color：指定折线的颜色。

（4）marker：可以为折线图添加点，该参数设置点的形状。

（5）markersize：设置点的大小。

（6）markeredgecolor：设置点的边框色。

（7）markerfacecolor：设置点的填充色。

（8）markeredgewidth：设置点的边框宽度。

（9）label：添加折线图的标签，类似于图例。

（10）alpha：设置图形的透明度。

Matplotlib.pyplot 模块中的其他常用函数如下。

（1）pie()：绘制饼状图。

（2）bar()：绘制柱状图。

（3）hist()：绘制二维直方图。

（4）scatter()：绘制散点图。

2. 绘图步骤

Matplotlib 绘图主要包括以下几个步骤。

（1）导入 Matplotlib. pyplot 模块。

（2）设置绘图数据及参数。

（3）调用 Matplotlib. pyplot 模块的 plot()、pie()、bar()、hist()、scatter()等函数进行绘图。

（4）设置绘图的 x 轴、y 轴、标题、网格线、图例等内容。

（5）调用 show()函数显示已绘制的图形。

例如，使用 Matplotlib 绘制正弦、余弦曲线，代码如下：

```
import numpy as np
import matplotlib.pyplot as plt
from pylab import *
figure(figsize = (8,6), dpi = 80)          ＃创建一个 8×6 点(point)的图,并设置分辨率为 80
subplot(1,1,1)                             ＃创建一个新的 1×1 的子图,接下来的图样绘制在其中
                                           ＃的第 1 块(也是唯一的一块)
X = np.linspace( - np.pi, np.pi, 256, endpoint = True)
C, S = np.cos(X), np.sin(X)
＃绘制余弦曲线,使用蓝色的、连续的、宽度为 1(像素)的线条
plot(X, C, color = "blue", linewidth = 1.0, linestyle = " - ")
＃绘制正弦曲线,使用绿色的、连续的、宽度为 1(像素)的线条
plot(X, S, color = "green", linewidth = 1.0, linestyle = " - ")
＃设置横轴的上下限
xlim( - 4.0, 4.0)
＃设置横轴记号
xticks(np.linspace( - 4, 4, 9, endpoint = True))
＃设置纵轴的上下限
ylim( - 1.0, 1.0)
＃设置纵轴记号
yticks(np.linspace( - 1, 1, 5, endpoint = True))
＃显示图片
show()
```

输出结果如图 2-6 所示。

pyplot 中还提供了用于显示图片的方法 imshow()。另外，可以使用 matplotlib. image 模块的 imread()方法读入图片。例如：

```
import matplotlib.pyplot as plt
from matplotlib.image import imread
img = imread('image_12.png')               ＃读入图片
plt.imshow(img)
plt.show()
```

输出结果如图 2-7 所示。

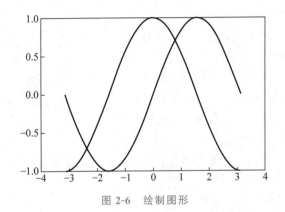

图 2-6　绘制图形

图 2-7　读入图片

本 章 小 结

本章介绍了 Python 的基础知识,包括 Python 集成环境的安装、核心数据类型和基本的条件判断、循环语句,以及通过 NumPy 库进行数值计算;然后介绍了函数的定义与调用;最后介绍了类的定义与使用及数据可视化。

习　　题

1. 已知字符串 a＝"aAdminisTeatIon",请将 a 字符串中的大写字母改为小写字母,小写字母改为大写字母。

2. 购买商品时,假设有商品列表 list＝["薯片","布丁","牛奶","可乐"],请在控制台上显示所有商品,格式为"序号 商品名称",如"1 薯片"。

3. 在一次满分为 100 分的考试中,设定 90 分及以上为 A 等级,60～89 分为 B 等级,60 分以下为 C 等级。请根据学生分数输出字母等级,试用 if 语句实现。

4. 输入 3 个整数 x、y、z，请把这 3 个数由小到大输出。

5. 输出所有的"水仙花数"（"水仙花数"是指一个三位数，其各位数字的立方和等于该数本身）。

6. 输出 2020—2050 年中闰年的年份。

7. 求 $1+2!+3!+\cdots+20!$。

8. 输出斐波那契数列的前 20 项（斐波那契数列又称黄金分割数列，其后一项是前两项之和：0,1,1,2,3,5,8,13,21,34,……）。

第 3 章　线性规划

　　线性规划(Linear Program,LP)是运筹学(Operation Research,OR)中基本的模型之一,其以寻求某一线性函数在满足一系列线性等式或不等式的条件下的最大值或最小值为目的,在工农业生产、经济管理、科技国防、公共事业中有广泛的应用。

　　法国数学家傅里叶(Fourier)和瓦莱-普桑(Vallee-Poussin)分别于 1832 年和 1911 年独立地提出线性规划的想法,但未引起注意。1939 年,苏联数学家康托洛维奇(Kantorovich)在《生产组织与计划中的数学方法》一书中提出线性规划问题。1947 年,美国数学家丹齐格(Dantzig)提出求解线性规划的单纯形法,为这门学科奠定了基础。线性规划的研究成果还直接推动了其他数学规划问题(包括整数规划、随机规划和非线性规划)的算法研究。1979 年,苏联数学家哈奇扬(Khachyian)提出解线性规划问题的椭球算法,并证明它是多项式时间算法。1984 年,美国贝尔实验室的印度数学家卡马卡(Karmarkar)提出解线性规划问题的新的多项式时间算法,用这种方法求解变量个数为 5000 的线性规划问题所用时间只为单纯形法的 1/50。现在数学家们已经建立了线性规划多项式算法理论,但线性规划仍有很多难题未解决。本章思维导图如图 3-1 所示。

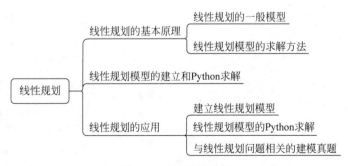

图 3-1　本章思维导图

3.1 线性规划的基本原理

求线性目标函数在线性约束条件下的最大值或最小值的问题统称为线性规划问题。满足线性约束条件的解称为可行解,由所有可行解组成的集合称为可行域。决策变量、约束条件、目标函数是线性规划的三要素。

3.1.1 线性规划的一般模型

通常,线性规划问题的标准形式为

$$\max f = \sum_{j=1}^{n} c_j x_j \tag{3-1}$$

$$\text{s. t.}\begin{cases} \sum_{j=1}^{n} a_{ij} x_j \leqslant b_i, & i = 1, 2, \cdots, l \\ \sum_{j=1}^{n} d_{kj} x_j = e_k, & k = 1, 2, \cdots, m \\ x_1, x_2, \cdots, x_n \in \mathbf{R} \end{cases} \tag{3-2}$$

式中,c_j、a_{ij}、d_{kj}、b_i、e_k 为已知常数;x_j 为决策变量;f 为已知函数,称为目标函数。

式(3-2)称为约束条件,其中第一个式子表示不等式约束,第二个式子表示等式约束。

根据实际问题的需求,式(3-1)还可以替换为如下形式:

$$\min f = \sum_{j=1}^{n} c_j x_j \tag{3-3}$$

满足式(3-2)的一组 $x_1, x_2, \cdots, x_n$ 称为线性规划问题的可行解(或允许解)。使目标函数 f 取得最大或最小值的可行解称为最优解,记为

$$\arg \max f = \sum_{j=1}^{n} c_j x_j \tag{3-4}$$

为便于表示和在计算机中求解,线性规划问题(式(3-1)~式(3-3))可以用矩阵形式表示如下:

$$\max f = \mathbf{C}^{\mathrm{T}} \mathbf{x} \tag{3-5}$$

$$\text{s. t.}\begin{cases} \mathbf{A}\mathbf{x} \leqslant \mathbf{b} \\ \mathbf{D}\mathbf{x} = \mathbf{e} \\ \mathbf{x} \in \mathbf{R}^n \end{cases} \tag{3-6}$$

式中:

$$\mathbf{C} = \mathbf{C}_{n \times 1} = [c_1, c_2, \cdots, c_n]^{\mathrm{T}}$$
$$\mathbf{x} = \mathbf{x}_{n \times 1} = [x_1, x_2, \cdots, x_n]^{\mathrm{T}}$$
$$\mathbf{b} = \mathbf{b}_{l \times 1} = [b_1, b_2, \cdots, b_l]^{\mathrm{T}}$$
$$\mathbf{e} = \mathbf{e}_{l \times 1} = [e_1, e_2, \cdots, e_l]^{\mathrm{T}}$$

$$\boldsymbol{A} = \begin{bmatrix} a_{11} & a_{12} & \cdots & a_{1n} \\ a_{21} & a_{22} & \cdots & a_{2n} \\ \vdots & \vdots & & \vdots \\ a_{l1} & a_{l2} & \cdots & a_{ln} \end{bmatrix}$$

$$\boldsymbol{D} = \begin{bmatrix} d_{11} & d_{12} & \cdots & d_{1n} \\ d_{21} & d_{22} & \cdots & d_{2n} \\ \vdots & \vdots & & \vdots \\ d_{m1} & d_{m2} & \cdots & d_{mn} \end{bmatrix}$$

3.1.2 线性规划模型的求解方法

1. 单纯形法

求解线性规划问题的基本方法是单纯形法,现在已经有集成了单纯形法的数学软件,可在计算机上求解约束条件和决策变量数超过 10000 个的线性规划问题。为了提高解题速度,后又发展了改进单纯形法、对偶单纯形法、原始对偶方法、分解算法和各种多项式时间算法。

2. 图解法

图解法仅适用于只有两个变量的线性规划问题,其特点是直观而易于理解,但实用价值不大。通过图解法求解,可以理解线性规划的一些基本概念。

3.2 线性规划模型的建立和 Python 求解

本节主要介绍建立线性规划模型的基本步骤和使用 Python 求解线性规划问题的方法。

建立线性规划模型通常可以分为 3 个基本步骤。

(1) 确定决策变量:找出实际问题需要确定的未知变量,并引入相应符号进行表示。

(2) 构造目标函数:根据实际问题需要实现的目标,构造关于决策变量的线性函数。

(3) 找出约束条件:找出决策变量受到的全部限制条件,构造线性等式或不等式约束条件。

建立好线性规划模型后,即可使用 Python 软件求解模型。

Python 软件求解线性规划问题的函数如下:

```
scipy.optimize.linprog(c, A_ub = None, b_ub = None, A_eq = None, b_eq = None, bounds = None,
method = 'interior - point', callback = None, options = None)
```

注意:linprog 是求最小值问题,若要求最大值,参数 c 应变为 —c。

线性规划的参数及说明如表 3-1 所示。

表 3-1 线性规划的参数及说明

参　数	说　明
c	目标函数(最小值)的系数数组
A_ub	不等式约束的系数矩阵
A_eq	等式约束系数矩阵
b_ub	不等式约束向量
b_eq	等式约束向量
bounds	决策变量的范围
method	算法可以选择 interior-point、revised simolex、simplex,默认采用 interior-point 方法
callback	调用回调函数。如果提供了回调函数,则算法的每次迭代将至少调用一次
options	求解器选项字典

3.3　线性规划的应用

将理论知识应用到现实问题中,可以帮助人们解决实际问题。本节针对糖果厂生产不同糖果这一问题建立线性规划模型,并利用 Python 进行求解。

3.3.1　建立线性规划模型

某糖果厂用原料 A、B、C 生产 3 种不同的糖果甲、乙、丙。已知各种糖果中原料 A、B、C 的含量,原料成本,每日原料限制用量,3 种糖果的售价和单位加工成本如表 3-2 所示。

表 3-2　3 种糖果的售价和单位加工成本

糖　果	甲	乙	丙	原料成本/(元/kg)	每日原料限制用量/kg
原料 A	≥60%	≥15%		2.0	2000
原料 B				1.5	2500
原料 C	≤20%	≤60%	≤50%	1.0	1200
单位加工成本/(元/kg)	0.5	0.4	0.3		
售价/(元/kg)	3.4	2.85	2.25		

问该厂每月应如何制订生产计划,才能使该厂获利最大?

1. 确定决策变量

糖果厂的利润由 3 种糖果的数量决定,而糖果数量由 3 种原料的用量决定,故将加工 3 种糖果的原料用量确定为决策变量,如表 3-3 所示。

表 3-3　3 种糖果需要的原料

原　料	甲	乙	丙
原料 A	x_{11}	x_{12}	x_{13}
原料 B	x_{21}	x_{22}	x_{23}
原料 C	x_{31}	x_{32}	x_{33}

2. 构造目标函数

由于单位质量糖果的加工费用和售价已知,因此容易求出单位质量糖果的利润。为求

糖果厂利润,只需分别计算 3 种糖果的质量与利润的乘积并求和即可。因此,目标函数为

$$f = (3.4 - 0.5)(x_{11} + x_{21} + x_{31}) + (2.85 - 0.4)(x_{12} + x_{22} + x_{32})$$
$$+ (2.25 - 0.3)(x_{13} + x_{23} + x_{33}) \tag{3-7}$$

3. 找出约束条件

由于不同糖果各种原料比例有明确规定、单位时间内每种原料有使用上限及决策变量的非负性,因此可以得到 3 类约束条件。

(1) 比例约束:

$$\begin{cases} \dfrac{x_{11}}{x_{11} + x_{21} + x_{31}} \geqslant 0.6 \\[2mm] \dfrac{x_{31}}{x_{11} + x_{21} + x_{31}} \leqslant 0.2 \\[2mm] \dfrac{x_{12}}{x_{12} + x_{22} + x_{32}} \geqslant 0.15 \\[2mm] \dfrac{x_{32}}{x_{12} + x_{22} + x_{32}} \leqslant 0.6 \\[2mm] \dfrac{x_{33}}{x_{13} + x_{23} + x_{33}} \leqslant 0.5 \end{cases} \tag{3-8}$$

整理可得

$$\begin{cases} -0.4x_{11} + 0.6x_{21} + 0.6x_{31} \leqslant 0 \\ -0.2x_{11} - 0.2x_{21} + 0.8x_{31} \leqslant 0 \\ -0.85x_{12} + 0.15x_{22} + 0.15x_{32} \leqslant 0 \\ -0.6x_{12} - 0.6x_{22} + 0.4x_{32} \leqslant 0 \\ -0.5x_{13} - 0.5x_{23} + 0.5x_{33} \leqslant 0 \end{cases} \tag{3-9}$$

(2) 原料约束:

$$\begin{cases} x_{11} + x_{12} + x_{13} \leqslant 2000 \\ x_{21} + x_{22} + x_{23} \leqslant 2500 \\ x_{31} + x_{32} + x_{33} \leqslant 1200 \end{cases} \tag{3-10}$$

(3) 非负约束:

$$x_{ij} \geqslant 0, \quad i, j = 1, 2, 3 \tag{3-11}$$

综上可得如下线性规划模型:

$$\max f = 2.9(x_{11} + x_{21} + x_{31}) + 2.45(x_{12} + x_{22} + x_{32}) + 1.95(x_{13} + x_{23} + x_{33}) \tag{3-12}$$

$$\text{s.t.} \begin{cases} -0.4x_{11} + 0.6x_{21} + 0.6x_{31} \leqslant 0 \\ -0.2x_{11} - 0.2x_{21} + 0.8x_{31} \leqslant 0 \\ -0.85x_{12} + 0.15x_{22} + 0.15x_{32} \leqslant 0 \\ -0.6x_{12} - 0.6x_{22} + 0.4x_{32} \leqslant 0 \\ -0.5x_{13} - 0.5x_{23} + 0.5x_{33} \leqslant 0 \\ x_{11} + x_{12} + x_{13} \leqslant 2000 \\ x_{21} + x_{22} + x_{23} \leqslant 2500 \\ x_{31} + x_{32} + x_{33} \leqslant 1200 \\ x_{ij} \geqslant 0, \quad i, j = 1, 2, 3 \end{cases} \tag{3-13}$$

3.3.2 线性规划模型的 Python 求解

本小节将使用 Python 求解 3.3.1 小节的线性规划问题。

使用 Python 求解的代码如下：

```
from scipy import optimize as op
import numpy as np
c = np.array([2.9,2.9,2.9,2.45,2.45,2.45,1.95,1.95,1.95])
A_ub = np.array([[-0.4,0.6,0.6,0,0,0,0,0,0],[-0.2,-0.2,0.8,0,0,0,0,0,0],[0,0,0,
    -0.85,0.15,0.15,0,0,0],[0,0,0,-0.6,-0.6,0.4,0,0,0],[0,0,0,0,0,0,-0.5,-0.5,0.5],
    [1,0,0,1,0,0,1,0,0],[0,1,0,0,1,0,0,1,0],[0,0,1,0,0,1,0,0,1]])
b_ub = np.array([0,0,0,0,0,2000,2500,1200])
x11 = (0,None);x21 = (0,None);x31 = (0,None);
x12 = (0,None);x22 = (0,None);x32 = (0,None);
x13 = (0,None);x23 = (0,None);x33 = (0,None)
res = op.linprog(-c,A_ub,b_ub,bounds = (x11,x21,x31,x12,x22,x32,x13,x23,x33))
print(res)
```

运行结果如下：

```
con: array([], dtype = float64)
fun: -15109.998227337897
message: 'Optimization terminated successfully.'
nit: 7
slack: array([5.62410426e-05, 2.59977157e+02, 7.90844899e-05, 9.42245072e+02,
1.37568078e-06, 2.03628457e-04, 2.61708367e-04, 1.28698737e-04])
status: 0
success: True
x: array([1.52666636e+03, 7.68865867e+02, 2.48911610e+02, 4.73333402e+02,
1.73113386e+03, 9.51088220e+02, 3.73947219e-05, 6.88324471e-06,
4.15266050e-05])
```

由 Python 的输出结果可知，线性规划问题的最优解为 $x_{11} = 1.52666636e+03$、$x_{21} = 7.68865867e+02$、$x_{31} = 2.48911610e+02$、$x_{12} = 4.73333402e+02$、$x_{22} = 1.73113386e+03$、$x_{32} = 9.51088220e+02$、$x_{13} = 3.73947219e-05$、$x_{23} = 6.88324471e-06$、$x_{33} = 4.15266050e-05$，最优值为 15109.998227337897。

3.3.3 与线性规划问题相关的建模真题

1. 问题的提出

市场上有 n 种资产 $S_i(i=1,2,\cdots,n)$ 可以选择作为投资项目，现用数额为 M 的相当大的一笔资金进行一个时期的投资。在这一时期内购买 S_i 的平均收益率为 r_i，风险损失率为 q_i，投资越分散，总的风险越小，总体风险可用投资项目 S_i 中最大的一个风险来度量。

购买 S_i 时要付交易费（费率为 p_i），当购买额不超过给定值 u_i 时，交易费按购买 u_i 计算。另外，假定同期银行存款利率是 $r_0(r_0 = 5\%)$，既无交易费又无风险。

已知 $n=4$ 时相关数据如表 3-4 所示。

表 3-4　市场上 4 种资产相关数据

S_i	$r_i/\%$	$q_i/\%$	$p_i/\%$	$u_i/元$
S_1	28	2.5	1	103
S_2	21	1.5	2	198
S_3	23	5.5	4.5	52
S_4	25	2.6	6.5	40

试为该公司设计一种投资组合方案,即用给定的资金 M,有选择地购买若干种资产或存银行生息,使净收益尽可能大,且总体风险尽可能小。

2. 基本假设与符号规定

1) 基本假设

(1) 投资数额 M 相当大,为了便于计算,假设 $M=1$。

(2) 投资越分散,总的风险越小。

(3) 总体风险用投资项目 S_i 中最大的一个风险来度量。

(4) n 种资产 S_i 之间是相互独立的。

(5) 在投资的这一时期内,r_i、p_i、q_i、r_0 为定值,不受意外因素影响。

(6) 净收益和总体风险只受 r_i、p_i、q_i 影响,不受其他因素干扰。

2) 符号规定

(1) S_i:第 i 种投资项目,如股票、债券。

(2) r_i、p_i、q_i:分别为投资 S_i 的平均收益率、交易费率、风险损失率。

(3) u_i:S_i 的交易定额。

(4) r_0:同期银行存款利率。

(5) x_i:投资 S_i 的资金。

(6) a:投资风险度。

(7) Q:总体收益。

(8) ΔQ:总体收益的增量。

3. 问题分析与模型建立

(1) 总体风险用所投资的 S_i 中最大的一个风险来度量,即 $\max\{q_i x_i | i=1,2,\cdots,n\}$。

(2) 购买 S_i 所付交易费是一个分段函数,即

$$交易费 = \begin{cases} p_i x_i, & x_i > u_i \\ p_i u_i, & x_i \leqslant u_i \end{cases}$$

而题目所给定的定值 u_i(单位:元)相对总投资 M 很小,$p_i u_i$ 更小,可以忽略不计,这样购买 S_i 的净收益为 $(r_i - p_i)x_i$。

(3) 要使净收益尽可能大,总体风险尽可能小,这是一个多目标规划模型。目标函数为

$$\begin{cases} \max \sum_{i=0}^{n} (r_i - p_i) x_i \\ \min\{\max\{q_i x_i\}\} \end{cases}$$

约束条件为

$$\begin{cases} \sum_{i=0}^{n}(1+p_i)x_i = M \\ x_i \geqslant 0, \quad i=0,1,\cdots,n \end{cases}$$

（4）模型简化。

① 在实际投资中，投资者承受风险的程度不一样，若给定风险一个界限 a，使最大的一个风险 $q_ix_i/M \leqslant a$，则可找到相应的投资方案，这样就把多目标规划变成一个目标的线性规划。

模型 1 固定风险水平，优化收益。

$$\max \sum_{i=0}^{n}(r_i-p_i)x_i$$

$$\text{s. t.} \begin{cases} \dfrac{q_ix_i}{M} \leqslant a \\ \sum_{i=0}^{n}(1+p_i)x_i = M \\ x_i \geqslant 0, \quad i=0,1,\cdots,n \end{cases}$$

② 若投资者希望总盈利至少为 k，在风险最小的情况下寻找相应的投资组合。

模型 2 固定盈利水平，极小化风险。

$$\min\{\max\{q_ix_i\}\}$$

$$\text{s. t.} \begin{cases} \sum_{i=0}^{n}(r_i-p_i)x_i \geqslant k \\ \sum_{i=0}^{n}(1+p_i)x_i = M \\ x_i \geqslant 0, \quad i=0,1,\cdots,n \end{cases}$$

③ 投资者在权衡资产风险和预期收益两方面时，希望选择一个令自己满意的投资组合。因此，对风险、收益分别赋予权重 $s(0<s\leqslant1)$ 和 $1-s$，s 称为投资偏好系数。

模型 3 权衡资产风险和预期收益，给出合理的偏好系数

$$\min s\{\max\{q_ix_i\}\} - (1-s)\sum_{i=0}^{n}(r_i-p_i)x_i$$

$$\text{s. t.} \begin{cases} \sum_{i=0}^{n}(1+p_i)x_i = M \\ x_i \geqslant 0, \quad i=0,1,\cdots,n \end{cases}$$

本 章 小 结

线性规划是运筹学的一个重要分支，广泛应用于军事作战、经济分析、经营管理和工程技术等方面，可为合理地利用有限的人力、物力、财力等资源做出最优决策，提供科学依据。本章主要介绍了线性规划的基本原理、建模过程及基于 Python 软件的求解方法。

习 题

1. 某银行经理计划用一笔资金进行有价证券的投资,可供购进的证券及其信用等级、到期年限、收益如表 3-5 所示。按照规定,市政证券的收益可以免税,其他证券的收益需按 50% 的税率纳税。此外,还有以下限制。

(1) 市政和代办机构的证券至少要购进 400 万元。

(2) 所购证券的平均信用等级不超过 1.4(信用等级数字越小,信用程度越高)。

(3) 所购证券的平均到期年限不超过 5 年。

表 3-5 习题 1 数据信息

证券名称	证券种类	信用等级	到期年限	到期税前收益/%
A	市政	2	9	4.3
B	代办机构	2	15	5.4
C	市政	1	4	5.0
D	市政	1	3	4.4
E	市政	5	2	4.5

试问:

(1) 若该经理有 1000 万元资金,应如何投资?

(2) 如果能够以 2.75% 的利率借到不超过 100 万元资金,该经理应如何操作?

(3) 在 1000 万元资金情况下,若证券 A 的税前收益增加为 4.5%,投资方案是否应改变? 若证券 C 的税前收益减少为 4.8%,投资是否应改变?

2. 一家保姆服务公司专门向顾主提供保姆服务。根据估计,下一年的需求是:春季 6000 人日,夏季 7500 人日,秋季 5500 人日,冬季 9000 人日。公司新招聘的保姆必须经过 5 天的培训才能上岗,每个保姆每季度工作(新保姆包括培训)65 天。保姆从该公司而不是从雇主那里得到报酬,每人每月工资 8000 元。春季开始时,公司拥有 120 名保姆,在每个季度结束后,将有 15% 的保姆自动离职。

(1) 如果公司不允许解雇保姆,请为公司制订下一年的招聘计划。哪些季度需求的增加不影响招聘计划? 可以增加多少?

(2) 如果公司在每个季度结束后允许解雇保姆,请为公司制订下一年的招聘计划。

3. 某公司用 4 种不同含硫量的液体原料(分别记为甲、乙、丙、丁)混合生产两种产品(分别记为 A、B)。按照生产工艺要求,原料甲、乙、丁必须首先倒入混合池中混合,混合后的液体再分别与原料丙混合生产 A、B。已知原料甲、乙、丙、丁的含硫量分别是 3%、1%、2%、1%,进货价格分别为 6、16、10、15(千元/t);产品 A、B 的含硫量分别不能超过 2.5%、1.5%,售价分别为 9、15(千元/t)。根据市场信息,原料甲、乙、丙的供应没有限制,原料丁的供应量最多为 50t;产品 A、B 的市场需求量分别为 100t、200t。应如何安排生产?

4. 有 4 名学生到一家公司参加 3 个阶段的面试:公司要求每名学生都必须首先到公司秘书处初试,然后到部门主管处复试,最后到经理处参加面试,并且不允许插队(在任何一个阶段 4 名学生的顺序是一样的）。由于 4 名学生的专业背景不同,因此每人在 3 个阶段的面试时间也不同,如表 3-6 所示。

表 3-6 习题 4 数据信息 单位:min

学 生	秘 书 初 试	主 管 复 试	经 理 面 试
学生甲	13	15	20
学生乙	10	20	18
学生丙	20	16	10
学生丁	8	10	15

这 4 名学生约定全部面试完以后一起离开公司。假定现在的时间是早上 8:00,请问他们最早何时能离开公司?

5. 投资生产 A 产品时,每生产 100t 需要资金 200 万元,需场地 200m² ,可获利润 300 万元;投资生产 B 产品时,每生产 100m 需要资金 300 万元,需场地 100m² ,可获利润 200 万元。现某单位可使用资金 1400 万元,场地 900m² ,问:应做怎样的组合投资,可使获利最大?

第 4 章 非线性规划

重点内容

◇ 非线性规划的概念及模型建立步骤；

◇ 局部最优和全局最优的概念。

难点内容

◇ 非线性模型的基本原理；

◇ 利用 Python 求解非线性规划模型。

非线性规划(Nonlinear Program，NLP)是运筹学和最优化理论中非常重要的分支之一。1948 年，塔克(Tucker)、库恩(Kuhn)和 Gale 开始了对非线性规划问题的研究。1951 年，库恩-塔克条件的提出成为非线性规划的相关理论初步形成的标志。这一方法在工业、交通运输、经济管理和军事等方面有广泛的应用，特别是在"最优设计"方面，其提供了数学基础和计算方法，因此有重要的实用价值。

与线性规划问题不同，非线性规划问题的目标函数和约束条件中至少有一个是关于决策变量的非线性函数。本章思维导图如图 4-1 所示。

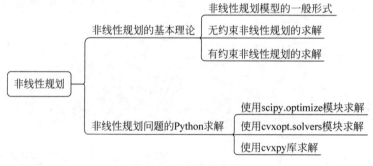

图 4-1　本章思维导图

4.1　非线性规划的基本理论

4.1.1　非线性规划模型的一般形式

人们通常将非线性规划问题划分为无约束和有约束两大类进行讨论。

与线性规划问题不同，非线性规划问题可以有约束条件，也可以没有约束条件。非线性规划模型的一般形式描述如下：

$$\min f(\boldsymbol{x})$$
$$\text{s. t.} \begin{cases} g_i(\boldsymbol{x}) \leqslant 0, & i=1,2,\cdots,m \\ h_j(\boldsymbol{x}) = 0, & j=1,2,\cdots,l \end{cases} \qquad (4\text{-}1)$$

式中, $\boldsymbol{x}=[x_1,x_2,\cdots,x_n]^{\mathrm{T}} \in \mathbf{R}^n$; f、g_i、h_j 都为定义在 $\mathbf{R}^n$ 上的实值函数。

如果采用向量表示法,则非线性规划模型的一般形式还可以写为

$$\min f(\boldsymbol{x})$$
$$\text{s. t.} \begin{cases} G(\boldsymbol{x}) \leqslant \mathbf{0} \\ H(\boldsymbol{x}) = \mathbf{0} \end{cases} \qquad (4\text{-}2)$$

式中, $G(\boldsymbol{x})=[g_1(\boldsymbol{x}),g_2(\boldsymbol{x}),\cdots,g_m(\boldsymbol{x})]^{\mathrm{T}}$; $H(\boldsymbol{x})=[h_1(\boldsymbol{x}),h_2(\boldsymbol{x}),\cdots,h_l(\boldsymbol{x})]^{\mathrm{T}}$。

至于求目标函数的最大值或约束条件为大于等于零的情况,都可通过取相反数转为上述一般形式。

定义 4-1 记非线性规划问题(4-1)的可行域为 K。

(1) 若 $\boldsymbol{x}^* \in K$ 且 $\forall \boldsymbol{x} \in K$,都有 $f(\boldsymbol{x}^*) \leqslant f(\boldsymbol{x})$,则称 $\boldsymbol{x}^*$ 为式(4-1)的全局最优解,称 $f(\boldsymbol{x}^*)$ 为其全局最优值。如果 $\forall \boldsymbol{x} \in K, \boldsymbol{x} \neq \boldsymbol{x}^*$,都有 $f(\boldsymbol{x}^*) < f(\boldsymbol{x})$,则称 $\boldsymbol{x}^*$ 为式(4-1)的严格全局最优解, $f(\boldsymbol{x}^*)$ 为其严格全局最优值。

(2) 若 $\boldsymbol{x}^* \in K$,且存在 $\boldsymbol{x}^*$ 的邻域 $N_\delta(\boldsymbol{x}^*)$。$\forall \boldsymbol{x} \in N_\delta(\boldsymbol{x}^*) \bigcap K$,都有 $f(\boldsymbol{x}^*) \leqslant f(\boldsymbol{x})$,则称 $\boldsymbol{x}^*$ 为式(4-1)的局部最优解,称 $f(\boldsymbol{x}^*)$ 为其局部最优值。如果 $\forall \boldsymbol{x} \in N_\delta(\boldsymbol{x}^*) \bigcap K, \boldsymbol{x} \neq \boldsymbol{x}^*$,都有 $f(\boldsymbol{x}^*) \leqslant f(\boldsymbol{x})$,则称 $\boldsymbol{x}^*$ 为式(4-1)的严格局部最优解,称 $f(\boldsymbol{x}^*)$ 为其严格局部最优值。

如果线性规划的最优解存在,则最优解只能在可行域的边界上达到(特别是在可行域的顶点上达到),且求出的是全局最优解。但是,非线性规划却没有这样好的性质,其最优解(如果存在)可能在可行域的任意一点达到,而一般非线性规划算法给出的也只能是局部最优解,不能保证是全局最优解。

4.1.2 无约束非线性规划的求解

根据一般形式(4-1),无约束非线性规划问题可具体表示为

$$\min f(\boldsymbol{x}), \quad x \in \mathbf{R}^n \qquad (4\text{-}3)$$

高等数学讨论了求二元函数极值的方法,该方法可以平行地推广到无约束优化问题中。首先引入下面的定理。

定理 4-1 设 $f(\boldsymbol{x})$ 具有连续的一阶偏导数,且 $\boldsymbol{x}^*$ 是无约束问题的局部极小点,则 $\nabla f(\boldsymbol{x}^*) = \mathbf{0}$。这里 $\nabla f(\boldsymbol{x})$ 表示函数 $f(\boldsymbol{x})$ 的梯度。

定义 4-2 设函数 $f(\boldsymbol{x})$ 具有对各个变量的二阶偏导数,则称矩阵

$$\begin{bmatrix} \dfrac{\partial^2 f}{\partial x_1^2} & \dfrac{\partial^2 f}{\partial x_1 \partial x_2} & \cdots & \dfrac{\partial^2 f}{\partial x_1 \partial x_n} \\ \dfrac{\partial^2 f}{\partial x_2 \partial x_1} & \dfrac{\partial^2 f}{\partial x_2^2} & \cdots & \dfrac{\partial^2 f}{\partial x_2 \partial x_n} \\ \vdots & \vdots & & \vdots \\ \dfrac{\partial^2 f}{\partial x_n \partial x_1} & \dfrac{\partial^2 f}{\partial x_n \partial x_2} & \cdots & \dfrac{\partial^2 f}{\partial x_n^2} \end{bmatrix}$$

为函数的海塞矩阵,记为$\nabla^2 f(\boldsymbol{x})$。

定理 4-2(无约束优化问题有局部最优解的充分条件) 设 $f(\boldsymbol{x})$ 具有连续的二阶偏导数,点 $\boldsymbol{x}^*$ 满足 $\nabla^2 f(\boldsymbol{x})=\boldsymbol{0}$,并且 $\nabla f(\boldsymbol{x}^*)$ 为正定阵,则 $\boldsymbol{x}^*$ 为无约束优化问题的局部最优解。

定理 4-1 和定理 4-2 给出了求解无约束优化问题的理论方法,但其难点在于求解方程 $\nabla f(\boldsymbol{x}^*)=\boldsymbol{0}$。对于比较复杂的函数,常用的方法是数值解法,如最速降线法、牛顿法和拟牛顿法等。

4.1.3 有约束非线性规划的求解

在实际应用中,绝大多数优化问题是有约束的。线性规划已有单纯形法这一通用解法,但非线性规划目前还没有适合于各种问题的一般算法,各个算法都有其特定的适用范围,且带有一定的局限性。

一般来说,对于式(4-1)给出的有约束非线性规划问题,求解时除了要使目标函数值在每次迭代时有所下降外,还要时刻注意解的可行性,这就给寻优工作带来很大困难。因此,比较常见的处理思路是(如果可能)将非线性问题转化为线性问题,将约束问题转化为无约束问题。

1. 求解有约束非线性规划的拉格朗日(Lagrange)乘数法

对于特殊的只有等式约束的非线性规划问题的情形:

$$\min f(\boldsymbol{x})$$
$$\text{s. t.} \begin{cases} h_j(\boldsymbol{x})=0, & j=1,2,\cdots,l \\ \boldsymbol{x} \in \mathbf{R}^n \end{cases} \tag{4-4}$$

有如下的拉格朗日定理。

定理 4-3(拉格朗日定理) 设函数 $f, h_j (j=1,2,\cdots,l)$ 在可行点的某个 $\boldsymbol{x}^*$ 邻域 $N(\boldsymbol{x}^*,\varepsilon)$ 内可微,向量组 $\nabla h_j(\boldsymbol{x}^*)$ 线性无关,令

$$L(\boldsymbol{x},\boldsymbol{\lambda}) = f(\boldsymbol{x}) - \boldsymbol{\lambda}^{\mathrm{T}} H(\boldsymbol{x}) \tag{4-5}$$

式中,$\boldsymbol{\lambda}=[\lambda_1,\lambda_2,\cdots,\lambda_l]^{\mathrm{T}} \in \mathbf{R}^l$;$H(\boldsymbol{x})=[h_1(\boldsymbol{x}),h_2(\boldsymbol{x}),\cdots,h_1(\boldsymbol{x})]^{\mathrm{T}}$。$\boldsymbol{x}^*$ 是非线性规划问题(4-4)式的局部最优解,则存在实向量 $\boldsymbol{\lambda}^*=[\lambda_1^*,\lambda_2^*,\cdots,\lambda_l^*]^{\mathrm{T}} \in \mathbf{R}^l$,使得,$\nabla L(\boldsymbol{x}^*,\boldsymbol{\lambda}^*)=\boldsymbol{0}$。

即

$$\nabla f(\boldsymbol{x}^*) - \sum_{j=1}^{l} \lambda_j^* \nabla h_j(\boldsymbol{x}^*) = \boldsymbol{0} \tag{4-6}$$

显然,拉格朗日定理的意义在于能将问题(4-4)的求解转化为无约束问题的求解。

2. 求解有约束非线性规划的罚函数法

对于一般形式的有约束非线性规划问题(4-1),由于存在不等式约束,因此无法直接应用拉格朗日定理将其转化为无约束问题。为此,引入了求解一般非线性规划问题的罚函数法。

罚函数法的基本思想:利用问题(4-1)的目标函数和约束条件构造出带参数的增广目标函数,从而把有约束非线性规划问题转化为一系列无约束非线性规划问题来求解。增广目标函数通常由两部分构成:一部分是原问题的目标函数;另一部分是由约束条件构造出的"惩罚"项,"惩罚"项的作用是对"违规"的点进行"惩罚"。

比较有代表性的一种罚函数法是外部罚函数法,或称外点法,这种方法的迭代点一般在可行域的外部移动,随着迭代次数的增加,"惩罚"的力度也越来越大,从而迫使迭代点向可行域靠近。其具体操作方式为:根据不等式约束 $g_i(\boldsymbol{x})\leqslant0$ 与等式约束 $\max\{0,g_i(\boldsymbol{x})\}=0$ 的等价性,构造增广目标函数(也称为罚函数):

$$T(\boldsymbol{x},M)=f(\boldsymbol{x})+M\sum_{i=1}^{m}\big[\max\{0,g_i(\boldsymbol{x})\}\big]+M\sum_{j=1}^{l}\big[h_j(\boldsymbol{x})\big]^2 \tag{4-7}$$

从而将问题(4-1)转化为无约束问题:

$$\min T(\boldsymbol{x},M),\quad x\in\mathbf{R}^n \tag{4-8}$$

式中,M 为一个较大的正数。

注意:罚函数法的计算精度可能较差,除非算法要求达到实时,否则不用,一般都是直接使用软件工具库求解非线性规划问题。

4.2　非线性规划问题的 Python 求解

4.2.1　使用 scipy.optimize 模块求解

在 Python 中,可以使用 scipy.optimize 模块求解非线性规划问题。scipy.optimize 模块中提供了多个用于求解非线性规划问题的方法(如 brent()、fmin()、minimize()),适用于不同类型的问题。SciPy 是 Python 算法库和数学工具包,包括最优化、线性代数、积分、插值、特殊函数、傅里叶变换、信号和图像处理、常微分方程求解等模块。

(1) brent():用于求解单变量无约束优化问题,混合使用牛顿法和二分法。

(2) fmin():用于求解多变量无约束优化问题,使用单纯形法,只需要利用函数值,不需要使用函数的导数或二阶导数。

(3) minimize():用于求解约束优化问题,使用拉格朗日乘数法将约束优化转化为无约束优化问题。

1. brent()

brent()函数是 scipy.optimize 模块中求解单变量无约束优化问题最小值的首选方法。这是牛顿法和二分法的混合方法,既能保证稳定性,又能快速收敛。brent()函数的调用格式如下:

```
scipy.optimize.brent(func,args = (),brack = None,tol = 1.48e - 08, full_output = 0, maxiter = 500)
```

brent()的主要参数如表 4-1 所示。

表 4-1　brent()的主要参数

参　　数	说　　明
func	目标函数,以函数 func(x, * args)形式表示,可以通过 * args 传递参数
args	附加参数(如果存在)
brack	三元组,可选项

续表

参　　数	说　　明
tol	相对误差
full_output	布尔型数据，如果取值为 true，则返回全部输出参数
maxiter	算法最大迭代次数

2. fmin( )

fmin( )函数是 scipy. optimize 模块中求解多变量无约束优化问题（最小值）的首选方法，其采用下山单纯形法。下山单纯形法又称 Nelder-Mead 法，其只使用目标函数值，不需要使用导数或二阶导数值，是一种重要的优化多维无约束问题的数值方法。fmin( )函数的调用格式如下：

```
scipy.optimize.fmin(func, x0, args = (), xtol = 0.0001, ftol = 0.0001, maxiter = None, maxfun =
None, full_output = 0, disp = 1, retall = 0, callback = None, initial_simplex = None)
```

fmin( )的主要参数如表 4-2 所示。

表 4-2　fmin( )的主要参数

参　　数	说　　明
func	目标函数，以函数形式表示，可以通过 * args 传递参数
x0	搜索算法的初值
args	可选项，以 f(x, * args)的形式将可变参数 args 传递给目标函数

3. minimize( )

minimize( )函数是 scipy. optimize 模块中求解多变量优化问题的通用方法，其可以调用多种算法，支持约束优化和无约束优化。minimize( )函数的调用格式如下：

```
scipy.optimize.minimize(fun, x0, args = (), method = None, jac = None, hess = None, hessp = None,
bounds = None, constraints = (), tol = None, callback = None, options = None)
```

minimize( )的主要参数如表 4-3 所示。

表 4-3　minimize( )的主要参数

参　　数	说　　明
fun	目标函数，以函数形式表示，可以通过 * args 传递参数
x0	搜索算法的初值
args	可选项，将可变参数传递给目标函数 fun( )、导数函数 jac( )和二阶导数函数 hess( )
method	可选项，选择优化算法。默认算法为 BFGS 或 L-BFGS-B 或 SLSQP（取决于问题有无边界条件和约束条件）
jac	可选项，梯度计算方法
hess	可选项，海塞矩阵计算方法
bounds	可选项，变量的边界条件（上下限，$lb \leqslant x \leqslant ub$）
constraints	可选项，定义约束条件 $f(x) \geqslant 0$

例 4-1　使用函数 fmin( )计算 $x^2 + 10\sin x + 1$ 的最小值。

解　由 Python 输出的结果可知，$x^2 + 10\sin x + 1$ 在 3 附近的最小值为 3.8375，在 0 附

近的最小值为-1.3064。其代码如下：

```
#导入需要的包
import numpy as np
from scipy.optimize import fmin
def f(x):                           #定义函数
    return x ** 2 + 10 * np.sin(x) + 1
min1 = fmin(f, 3)                   #求 3 附近的最小值
min2 = fmin(f, 0)                   #求 0 附近的最小值
print(min1)
print(min2)
```

运行结果如下：

```
Optimization terminated successfully.
    Current function value: 9.315586
    Iterations: 15
    Function evaluations: 30
Optimization terminated successfully.
    Current function value: -6.945823
    Iterations: 26
    Function evaluations: 52
[3.83745117]
[-1.3064375]
```

例 4-2 求解非线性规划问题。

$$\min \frac{2+x_1}{1+x_2} - 3x_1 + 4x_3$$

解 利用 Python 软件求得最优解为 $x_1 = x_2 = 0.9$、$x_3 = 0.1$，目标函数的最优值为-0.7737。其代码如下：

```
from scipy.optimize import minimize
from numpy import ones
def obj(x):
    x1,x2,x3 = x
    return (2 + x1)/(1 + x2) - 3 * x1 + 4 * x3
LB = [0.1] * 3;UB = [0.9] * 3
bound = tuple(zip(LB,UB))
res = minimize(obj,ones(3),bounds = bound)
print(res.fun, '\n', res.success, '\n', res.x)
```

例 4-3 求解下列非线性规划问题。

$$\min z = 1.5x_1^2 + x_2^2 + 0.85x_3^2 + 3x_1 - 8.2x_2 - 1.95x_3$$

$$\text{s.t.} \begin{cases} x_1 + x_3 \leqslant 2 \\ -x_1 + 2x_2 \leqslant 2 \\ x_2 + 2x_3 \leqslant 3 \\ x_1 + x_2 + x_3 = 3 \end{cases}$$

解 其代码如下：

```
from scipy import optimize as opt
import numpy as np
from scipy.optimize import minimize
```

```
#目标函数
def objective(x):
    return x[0] ** 2 + x[1] ** 2 + x[2] ** 2 + 8
#约束条件
def constraint1(x):
    return x[0] ** 2 - x[1] + x[2] ** 2           #不等约束
def constraint2(x):
    return - (x[0] + x[1] ** 2 + x[2] ** 2 - 20)   #不等约束
def constraint3(x):
    return - x[0] - x[1] ** 2 + 2
def constraint4(x):
    return x[1] + 2 * x[2] ** 2 - 3                #不等约束
#边界约束
b = (0.0, None)
bnds = (b, b, b)
con1 = {'type': 'ineq', 'fun': constraint1}
con2 = {'type': 'ineq', 'fun': constraint2}
con3 = {'type': 'eq', 'fun': constraint3}
con4 = {'type': 'eq', 'fun': constraint4}
cons = ([con1, con2, con3, con4])                  #4个约束条件
x0 = np.array([0, 0, 0])
#计算
solution = minimize(objective, x0, method = 'SLSQP', bounds = bnds, constraints = cons)
x = solution.x
print('目标值: ' + str(objective(x)))
print('答案为')
print('x1 = ' + str(x[0]))
print('x2 = ' + str(x[1]))
```

运行结果如下:

```
目标值: 10.651091840572583
答案为
x1 = 0.5521673412903173
x2 = 1.203259181851855
```

Python 输出结果表明,当 $x_1 = 0.55$、$x_2 = 1.20$ 时,目标函数 $x_1^2 + x_2^2 + x_3^2 + 8$ 取得最小值 10.6511。

4.2.2 使用 cvxopt. solvers 模块求解

cvxopt 是一个基于 Python 编程语言的凸优化的免费软件包,能够解决二次型规划问题。此处使用函数 cvxopt. solvers. qp(P,q,A,b,Aeq,beq)进行求解,其中参数 P、q、A、b、Aeq、beq 需要将二次规划问题划为如下标准形目标函数才能得到。参数 P 和 q 为标准型目标函数中不含未知数的两个矩阵,参数 A 为不等式约束条件的系数矩阵,参数 b 为不等式约束条件的常数矩阵。同样地,参数 Aeq 为等式约束条件的系数矩阵,参数 beq 为等式约束条件的常数矩阵。

定义 4-3 若非线性规划的目标函数为决策向量的二次函数,约束条件又全是线性的,则称这种规划为二次规划。

cvxopt. solvers 模块中二次规划的标准形为

$$\min \frac{1}{2} \boldsymbol{x}^\top \boldsymbol{P} \boldsymbol{x} + \boldsymbol{q}^\top \boldsymbol{x}$$

$$\text{s. t.} \begin{cases} \boldsymbol{Ax} \leqslant \boldsymbol{b} \\ \text{Aeq} \cdot \boldsymbol{x} = \text{beq} \end{cases} \tag{4-9}$$

例 4-4 求解二次规划模型。

$$\min z = 1.5x_1^2 + x_2^2 + 0.85x_3^2 + 3x_1 - 8.2x_2 - 1.95x_3$$

$$\text{s. t.} \begin{cases} x_1 + x_3 \leqslant 2 \\ -x_1 + 2x_2 \leqslant 2 \\ x_2 + 2x_3 \leqslant 3 \\ x_1 + x_2 + x_3 = 3 \end{cases}$$

解 先化成标准形,其中:

$$\boldsymbol{P} = \begin{bmatrix} 3 & 0 & 0 \\ 0 & 2 & 0 \\ 0 & 0 & 1.7 \end{bmatrix}, \quad \boldsymbol{A} = \begin{bmatrix} 1 & 0 & 1 \\ -1 & 2 & 0 \\ 0 & 1 & 2 \end{bmatrix}, \quad \boldsymbol{q} = \begin{bmatrix} 3 \\ -8.2 \\ -1.95 \end{bmatrix}, \quad \boldsymbol{b} = \begin{bmatrix} 2 \\ 2 \\ 3 \end{bmatrix}$$

$$\text{Aeq} = [1,1,1], \quad \text{beq} = [3]$$

$$\boldsymbol{P} = | \ 0 \quad 2 \quad 0 \ |, \quad \boldsymbol{A} = | -1 \quad 2 \quad 0 \ |$$

$$\boldsymbol{q} = | -8 \quad 2 \ |, \quad \boldsymbol{b} = | \ 2 \ |$$

利用 cvxopt. solvers 模块,求得最优解为 $x_1 = 0.8$、$x_2 = 1.4$、$x_3 = 0.8$,目标函数的最优值为 -7.1760。其代码如下:

```
import numpy as np
from cvxopt import matrix,solvers
n = 3;P = matrix(0.,(n,n))
P[::n+1] = [3,2,1.7];q = matrix([3, -8.2, -1.95])
A = matrix([[1.,0,1],[-1,2,0],[0,1,2]]).T
b = matrix([2.,2,3])
Aeq = matrix(1.,(1,n));beq = matrix(3.)
s = solvers.qp(P,q,A,b,Aeq,beq)
print('最优解为: ',s['x'])
print('最优值为: ',s['primal objective'])
```

4.2.3 使用 cvxpy 库求解

cvxpy 是一种用于凸优化问题的 Python 嵌入式建模语言,解决凸优化问题。此处使用函数 cvxpy. Problem(obj,con)进行求解,其中参数 obj.con 含义如下。

- obj:目标函数,希望最大化或最小化的函数。它必须是一个 cvxpy 表达式的实例。
- con:约束条件,希望等式或不等式满足的条件。它可以是 cvxpy 表达式的实例(等式约束)或 cvxpy 表达式的集合(不等式约束)。如果没有约束,此参数可以为空。

例 4-5 用 cvxpy 库求解下列非线性整数规划问题。

$$\min z = x_1^2 + x_2^2 + 3x_3^2 + 4x_4^2 + 2x_5^2 - 8x_1 - 2x_2 - 3x_3 - x_4 - 2x_5$$

$$\text{s. t.} \begin{cases} 0 \leqslant x_i \leqslant 99,\text{且 } x_i \text{ 为整数}(i = 1,2,3,4,5) \\ x_1 + x_2 + x_3 + x_4 + x_5 \leqslant 400 \\ x_1 + 2x_2 + 2x_3 + x_4 + 6x_5 \leqslant 800 \\ 2x_1 + x_2 + 6x_3 \leqslant 200 \\ x_3 + x_4 + 5x_5 \leqslant 200 \end{cases}$$

解 利用 cvxpy 库,求得的最优解为 $x_1 = 4$、$x_2 = 1$、$x_3 = x_4 = x_5 = 0$,目标函数的最优值为 -17。其代码如下:

```
pip install cplex                                        #需要安装求解器 cplex
import numpy as np
import cvxpy as cp
c1 = np.array([1,1,3,4,2])
c2 = np.array([-8,-2,-3,-1,-2])
a = np.array([[1,1,1,1,1],[1,2,2,1,6],[2,1,6,0,0],[0,0,1,1,5]])
b = np.array([400,800,200,200])
x = cp.Variable(5,integer = True)
obj = cp.Minimize(c1 * x ** 2 + c2 * x)
con = [0 <= x,x <= 99,a * x <= b]
prob = cp.Problem(obj,con)
prob.solve()
print('最优值为: ',prob.value)
print('最优解为: \n',x.value)
```

本 章 小 结

非线性规划是一种求解目标函数或约束条件中有一个或多个非线性函数的最优化问题的方法,是运筹学的一个重要分支。该方法在工业、交通运输、经济管理和军事等方面有广泛的应用,特别是在"最优设计"方面,其提供了数学基础和计算方法,因此有重要的实用价值。由于目标函数和约束条件中存在非线性函数或非光滑函数,导致模型求解存在较大困难,因此非线性规划的求解算法仍具有很大的研究价值。

习 题

1. 求函数 $f(x) = (x-3)^2 - 1 (x \in [0,5])$ 的最小值。

2. 在某条河的同一侧有两个工厂 A 和 B,其与河岸 R 的距离分别为 8km 和 6km,且两个工厂的直线距离为 10km,具体位置关系如图 4-2 所示。现准备在河的工厂一侧选址建一个水厂,从河里取水,经过处理后给工厂 A 和 B 供水。为保证建筑安全,水厂到河岸的距离至少为 0.5km。则水厂的地址该如何确定?

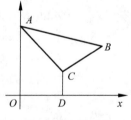

图 4-2 位置关系

3. 现有原油 A 和 B 可以生产汽油甲和汽油乙。要求生产汽油甲时,原油 A 的占比需要超过 50%,生产汽油乙时,原油 A 的占比需要超过 60%。汽油甲的售价为 4800 元/t,汽油乙的售价为 5600 元/t,现有库存原油 A 500t,库存原油 B 1000t,市场上可以买到不超过 1500t 的原油 A,且购买不超过 500t 时的单价为 10000 元/t,超过 500t 但不超过 1000t 时,超过 500t 的部分 8000 元/t,超过 1000t 时,超过 1000t 的部分 6000 元/t,试问如何安排原油的采购和加工?

4. 某银行经理计划用一笔资金进行有价证券的投资,可供购进的证券及其相关信息如表 4-4 所示。按照规定,市政证券的收益可以免税,其余证券的收益需要按照 50% 的税率纳税。此外,市政及代办机构的证券总共不低于 400 万元;所购证券的平均信用等价不超过1.4(信用等级数字越小,信用度越高);所购证券的平均到期年限不超过 5 年。

表 4-4 可供购进的证券及其相关信息

证券名称	证券种类	信用等级	到期年限	到期税前收益/%
A	市政	2	9	4.3
B	代办机构	2	15	5.4
C	市政	1	4	5.0
D	市政	1	3	4.4
E	市政	5	2	4.5

(1) 如果该经理有 1000 万元资金,他应该如何投资? 2000 万元又应该如何投资呢?

(2) 如果能够以 2.75% 的利率借到不超过 100 万元资金,该经理应如何处理?

5.(工地选址问题)某公司的 6 个工地要开工,每个工地的位置与水泥用量如表 4-5 所示,目前有 2 个临时料厂位置为 P(5,1)和 Q(2,7),日储量各有 20t。

表 4-5 工地数据表

工地号	1	2	3	4	5	6
位置	(1.25,1.25)	(8.75,0.75)	(0.5,4.75)	(5.75,5.0)	(3.0,6.5)	(7.25,7.75)
用量/t	3	5	4	7	6	11
料场	初始位置 P(5,1),Q(2,7)					

请回答以下问题。

(1) 假设从料厂到工地均有直线路相连,试制订每天应从 P、Q 两料厂分别向工地运送多少水泥,使总的吨公里数最少?

(2) 为减少吨公里数,打算舍弃 2 个临时料厂,重建 2 个新料厂,日储量仍各为 20t,问新料厂应建于何处?

第5章 图论

重点内容
◇ 图论的基本原理和 Python 中的 networkx 库;
◇ 求解最短路问题的算法;
◇ 最小生成树算法。

难点内容
◇ 利用 Python 求解非赋权无向图的关联矩阵和邻接矩阵;
◇ 利用 Python 求解赋权无向图的最小生成树。

图论是运筹学中一个非常重要的分支,专门研究图与网络模型的特点、性质及求解方法。图论起源于 1736 年欧拉(Euler)对哥尼斯堡七桥问题的抽象和论证。1936 年,匈牙利数学家柯尼希(König)出版的第一部图论专著《有限图与无限图理论》树立了图论发展的第一座里程碑。近几十年来,计算机科学和技术的飞速发展,大大地促进了图论的研究和应用。本章思维导图如图 5-1 所示。

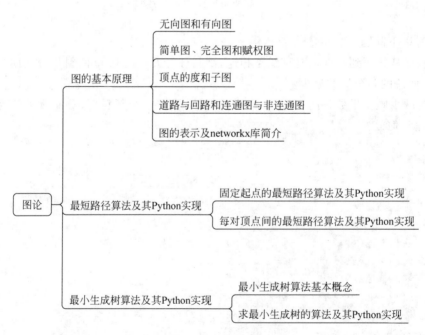

图 5-1 本章思维导图

5.1 图的基本原理

图是数据结构和算法学中强大的框架之一,可以用来表现绝大多数类型的结构或系统。概括地说,图就是由一些点和这些点之间的连线组成的。若图 G 由 V 和 E 组成,则记为 $G=(V,E)$,其中 V 是顶点集,为顶点的非空有限集合,顶点一般表示为 $v_1,v_2,\cdots,v_n,\cdots$;$E$ 是边集,为边的集合,边一般用 (v_i,v_j) 表示,其中 $v_i,v_j\in V$。$|V|$ 表示图中顶点的个数,$|E|$ 表示边的条数。

5.1.1 无向图和有向图

无向图为每条边都没有方向的图,无向图的边称为无向边,可简称为边。连接顶点 v_i 和 v_j 的无向边记为 (v_i,v_j) 或 (v_j,v_i)。

有向图为每条边都有方向(带箭头)的图,有向图的边称为弧或有向边。在有向图中,连接两顶点 v_i 和 v_j 的弧记为 $\langle v_i,v_j\rangle$,其中 v_i 称为起点,v_j 称为终点。因此,弧 $\langle v_i,v_j\rangle$ 与弧 $\langle v_j,v_i\rangle$ 是两条不同的有向边。有向图的弧的起点称为弧头,弧的终点称为弧尾。有向图一般记为 $D=(V,A)$,其中 V 为顶点集,A 为弧集。

一般地,图都是指无向图,除非标明是有向图,有向图可以用 G 表示。

5.1.2 简单图、完全图和赋权图

简单图是既无环又无重边的图。假设图 G 的一条边是 $e=(u,v)$,则称 u、v 是 e 的端点,且 u 与 v 相邻,边 e 与顶点 u 和 v 相关联。若两条边 e_i 与 e_j 有共同的端点,则称边 e_i 与 e_j 相邻;若两条边 e_i 与 e_j 有相同端点,则称其为重边。若边 e 的两端点均相同,则称其为环,称不与任何边相关联的顶点为孤立点。

完全图是任意两点均相邻的简单图,含 n 个顶点的完全图记为 K_n。

假设图 G 的每条边 e 都附有一个实数 $\omega(e)$,则称图 G 为赋权图,实数 $\omega(e)$ 称为边 e 的权。赋权图也可以称为网络。赋权图中的权可以是距离、时间、成本等。有向赋权图是指每条弧都被赋予了权的有向图。

5.1.3 顶点的度和子图

在无向图中,与顶点 v 关联的边的数目(环算两次)称为 v 的度,记为 $d(v)$。

在有向图中,从顶点 v 引出的弧的数目称为 v 的出度,记为 $d^+(v)$;从顶点 v 引入的弧的数目称为 v 的入度,记为 $d^-(v)$。$d(v)=d^+(v)+d^-(v)$,称为 v 的度。

奇顶点为度是奇数的顶点,偶顶点为度是偶数的顶点。任何图中奇顶点的总数必为偶数。

给定图 $G=(V,E)$,所有顶点的度数之和是边数的 2 倍,即

$$\sum_{v\in V}d(v)=2|E| \tag{5-1}$$

假设两个图 $G_1=(V_1,E_1)$ 与 $G_2=(V_2,E_2)$ 满足 $V_1\subset V_2$,$E_1\subset E_2$,则称 G_1 是 G_2 的子

图,G_2 是 G_1 的母图。如果 G_1 是 G_2 的子图,且 $V_1 = V_2$,则称 G_1 是 G_2 的生成子图。

5.1.4 道路与回路和连通图与非连通图

设 $W = v_0 e_1 v_1 e_2 \cdots e_k v_k$,其中,$e_i \in E (i = 1, 2, \cdots, k)$,$v_j \in V (j = 0, 1, \cdots, k)$,$e_i$ 与 v_{i-1} 和 v_i 关联,称 W 是图 G 的一条道路,可简称为路。其中,k 为路长,v_0 为起点,v_k 为终点。各边相异的道路称为迹;各顶点相异的道路称为轨道,记为 $P(v_0, v_k)$。

回路是起点和终点重合的道路;圈是起点和终点重合的轨道,即对轨道 $P(v_0, v_k)$,当 $v_0 = v_k$ 时成为一个圈,称以两顶点 u 和 v 分别为起点和终点的最短轨道之长为顶点 u 和 v 的距离。

在无向图 G 中,如果从顶点 u 到顶点 v 存在道路,则称顶点 u 和 v 是连通的。如果图 G 中的任意两个顶点 u 和 v 都是连通的,则称图 G 是连通图,否则称为非连通图。非连通图中的连通子图称为连通分支。

在有向图 G 中,如果对于任意两个顶点 u 和 v,从 u 到 v 和从 v 到 u 都存在道路,则称图 G 是强连通图。

5.1.5 图的表示及 networkx 库简介

1. 图的表示

本小节均假设图 $G = (V, E)$ 为简单图,其中 $V = \{v_1, v_2, \cdots, v_n\}$,$E = \{e_1, e_2, \cdots, e_m\}$。

1) 关联矩阵

对于无向图 G,其关联矩阵 $\boldsymbol{M} = (m_{ij})_{n \times m}$。其中:

$$m_{ij} = \begin{cases} 1, & v_i \text{ 与 } e_j \text{ 相关联} \\ 0, & v_i \text{ 与 } e_j \text{ 不关联} \end{cases} \tag{5-2}$$

对于有向图 G,其关联矩阵 $\boldsymbol{M} = (m_{ij})_{n \times m}$。其中:

$$m_{ij} = \begin{cases} 1, & v_i \text{ 是 } e_j \text{ 的起点} \\ -1, & v_i \text{ 是 } e_j \text{ 的终点} \\ 0, & v_i \text{ 与 } e_j \text{ 不关联} \end{cases} \tag{5-3}$$

2) 邻接矩阵

对于无向非赋权图 G,其邻接矩阵 $\boldsymbol{W} = (w_{ij})_{n \times n}$。其中:

$$w_{ij} = \begin{cases} 1, & v_i \text{ 与 } v_j \text{ 相邻} \\ 0, & v_i \text{ 与 } v_j \text{ 不相邻} \end{cases} \tag{5-4}$$

对于有向非赋权图 D,其邻接矩阵 $\boldsymbol{W} = (w_{ij})_{n \times n}$。其中:

$$w_{ij} = \begin{cases} 1, & \langle v_i, v_j \rangle \in A \\ 0, & \langle v_i, v_j \rangle \notin A \end{cases} \tag{5-5}$$

对于无向赋权图 G,其邻接矩阵 $\boldsymbol{W} = (w_{ij})_{n \times n}$。其中:

$$w_{ij} = \begin{cases} \text{顶点 } v_i \text{ 与 } v_j \text{ 之间的权}, & (v_i, v_j) \in E \\ 0(\text{或} \infty), & v_i \text{ 与 } v_j \text{ 之间无边} \end{cases} \tag{5-6}$$

当两个顶点之间不存在边时,根据实际问题的含义或算法需要,对应的权可以取 0 或
∞。有向赋权图的邻接矩阵可类似定义。

2. networkex 库简介

networkx 是一个用 Python 语言开发的图论与复杂网络建模工具,其内置了常用的图
与复杂网络分析算法,可以方便地进行复杂网络数据分析、仿真建模等工作。networkx 支
持创建简单无向图、有向图和多重图;内置许多标准的图论算法,顶点可为任意数据;支持
任意的边值维度。networkx 常用函数如表 5-1 所示。

表 5-1 networkx 常用函数

函 数	说 明
Graph()	创建无向图
Graph(A)	由邻接矩阵 A 创建无向图
DiGraph()	创建有向图
DiGraph(A)	由邻接矩阵 A 创建有向图
MultiGraph()	创建多重无向图
MultiDigraph()	创建多重有向图
add_edge()	添加一条边
add_edges_from(List)	从列表中添加多条边
add_node()	添加一个顶点
add_nodes_from(List)	添加顶点集合
dijkstra_path(G, source, target, weight='weight')	求最短路径
dijkstra_path_length(G, source, target, weight='weight')	求最短距离

下面以例 5-1 和例 5-2 为例进行讲解。

例 5-1 假设有一无向图的邻接矩阵为

$$\boldsymbol{A} = \begin{bmatrix} 0 & 3 & 5 & 7 \\ 3 & 0 & 6 & 4 \\ 5 & 6 & 0 & 6 \\ 7 & 4 & 6 & 0 \end{bmatrix}$$

解 应用 Python 绘制其赋权无向图。

(1) 输入需要导入的包或函数。

```
import numpy as np
import networkx as nx
import pylab as plt
```

(2) 绘制赋权无向图。

```
List = [(1,2,3),(1,3,5),(1,4,7),(2,3,6),
(2,4,4),(3,4,6)]
G = nx.Graph()
G.add_nodes_from(range(1,4))
G.add_weighted_edges_from (List)
pos = nx.shell_layout(G)
w = nx.get_edge_attributes(G, 'weight')
nx.draw(G,pos,with_labels = True,font_weight = 'bold',font_size = 12)
```

```
nx.draw_networkx_edge_labels(G,pos, edge_labels = w)
plt.show()
```

输出结果如图 5-2 所示，图中加粗字体代表顶点 v_1、v_2、v_3、v_4。

例 5-2　假设有一有向图的邻接矩阵为

$$A = \begin{bmatrix} 0 & 1 & 1 & 1 \\ 0 & 0 & 1 & 0 \\ 0 & 0 & 0 & 1 \\ 1 & 1 & 0 & 0 \end{bmatrix}$$

应用 Python 绘制其有向图。

（1）输入需要导入的包或函数。

```
import numpy as np
import networkx as nx
import pylab as plt
```

（2）绘制有向图。

```
G = nx.DiGraph()
List = [(1,2),(1,3),(1,4),(2,3),(3,4),(4,1),(4,2)]
G.add_nodes_from(range(1,4))
G.add_edges_from(List)
plt.rc('font',size = 16)
pos = nx.shell_layout(G)
nx.draw(G,pos,with_labels = True, font_weight = 'bold',node_color = 'w')
plt.savefig("figure5_2.png",dpi = 500);
plt.show()
```

输出结果如图 5-3 所示，图中加粗字体代表顶点 v_1、v_2、v_3、v_4。

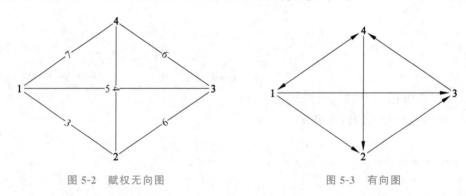

图 5-2　赋权无向图　　　　　　　　　图 5-3　有向图

5.2　最短路径算法及其 Python 实现

最短路径问题是图论中非常经典的问题之一，其目标是寻找图中两顶点之间的最短路径。作为一个基本工具，最短路径算法可以解决许多实际应用中的优化问题，如管道铺设、线路安排、厂区布局、设备更新等。

假设图 G 是赋权图，Γ 为 G 中的一条路，则称 Γ 的各边权之和为路 Γ 的长度。

对于 G 的两个顶点 u_0 和 v_0，从 u_0 到 v_0 的路一般不止一条，其中最短的即长度最小的一条称为从 u_0 到 v_0 的最短路径；最短路径的长度称为从 u_0 到 v_0 的距离，记为 $d(u_0,v_0)$。

求最短路的算法有 Dijkstra（迪杰斯特拉）标号算法和 Floyd（弗洛伊德）算法等，但 Dijkstra 标号算法只适用于边权是非负的情形。本质上最短路径问题也可以归结为一个 0-1 整数规划问题。

5.2.1　固定起点的最短路径算法及其 Python 实现

要寻求从一固定起点 u_0 到其余各点的最短路径，一个有效的算法是 Dijkstra 算法。Dijkstra 是一种迭代算法，其有一个重要而明显的性质：最短路径是一条路，最短路径上的任一子段也是最短路径。

对于给定的赋权图 $G=(V,E,\boldsymbol{W})$，其中，$V=\{v_1,v_2,\cdots,v_n\}$ 为顶点集合，E 为边的集合，邻接矩阵 $\boldsymbol{W}=(w_{ij})_{n\times n}$。其中：

$$w_{ij}=\begin{cases}v_i \text{ 与 } v_j \text{ 之间边的权值}, & v_i \text{ 与 } v_j \text{ 之间有边}\\ \infty, & v_i \text{ 与 } v_j \text{ 之间无边}\end{cases}, \quad i\neq j \tag{5-7}$$

$$w_{ii}=0, \quad i=1,2,\cdots,n$$

假设 u_0 为 V 中的某个固定起点，求顶点 u_0 到 V 中另一顶点 v_0 的最短距离 $d(u_0,v_0)$，即为求 u_0 到 v_0 的最短路径。

Dijkstra 算法的基本思想：按到固定起点 u_0 的距离，从近到远依次求得 u_0 到图 G 某个顶点 v_0 或所有顶点的最短路径和距离。

为避免重复并保留每一步的计算信息，对于任意顶点 $v\in V$，定义以下两个标号。

(1) $l(v)$：顶点 v 的标号，表示从起点 u_0 到 v 的当前路的长度。

(2) $z(v)$：顶点 v 的父顶点标号，用以确定最短路径的路线。

另外，用 S_i 表示具有永久标号的顶点集。

Dijkstra 标号算法的计算步骤如下。

(1) 令 $l(u_0)=0$，对 $v\neq u_0$，令 $l(v)=\infty$，$z(v)=u_0$，$S_0=\{u_0\}$，$i=0$。

(2) 对每个 $v\in \overline{S}_i (\overline{S}_i=V-S_i)$，令

$$l(v)=\min_{u\in S_i}\{l(v),l(u)+w(uv)\}$$

式中，$w(uv)$ 为顶点 u 和 v 之间边的权值，如果此次迭代利用顶点 $\tilde{u}$ 修改了顶点 v 的标号值 $l(v)$，则 $z(v)=\tilde{u}$，否则 $z(v)$ 不变。

把达到 $\min_{v\in \overline{S}_i}\{l(v)\}$ 最小值的一个顶点记为 u_{i+1}，令 $S_{i+1}=S_i\bigcup\{u_{i+1}\}$。

(3) 若 $i=|V|-1$ 或 v_0 进入 S_i，算法终止；否则，用 $i+1$ 代替 i 并转到(2)。

算法结束时，从 u_0 到各顶点 v 的距离由 v 的最后一次标号 $l(v)$ 给出。在 v 进入 S_i 之前的标号 $l(v)$ 称为 T 标号，v 进入 S_i 时的标号 $l(v)$ 称为 P 标号，该算法就是不断修改各顶点的 T 标号，直至获得 P 标号。若在算法运行过程中将每一顶点获得 P 标号所得来的边在图上标明，则算法结束时，u_0 至各顶点的最短路径也会在图上标示出来。

下面用例 5-3 进行讲解。

例 5-3 求图 5-4 所示的图 G 中从 v_4 到 v_7 的最短路径及最短距离,图中加粗字体代表顶点 $v_i (i=0,1,\cdots,7)$。

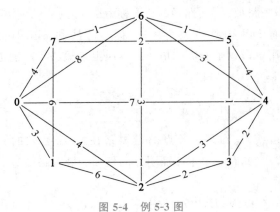

图 5-4 例 5-3 图

解 (1) 写出邻接矩阵。

$$
W = \begin{bmatrix}
0 & 3 & 4 & \infty & 7 & \infty & 8 & 4 \\
3 & 0 & 6 & 1 & \infty & \infty & \infty & 6 \\
4 & 6 & 0 & 2 & 3 & \infty & 3 & \infty \\
\infty & 1 & 2 & 0 & 2 & 1 & \infty & \infty \\
7 & \infty & 3 & 2 & 0 & 4 & 3 & \infty \\
\infty & \infty & \infty & 1 & 4 & 0 & 1 & 2 \\
8 & \infty & 3 & \infty & 3 & 1 & 0 & 1 \\
4 & 6 & \infty & \infty & \infty & 2 & 1 & 0
\end{bmatrix}
$$

(2) 输入需要导入的包或函数。

```
import numpy as np
import networkx as nx
```

(3) 计算最短路径及最短距离。

```
List = [(0,1,3),(0,2,4),(0,4,7),(0,6,8),(0,7,4),(1,2,6),(1,3,1),
        (1,7,9),(2,3,2),(2,4,3),(2,6,3),(3,4,2),(3,5,1),(4,5,4),
        (4,6,3),(5,6,1),(5,7,2),(6,7,1)]
G = nx.Graph()
G.add_weighted_edges_from(List)
A = nx.to_numpy_matrix(G, nodelist = range(8))          #导出邻接矩阵
np.savetxt('Pdata5_3.txt', A)
p = nx.dijkstra_path(G, source = 4, target = 7, weight = 'weight')   #求最短路径
d = nx.dijkstra_path_length(G, 4, 7, weight = 'weight')              #求最短距离
print("最短路径为: ", p, "; 最短距离为: ", d)
```

求得的最短路径为 $v_4 \rightarrow v_6 \rightarrow v_7$,最短距离为 4。

注意:在利用 networkx 库函数进行计算时,如果两个顶点之间没有边,则对应的邻接矩阵元素为 0,而不是像数学理论上对应的邻接矩阵元素为 ∞。下面同样约定算法上的数学邻接矩阵和 networkx 库函数调用时的邻接矩阵是不同的。

5.2.2　每对顶点间的最短路径算法及其 Python 实现

赋权图中所有顶点对之间的最短路径可以利用 Dijkstra 算法得到,其具体方法是:每次以不同的顶点作为起点,用 Dijkstra 算法求出从该起点到其余顶点的最短路径,反复执行 $n-1$(n 为顶点个数)次这样的操作,就可得到每对顶点之间的最短路径。但是,这样做需要大量的重复计算,效率不高。为此,Floyd 于 1962 年提出了一个直接寻求任意两顶点之间最短路径的算法。

对于赋权图 $G=(V,E,A_0)$,其中顶点集 $V=\{v_1,v_2,\cdots,v_n\}$,邻接矩阵为

$$A_0=\begin{bmatrix} a_{11} & a_{12} & \cdots & a_{1n} \\ a_{21} & a_{22} & \cdots & a_{2n} \\ \vdots & \vdots & & \vdots \\ a_{n1} & a_{n2} & \cdots & a_{nn} \end{bmatrix}$$

式中:

$$a_{ij}=\begin{cases} v_i \text{ 与 } v_j \text{ 之间边的权值}, & v_i \text{ 与 } v_j \text{ 之间有边} \\ \infty, & v_i \text{ 与 } v_j \text{ 之间无边} \end{cases}, \quad i\neq j \tag{5-8}$$

$$a_{ii}=0, \quad i=1,2,\cdots,n$$

对于无向图,A_0 是对称矩阵,$a_{ij}=a_{ji}(i,j=1,2,\cdots,n)$。

Floyd 算法是一个经典的动态规划算法,其基本思想是递推产生一个矩阵序列 A_1,$A_2,\cdots,A_k,\cdots,A_n$。其中,矩阵 $A_k=(a_k(i,j))_{n\times n}$,其第 i 行第 j 列元素 $a_k(i,j)$ 表示从顶点 v_i 到顶点 v_j 的路径上所经过的顶点序号不大于 k 的最短路径长度。

计算矩阵 A_k 的元素时用迭代公式:

$$a_k(i,j)=\min[a_{k-1}(i,j),a_{k-1}(i,k)+a_{k-1}(k,j)]$$

式中,k 为迭代次数;$i,j,k=1,2,\cdots,n$。

当 $k=n$ 时,A_n 是各顶点之间的最短距离值。

如果在求两点间的最短距离时,还需要求两点间的最短路径,则需要在上述距离矩阵 A_k 的迭代过程中引入一个路,由矩阵 $R_k=(r_k(i,j))_{n\times n}$ 记录两点间路径的前驱后继关系,其中,$r_k(i,j)$ 表示从顶点 v_i 到顶点 v_j 的路径经过编号为 $r_k(i,j)$ 的顶点。

路径矩阵的迭代过程如下。

(1) 初始时

$$R_0=O_{n\times n}$$

(2) 迭代公式为

$$R_k=(r_k(i,j))_{n\times n}$$

式中:

$$r_k(i,j)=\begin{cases} k, & a_{k-1}(i,j)>a_{k-1}(i,k)+a_{k-1}(k,j) \\ r_{k-1}(i,j) \end{cases}$$

否则直到迭代到 $k=n$,算法终止。若 $r_n(i,j)=p_1$,则点 v_{p_1} 是顶点 v_i 到顶点 v_j 的最短路径的中间点,然后用同样的方法分头查找。v_i 到 v_j 最短路径的方法如下。

(1) 向顶点 v_i 反向追踪得:$r_n(i,p_1)=p_2,r_n(i,p_2)=p_3,\cdots,r_n(i,p_s)=0$。

（2）向顶点 v_j 正向追踪得：$r_n(p_1,j)=q_1,r_n(q_1,j)=q_2,\cdots,r_n(q_t,j)=0$；则由点 v_i 到 v_j 的最短路径为：$v_i,v_{p_s},\cdots,v_{p_2},v_{p_1},v_{q_1},v_{q_2},\cdots,v_{q_t},v_j$。

networkx 库求所有顶点对之间最短路径、距离的函数如表 5-2 所示。

表 5-2　networkx 库求所有顶点对之间最短路径、距离的函数

函　　数	说　　明
shortest_path(G,source＝None,target＝None,weight＝None,method＝'dijkstra')	method 可以取值 'dijkstra'、'bellman-ford'
shortest_path_length(G,source＝None,target＝None,weight＝None,method＝'dijkstra')	

下面用例 5-4 进行讲解。

例 5-4　（续例 5-3)求图 5-4 所示的图 G 中所有顶点对之间的最短距离和最短路径。

解　直接调用 networkx 库函数,编写的程序如下。

（1）输入需要导入的包或函数。

```
import numpy as np
import networkx as nx
```

（2）计算最短路径及最短距离。

```
a = np.loadtxt("Pdata5_3.txt")
G = nx.Graph(a)                              #利用邻接矩阵构造赋权无向图
d = nx.shortest_path_length(G,weight = 'weight')   #返回值是可迭代类型
Ld = dict(d)                                 #转换为字典类型
print("顶点对之间的距离为:",Ld)               #显示所有顶点对之间的最短距离
print("顶点4到顶点7的最短距离为:", Ld[4][7])  #显示一对顶点之间的最短距离
m,n = a.shape
dd = np.zeros((m,n))
for i in range(m):
    for j in range(n): dd[i,j] = Ld[i][j]
print("顶点对之间最短距离的数组表示为:\n",dd)  #显示所有顶点对之间的最短距离
np.savetxt('Pdata5_4.txt',dd)                #把最短距离数组保存到文本文件中
p = nx.shortest_path(G,weight = 'weight')    #返回值是可迭代类型
dp = dict(p)                                 #转换为字典类型
print("\n顶点对之间的最短路径为:",dp)
print("顶点4到顶点7的最短路径为:",dp[4][7])
```

求得顶点 4 到顶点 7 的最短距离为 4.0,顶点 4 到顶点 7 的最短路径为[4,6,7]。顶点对之间最短距离的数组可表示为

$$
\boldsymbol{W}=\begin{bmatrix}
0 & 3 & 4 & 4 & 6 & 5 & 5 & 4\\
3 & 0 & 3 & 1 & 3 & 2 & 3 & 4\\
4 & 3 & 0 & 2 & 3 & 3 & 3 & 4\\
4 & 1 & 2 & 0 & 2 & 1 & 2 & 3\\
6 & 3 & 3 & 2 & 0 & 3 & 3 & 4\\
5 & 2 & 3 & 1 & 3 & 0 & 1 & 2\\
5 & 3 & 3 & 2 & 3 & 1 & 0 & 1\\
4 & 4 & 4 & 3 & 4 & 2 & 1 & 0
\end{bmatrix}
$$

5.3 最小生成树算法及其 Python 实现

图论中有一类非常重要的图：树,它与自然世界中的树类似,结构简单并且应用广泛。其中,最小生成树问题是经典问题之一。通信网络建设、加工设备分组、有限电缆铺设等实际问题的图论模型都是最小生成树。

5.3.1 最小生成树算法的基本概念

(1) 树为连通的无圈图。

(2) 假设图 G 是具有 n 个顶点 m 条边的图,则以下命题等价。

① 图 G 是树。

② 图 G 连通,删除任一条边均不连通。

③ 图 G 连通,且 $n=m+1$。

④ 图 G 无圈,添加任一条边可得唯一的圈。

⑤ 图 G 无圈,且 $n=m+1$。

⑥ 图 G 中任意两个不同顶点之间存在唯一的路。

(3) 假若图 G 的生成子图 G' 是树,则称 G' 为 G 的生成树(或支撑树)。一个图的生成树通常不唯一,且连通图的生成树一定存在。

(4) G 的最小生成树是赋权图 G 中边权之和最小的生成树。

5.3.2 求最小生成树的算法及其 Python 实现

构建连通图最小生成树的算法包括 Kruskal 算法和 Prim 算法。

1. Kruskal 算法

1956 年,克鲁斯卡尔(Kruskal)推广了生成树的"避圈法",给出了最优树的一个算法。其基本思想是每次将一条权最小的边加入子图 H 中,并保证不形成圈。

Kruskal 算法步骤如下。

(1) 选择 $e_1 \in E$,使得 e_1 是权重最小的边。

(2) 若 $e_1, e_2, \cdots, e_i$ 已选好,则从 $E-\{e_1, e_2, \cdots, e_i\}$ 中选择 e_{i+1},使得在 $\{e_1, e_2, \cdots, e_i, e_{i+1}\}$ 中无圈并且 e_{i+1} 是 $E-\{e_1, e_2, \cdots, e_i\}$ 中权重最小的边。

(3) 直至选定 e_{n-1} 为止。

2. Prim 算法

1930 年捷克数学家亚尔尼克发现了普里姆(Prim)算法,1957 年美国计算机科学家普里姆独立发现了 Prim 算法,1959 年迪杰斯特拉再次发现了该算法。因此,在某些场合,普里姆算法又称为 DJP 算法、亚尔尼克算法或普里姆-亚尔尼克算法。

设置两个集合 P 和 Q,其中 P 用于存放 G 的最小生成树中的顶点,Q 用于存放 G 的最小生成树中的边。假设构造最小生成树时从顶点 v_1 出发,则集合 P 的初值为 $P=\{v_1\}$,集合 Q 的初值 $Q=\varnothing$。Prim 算法的基本思想是,从所有 $p \in P$,$v \in V-P$ 的边中选取具有最小权值的边 (p, v),将顶点 v 加入集合 P 中,将边 (p, v) 加入集合 Q 中。如此不断重复,直

至 $P=V$ 时,构造最小生成树完毕。此时,集合 Q 中包含最小生成树的所有边。

Prim 算法步骤如下。

(1) 令 $P=\{v_1\}$,$Q=\varnothing$。

(2) 当 P 与 V 不相等时,找长度最小边(p,v),其中

$$p \in P,v \in V-P$$
$$P=P+\{v\}$$
$$Q=Q+\{p,v\}$$

networkx 库中求最小生成树的函数为 minimum_spanning_tree,其调用格式如下:

```
T = minimum_spanning_tree(G,weight = 'weight',algorithm = 'kruskal')
```

其中,G 为输入的图;weight 为计算权重的边属性;algorithm 的取值有 3 种字符串: 'kruskal'、'prim'和'boruvka',默认值为'kruskal';返回值 T 为所求得的最小生成树的可迭代对象。

下面用例 5-5 进行讲解。

例 5-5 利用 networkx 的 Kruskal 算法求图 5-5 所示连通图的最小生成树,图中加粗字体代表顶点 $v_i(i=1,2,\cdots,6)$。

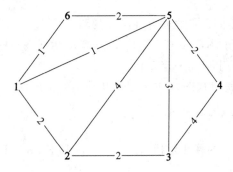

图 5-5 用于构造最小生成树的连通图

解 (1)输入需要导入的包或函数。

```
import numpy as np
import networkx as nx
import pylab as plt
```

(2)计算最小生成树及最小生成树的长度。

```
L = [(1,2,2),(1,5,1),(1,6,1),(2,3,2),(2,5,4),
     (3,4,4),(3,5,3),(4,5,2),(5,6,2)]
b = nx.Graph()
b.add_nodes_from(range(1,6))
b.add_weighted_edges_from(L)
T = nx.minimum_spanning_tree(b)
w = nx.get_edge_attributes(T,'weight')
TL = sum(w.values())
print("最小生成树为:",w)
print("最小生成树的长度为:",TL)
```

```
pos = nx. shell_layout(b)
nx. draw(T, pos, node_size = 280, with_labels = True, node_color = 'w')
```

图 5-6 所示的树就是例 5-5 的一棵最小生成树,最小生成树为$\{(1,5):1,(1,6):1,$
$(1,2):2,(2,3):2,(5,4):2\}$,最小生成树的长度为 8。

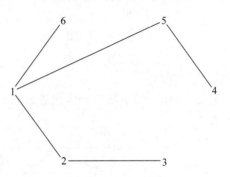

图 5-6　例 5-5 的最小生成树

本 章 小 结

图论是数学建模中一个非常有用的领域,可以用来解决许多实际问题,如网络优化、路径规划、社交网络分析等。本章系统地介绍了图论的基本原理,包括图的基本原理、图的表示、最短路径算法、最小生成树算法问题,同时介绍了 Python 中的 networkx 库,然后基于此库并结合例题介绍了如何在 Python 中绘制无向图、有向图,实现最短路径算法、最小生成树算法。通过本章的学习,可以掌握图论的基本概念和常用算法,并能够运用合适的算法去分析和解决实际问题。

习　　题

1. 写出图 5-7 所示赋权无向图的邻接矩阵,图中加粗字体代表顶点 $v_i(i=1,2,\cdots,5)$。

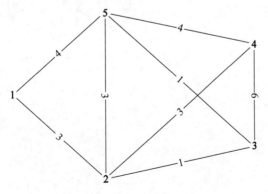

图 5-7　习题 1 赋权无向图

2. 假设一个非赋权有向图的邻接矩阵为

$$
W = \begin{bmatrix}
0 & 1 & 1 & 0 & 0 & 0 \\
0 & 0 & 1 & 0 & 1 & 1 \\
0 & 0 & 0 & 1 & 0 & 0 \\
0 & 1 & 1 & 0 & 1 & 1 \\
1 & 0 & 1 & 1 & 0 & 1 \\
0 & 1 & 0 & 0 & 1 & 0
\end{bmatrix}
$$

在 Python 中绘制该非赋权有向图。

3. 图 5-8 所示为某一赋权无向图,图中加粗字体代表顶点 $v_i (i = 1, 2, \cdots, 6)$,计算 v_1 到 v_5 的最短距离和最短路径。

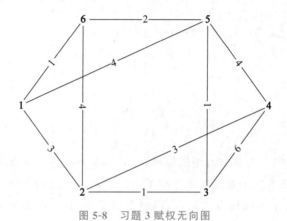

图 5-8 习题 3 赋权无向图

4. 求图 5-8 所示赋权无向图的最小生成树。

第6章 微分方程

重点内容
◇ 微分方程解的性质；
◇ 建立微分方程模型的方法和步骤；
◇ 传染病模型的原理与建立方法。

难点内容
◇ 利用 Python 求解微分方程；
◇ 微分方程的实际应用。

微分方程是包含连续变化的自变量、未知函数及其变化率的方程式。在实际问题中，经常需要寻求某个变量随另一变量的变化规律，这时通常会建立微分方程模型，从而通过求解微分方程对所研究的问题进行解释说明。例如，进行人口预测时应建立包含人口数量及增长率的微分方程；研究传染病的传播时会建立微分方程模型，研究感染人数与时间的关系。

本章思维导图如图 6-1 所示，分别介绍建立微分方程模型的常用方法、微分方程数值求解方法、微分方程的 Python 求解和微分方程模型典型案例。

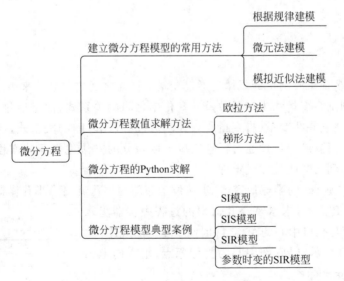

图 6-1　本章思维导图

6.1 建立微分方程模型的常用方法

要建立微分方程模型,需要对研究对象进行具体分析。建模一般有以下 3 种方法:一是根据规律建模;二是用微元法建模;三是用模拟近似法建模。下面通过实例介绍这 3 种建模方法。

6.1.1 根据规律建模

在数学、物理、化学等学科中已有许多经过实践检验的规律和定律,如牛顿运动定律、基尔霍夫电流及电压定律、物质的放射性规律、曲线的切线的性质等,这些都涉及某些函数的变化率。根据相应的规律,可以列出常微分方程。

例 6-1 冷却模型:物体在空气中的冷却速度与物体和空气的温差成正比。如果气温为 20℃,物体在 20min 内由 100℃ 冷却到 60℃,那么经过多长时间此物体的温度将达到 30℃?

解 牛顿的冷却定律:将温度为 T 的物体放入处于常温 T_0 的介质中时,T 的变化速率正比于 T 与周围介质的温度差。物体温度随时间(单位:h)的变化率为 $\dfrac{\mathrm{d}T}{\mathrm{d}t}$,根据牛顿的冷却定律可得

$$\frac{\mathrm{d}T}{\mathrm{d}t} = -k(T-20), \quad T(0)=100, \quad T\left(\frac{1}{3}\right)=60$$

式中,k 为正比例系数。

微分方程的解为 $T = C e^{-kt} + 20$,可得 $T = 80\left(\dfrac{1}{2}\right)^{3t} + 20$。令 $T=30$,得 $t=1$,即经过 1h 温度可以降到 30℃。

6.1.2 微元法建模

自然界中许多现象所满足的规律是通过变量的微元之间的关系式来表达的。对于这类问题,不能直接列出自变量和未知函数及其变化率之间的关系式,而是通过微元分析法,首先利用已知规律建立一些变量(自变量与未知函数)的微元之间的关系式,然后通过取极限的方法得到微分方程,或等价地通过任意区域上取积分的方法建立积分方程。在建立这些关系式时,也要用到已知的规律或定理。

例 6-2 有高为 1m 的半球形容器,水从位于底部的小孔流出。小孔横截面积为 1cm²。开始时容器内盛满了水,求水从小孔流出的过程中容器里水面的高度 h(水面与孔口中心的距离)随时间 t 变化的规律。

解 如图 6-2 所示,以底部中心为坐标原点,垂直向上为坐标轴的正向建立坐标系。

由水力学知,水通过孔口的流量 Q 为"通过孔口横截面的水的体积 V 对时间 t 的变化率",满足

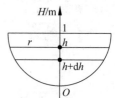

图 6-2 半球形容器及坐标系

$$Q = \frac{dV}{dt} = 0.62S\sqrt{2gh} \tag{6-1}$$

式中,0.62 为流量系数;g 为重力加速度(取 9.8m/s^2);S 为孔口横截面积(m^2);h 为 t 时刻水面高度(m)。

当 $S = 1\text{cm}^2 = 0.0001\text{m}^2$ 时:

$$dV = 0.000062\sqrt{2gh}\, dt \tag{6-2}$$

在微小时间间隔 $[t, t+dt]$ 内,水面高度由 h 降到 $h+dh$(这里 $dh < 0$),容器中水的体积改变量近似为

$$dV = -\pi r^2 dh \tag{6-3}$$

式中,r 为 t 时刻的水面半径,这里

$$r^2 = [1 - (1-h)^2] = 2h - h^2 \tag{6-4}$$

由式(6-2)~式(6-4)得

$$0.000062\sqrt{2gh}\, dt = \pi(h^2 - 2h)dh$$

再考虑到初始条件,得到如下微分方式模型:

$$\begin{cases} \dfrac{dt}{dh} = \dfrac{10000\pi}{0.62\sqrt{2g}}(h^{\frac{3}{2}} - 2h^{\frac{1}{2}}) \\ t(1) = 0 \end{cases} \tag{6-5}$$

利用分离变量法,可以求得微分方程的解为

$$t(h) = -15260.5042 h^{\frac{3}{2}} + 4578.1513 h^{\frac{5}{2}} + 10682.3529 \tag{6-6}$$

式(6-6)表达了水从小孔流出的过程中容器内水面高度 h 与时间 t 之间的关系。

6.1.3 模拟近似法建模

在生物、经济等学科中,许多现象所满足的规律并不清楚而且相当复杂,因而需要根据实际资料或大量的实验数据提出各种假设。在一定的假设下,给出实际现象所满足的规律,然后利用适当的数学方法列出微分方程。

实际的微分方程建模过程往往是上述方法的综合应用。不论应用哪种方法,通常要根据实际情况做出一定的假设与简化,并把模型的理论或计算结果与实际情况进行对照验证,以修改模型,使之更准确地描述实际问题,进而达到预测预报的目的。

例 6-3(交通管理问题) 在交通十字路口都会设置红绿灯。为了让那些正行驶在交叉路口或离交叉路口太近而无法停下的车辆通过路口,红绿灯转换中间还要亮起一段时间的黄灯。那么,黄灯应亮多长时间才最为合理呢?

分析 对于驶近交叉路口的驾驶员,在看到黄色信号后要做出决定:是停车还是通过路口。当决定停车时,驾驶员必须有足够的停车距离;当决定通过路口时,必须有足够的时间使其能完全通过路口。这包括做出停车决定的反应时间及通过路口所需的最短距离的驾驶时间,能够很快看到黄灯的驾驶员可以利用制动距离将车停下。

因此,黄灯状态持续的时间应包括驾驶员的反应时间、车通过交叉路口的时间及通过制动距离所需的时间。

解 假设汽车的法定速度为 v_0 通过路口,交叉路口的宽度为 I,典型的车身长度为 L。

考虑到车通过路口实际上指的是车的尾部必须通过路口,因此通过路口的时间为$\frac{I+L}{v_0}$。下面计算制动距离,制动距离就是从开始制动到停止时汽车驶过的距离。设W为汽车的重量,μ为摩擦系数。显然,地面对汽车的摩擦力为μW,其方向与运动方向相反。由牛顿第二定律,汽车在停车过程中,行驶的距离x与时间t的关系可由下面的微分方程表示:

$$\frac{W}{g}\frac{d^2 x}{dt^2} = -\mu W \tag{6-7}$$

式中,g为重力加速度。

化简式(6-7),得

$$\frac{d^2 x}{dt^2} = -\mu g \tag{6-8}$$

再考虑初始条件,建立如下二阶微分方程模型:

$$\begin{cases} \dfrac{d^2 x}{dt^2} = -\mu g \\ x|_{t=0} = 0, \dfrac{dx}{dt}\bigg|_{t=0} = v_0 \end{cases} \tag{6-9}$$

先求解二阶微分方程(式(6-8)),对式(6-8)两边从0到t积分,利用初始条件得

$$\frac{dx}{dt} = -\mu g t + v_0 \tag{6-10}$$

通过式(6-10)求得二阶微分方程的解为

$$x(t) = -\frac{1}{2}\mu g t^2 + v_0 t \tag{6-11}$$

在式(6-10)中,令$\frac{dx}{dt}=0$,可得制动所用时间$t_0 = \frac{v_0}{\mu g}$,从而得到制动距离$x(t_0) = \frac{v_0^2}{2\mu g}$。

因此,黄灯状态持续的时间$T = \dfrac{x(t_0)+I+L}{v_0} + T_0$,其中,$T_0$是驾驶员的反应时间,代入$x(t_0)$得

$$T = \frac{v_0}{2\mu g} + \frac{I+L}{v_0} + T_0 \tag{6-12}$$

设$T_0 = 1\text{s}$,$L = 4.5\text{m}$,$I = 9\text{m}$。另外,取具有代表性的$\mu = 0.7$,当$v_0 = 45\text{km/h}$、65km/h、80km/h时,黄灯时长如表6-1所示。

表6-1 不同速度下计算的黄灯时长

v_0/(km/h)	45	65	80
T/s	2.86	3	3.2

6.2 微分方程数值求解方法

建立微分方程模型只是解决问题的第一步,通常需要求出方程的解来说明实际现象,并加以检验。如果能得到解析形式的解固然是便于分析和应用的,但大多数微分方程是求不

出解析解的,因此数值求解法就是十分重要的手段。自然界与工程技术中的许多现象,其数学表达式可归结为常微分方程(组)的定解问题。一些偏微分方程问题也可以转化为常微分方程问题来(近似)求解。作为科学史上的一段佳话,海王星就是通过对常微分方程的近似计算发现的。

如果函数 $y = y(x)$ 在区间 $[a, b]$ 内 n 阶可导,则称方程 $F(x, y, y', y'', \cdots, y^{(n)}) = 0$ 为 n 阶常微分方程。满足方程的函数 $y = y(x)$ 称为常微分方程的解,一般称为方程的通解。

常微分方程数值求解法的基本思想是:首先在求解区间上取 $n+1$ 个节点,然后把微分方程离散成在节点上的近似公式或近似方程,最后结合定解条件求出近似解。

6.2.1 欧拉方法

考察一阶常微分方程的定解问题:

$$\begin{cases} y' = f(x, y) & (1) \\ y(x_0) = y_0 & (2) \end{cases} \tag{6-13}$$

式中,函数 $f(x, y)$ 关于 y 满足利普希茨(Lipschitzian)条件,保证初值问题(1)和(2)解的存在且唯一。

此问题的最简单且直观的数值求解法是欧拉方法。欧拉方法在精度要求不高时,不失为一种实用方法。下面导出欧拉方法。

方程(1)中含有导数项 $y'(x)$,这是微分方程的本质特征,也正是其难以求解的原因所在。数值解法的第一步就是设法消除其导数项,这一步骤称为离散化。由于差分是微分的近似运算,因此实现离散化的基本途径是用差商替代导数。例如,若在点 x_n 列出方程,即

$$y'(x_n) = f[x_n, y(x_n)] \tag{6-14}$$

用差商 $\dfrac{y(x_{n+1}) - y(x_n)}{h}$ 近似替代其中的导数项 $y'(x_n)$,则得

$$y(x_{n+1}) \approx y(x_n) + hf[x_n, y(x_n)] \tag{6-15}$$

用 $y(x_n)$ 的近似值 y_n 代入式(6-15)右端,记所得的结果为 y_{n+1},这样导出的计算公式

$$y_{n+1} = y_n + hf(x_n, y_n), \quad n = 0, 1, 2, \cdots \tag{6-16}$$

就是欧拉公式。若初值 y_0 已知,则根据式(6-16)可逐步求出 $y_1, y_2, \cdots$。

6.2.2 梯形方法

将方程 $y'(x) = f(x, y)$ 的两端从 x_n 到 x_{n+1} 求积分,得

$$y(x_{n+1}) - y(x_n) = \int_{x_n}^{x_{n+1}} f[x, y(x)] dx \tag{6-17}$$

要通过该积分关系式得到未知函数的近似值,只要近似地计算其中的积分项 $\int_{x_n}^{x_{n+1}} f[x, y(x)] dx$ 即可。用梯形方法计算积分项:

$$\int_{x_n}^{x_{n+1}} f[x, y(x)] dx \approx \frac{h}{2} \{ f[x_n, y(x_n)] + f[x_{n+1}, y(x_{n+1})] \} \tag{6-18}$$

将式(6-18)中的 $y(x_n)$、$y(x_{n+1})$ 分别用 y_n、y_{n+1} 替代,作为离散化的结果,导出下列计算公式:

$$y_{n+1} = y_n + \frac{h}{2} \left[f(x_n, y_n) + f(x_{n+1}, y_{n+1}) \right] \tag{6-19}$$

式(6-19)称为梯形公式。

欧拉方法是一种显式算法，其计算量小，但精度很低；梯形方法虽提高了精度，但其是一种隐式算法，需要迭代求解，计算量大。

综合使用这两种方法，先用欧拉方法求得一个初步的近似值 $\bar{y}_{n+1}$，称为预估值；预估值 $\bar{y}_{n+1}$ 的精度不高，用它代替式(6-19)右端的 y_{n+1} 再直接计算，得到校正值 y_{n+1}。这样建立的预估-校正系统如下。

预估：

$$\bar{y}_{n+1} = y_n + h f(x_n, y_n)$$

校正：

$$y_{n+1} = y_n + \frac{h}{2} \left[f(x_n, y_n) + f(x_{n+1}, \bar{y}_{n+1}) \right]$$

称为梯形公式的预估-校正格式。

6.3 微分方程的 Python 求解

SymPy 是一个进行符号计算的 Python 库，完全由 Python 写成，为许多数值分析和符号计算提供了重要的工具。SymPy 支持初等数学、高等数学等进行符号计算，包括基础计算(basic operations)、公式简化(simplification)、微积分(calculus)、解方程(solver)、矩阵(matrices)、几何(geometry)、级数(series)。diff()、dsolve()、simplify()、sin()、symbols()、matrix() 是 SymPy 进行符号计算会用到的重要函数。diff() 用于对所给的函数进行求导；dsolve() 用于对给出的微分方程以设定的条件进行求解；simplify() 是返回与输入表达式相对应的简化后的数学表达式；sin() 用于求给定数值的正弦值；symbols() 用于创建符号变量；matrix() 用于使用输入的数值创建矩阵。

例 6-4 求解下列二阶常微分方程：

$$\begin{cases} \dfrac{\mathrm{d}^2 y}{\mathrm{d}x^2} + 2\dfrac{\mathrm{d}y}{\mathrm{d}x} + 2y = 0 \\ y(0) = 0, y'(0) = 1 \end{cases}$$

解 Python 程序如下：

```python
from sympy.abc import x
from sympy import diff,dsolve,simplify,Function
y = Function('y')
eq = diff(y(x),x,2) + 2 * diff(y(x),x) + 2 * y(x)
#定义方程
con = {y(0):0,diff(y(x),x).subs(x,0):1}
#定义初值条件
y = dsolve(eq, ics = con)
print
(simplify(y))
```

求得解为

$$y(x) = \mathrm{e}^{-x}\sin x$$

例 6-5 求解下列非齐次微分方程：

$$\begin{cases} \dfrac{\mathrm{d}^2 y}{\mathrm{d}x^2} + 2\dfrac{\mathrm{d}y}{\mathrm{d}x} + 2y = \sin x \\ y(0) = 0, y'(0) = 1 \end{cases}$$

解 Python 程序如下：

```
from sympy.abc import x
#引进符号变量 x
from sympy import Function, diff, dsolve, sin
y = Function('y')
eq = diff(y(x),x,2) + 2 * diff(y(x),x) + 2 * y(x) − sin(x)
#定义方程
con = {y(0):0,diff(y(x),x).subs(x,0):1}
#定义初值条件
y = dsolve(eq, ics = con)
Print
(simplify(y))
```

求得解为

$$y(x) = \frac{\left[(\sin x - 2\cos x)\mathrm{e}^x + 6\sin x + 2\cos x\right]\mathrm{e}^{-x}}{5}$$

例 6-6 求解下列常微分方程组：

$$\begin{cases} \dfrac{\mathrm{d}x_1}{\mathrm{d}t} = 2x_1 - 3x_2 + 3x_3, x_1(0) = 1 \\ \dfrac{\mathrm{d}x_2}{\mathrm{d}t} = 4x_1 - 5x_2 + 3x_3, x_2(0) = 2 \\ \dfrac{\mathrm{d}x_3}{\mathrm{d}t} = 4x_1 - 4x_2 + 2x_3, x_3(0) = 3 \end{cases}$$

解 Python 程序如下：

```
import sympy as sp
t = sp.symbols('t')
x1,x2,x3 = sp.symbols('x1:4',cls = sp.Function)
x = sp.Matrix([x1(t),x2(t),x3(t)])
A = sp.Matrix([[2, − 3,3],[4, − 5,3],[4,4,2]])
eq = x.diff(t) − A * x
g = sp.dsolve(eq, ics = {x1(0):1,x2(0):2,x3(0):3})
print(g)
```

求得解为

$$\begin{cases} x_1(t) = 2\mathrm{e}^{2t} - \mathrm{e}^{-t} \\ x_2(t) = 2\mathrm{e}^{2t} - \mathrm{e}^{-t} + \mathrm{e}^{-2t} \\ x_3(t) = 2\mathrm{e}^{2t} + \mathrm{e}^{-2t} \end{cases}$$

6.4 微分方程模型典型案例

2002 年冬到 2003 年春,一种名为严重急性呼吸综合征(Severe Acute Respiratory Syndrome,SARS,俗称非典)的传染病肆虐全球。突如其来的 SARS 及其迅猛的传播和严重的后果,成为 21 世纪初的一大社会热点事件。

2020 年年初,当人们正准备欢度春节之际,新型冠状病毒肺炎悄然而来。新型冠状病毒肺炎(Corona Virus Disease 2019,COVID-19)简称"新冠肺炎",其传播速度快,感染范围广,已在全球大流行。全球性的新冠肺炎疫情作为非经济因素冲击了全球经济的正常运行,截至 2022 年 5 月,新冠肺炎疫情仍在持续。疫情的扩散对全球经济和人民身体健康造成了重大影响。

SARS 被控制住不久,2003 年的全国大学生数学建模竞赛就以"SARS 的传播"命名当年的 A 题和 C 题,题目中要求"建立数学模型,特别要说明怎样才能建立一个真正能够预测以及能为预防和控制提供可靠、足够的信息的模型,这样做的困难在哪里? 对于卫生部门所采取的措施做出评论,如:提前或延后 5 天采取严格的隔离措施,对疫情传播所造成的影响做出估计"。本节以此为背景介绍传染病模型。

虽然不同类型传染病的传播过程在医学上有其各自的特点,但是可以从数学建模的角度,按照一般的传播机理建立以下几种基本模型。

6.4.1 SI 模型

SI 模型将人群分为两类:易感染者(Susceptible)和已感染者(Infective),分别简称健康人和患者。在传染病模型中取这两个词的英文字头,故称为 SI 模型。设所考察地区的总人数(记作 N)不变,时刻 t 健康人和患者在总人数中的比例分别记作 $s(t)$ 和 $i(t)$,显然有 $s(t)+i(t)=1$。

假设每个患者每天有效接触的人数是常数 λ,称为接触率;且当健康人被有效接触后立即被感染成为患者,故 λ 也称感染率。

根据上述假设,每个患者每天有效接触的健康人数是 $\lambda s(t)$,全部患者 Ni 每天有效接触的健康人数是 $N\lambda s(t)i(t)$,这些健康人立即被感染成为患者,于是患者比例 $i(t)$ 满足微分方程:

$$\frac{\mathrm{d}i}{\mathrm{d}t}=\lambda si \tag{6-20}$$

将 $s=1-i$ 代入式(6-20),并记初始时刻的患者比例为 i_0,得

$$\frac{\mathrm{d}i}{\mathrm{d}t}=\lambda i(i-1), \quad i(0)=i_0 \tag{6-21}$$

根据逻辑斯谛(Logistic)模型方程(6-21)的解为 S 形曲线,患者比例 $i(t)$ 从 i_0 迅速上升,通过曲线的拐点后上升速度变缓,当 $t\to\infty$ 时 $i\to1$,即所有健康人终将被感染成为患者。这显然不符合实际情况。究其原因,是 SI 模型只考虑了健康人可以被感染,而没有考虑到患者可以被治愈的情况。6.4.2 小节介绍的 SIS 模型将增加关于患者被治愈的假设。

6.4.2 SIS 模型

有些传染病如伤风、痢疾等虽然可以治愈,但愈后基本没有免疫力,于是患者愈后又变成易感染的健康人,由此将该模型称为 SIS 模型。

SIS 模型增加的假设条件是:患者每天被治愈的人数比例是常数 μ,称为治愈率。

由此容易知道,增加了该假设后,方程(6-20)的右端应该减去每天被治愈的患者数 μi,于是有

$$\frac{\mathrm{d}i}{\mathrm{d}t} = \lambda si - \mu i \tag{6-22}$$

定义

$$\sigma = \frac{\lambda}{\mu} \tag{6-23}$$

将 $s = 1 - i$ 和 $\mu = \dfrac{\lambda}{\sigma}$ 代入式(6-22),可得

$$\frac{\mathrm{d}i}{\mathrm{d}t} = \lambda i \left[\left(1 - \frac{1}{\sigma}\right) - i \right] \tag{6-24}$$

若 $\sigma > 1$,则式(6-24)仍然是 Logistic 方程,$i(t)$ 呈 S 形曲线上升,当 $t \to \infty$ 时 $i \to 1 - \dfrac{1}{\sigma}$,图形如图 6-3 所示;若 $\sigma \leqslant 1$,则式(6-24)的右端恒为负,曲线 $i(t)$ 将单调下降,当 $t \to \infty$ 时 $i \to 0$,图形如图 6-4 所示。

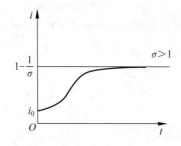

图 6-3 SIS 模型的 $i(t)$ 曲线($\sigma > 1$)

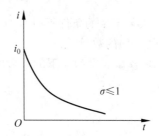

图 6-4 SIS 模型的 $i(t)$ 曲线($\sigma \leqslant 1$)

由此可知,σ 是一个重要参数,$\sigma > 1$ 还是 $\sigma \leqslant 1$ 决定了患者比例是持续增加还是持续减少。检查 σ 的定义(式(6-23)),因为 μ 是治愈率,$1/\mu$ 可以视为平均传染期(指患者被治愈所需的平均时间),而 λ 是感染率,所以 σ 表示整个传染期内每个患者有效接触而感染的平均(健康)人数,可称感染数。于是直观上容易理解,若每个患者在生病期间因有效接触而感染的人数大于1,那么患者比例自然会增加;反之,患者比例会减少。

6.4.3 SIR 模型

许多传染病如天花、流感、麻疹等,治愈后免疫力很强,于是患者愈后不会成为易感染的健康人,当然也不再是患者。传染病模型中将病愈免疫后和因病死亡的人称为移除者(Removed),由此将该模型称为 SIR 模型。仍设总人数 N 不变,时刻 t 移除者在总人数中的比例记作 $r(t)$,有

$$s(t) + i(t) + r(t) = 1 \tag{6-25}$$

关于感染率 λ、治愈率 μ(因包含死亡,故实际上是移除率)及感染数 σ 的假设和定义与 SIS 模型相同。容易看出,SIR 模型中患者比例 $i(t)$ 满足的方程(6-22)不变,即

$$\frac{\mathrm{d}i}{\mathrm{d}t} = \lambda si - \mu i \tag{6-26}$$

但是,由于 SIR 模型中增加了移除者 $r(t)$,在条件式(6-25)下,3 个函数 $s(t)$、$i(t)$ 和 $r(t)$ 中有 2 个是独立的,故还需要列出健康人比例 $s(t)$ 或移除者比例 $r(t)$ 的微分方程。根据感染率 λ 的假设和定义,$s(t)$ 将单调减少,每天被患者有效接触的健康人数为 $N\lambda s(t)i(t)$,所以 $s(t)$ 满足方程

$$\frac{\mathrm{d}s}{\mathrm{d}t} = -\lambda si \tag{6-27}$$

而 $r(t)$ 的方程为

$$\frac{\mathrm{d}r}{\mathrm{d}t} = \mu i \tag{6-28}$$

当参数 λ 和 μ 确定后,即可由上面 3 个微分方程(式(6-26)~式(6-28))及条件式(6-25)中任意 3 个式子求解,得到 SIR 模型中 3 类人群的人数比例 $s(t)$、$i(t)$ 和 $r(t)$。但该方程没有解析解,只能求数值解。当健康人比例 $s(t)$ 单调减少时,移除者比例 $r(t)$ 单调增加,都趋向稳定值,而患者比例 $i(t)$ 先增后减趋向于 0。当 $t \to \infty$ 时,$s(t)$ 的稳定值表示在传染病传播过程中最终没有被感染的人数比例,$i(t)$ 的最大点和最大值表示传染病高潮(患者最多)到来的时刻和人数比例,这些数值可以衡量传染病传播的强度和速度。

6.4.4 参数时变的 SIR 模型

在总人数不变的条件下,用 $s(t)$、$i(t)$ 和 $r(t)$ 分别表示第 t 天健康人、患者和移除者(治愈者与死亡者)的数量,有 $s(t)+i(t)+r(t)=N$;$\lambda(t)$、$\mu(t)$ 分别表示第 t 天的感染率和移除率。SIR 模型表示为如下的参数时变模型:

$$\frac{\mathrm{d}s}{\mathrm{d}t} = -\lambda(t)s(t)i(t) \tag{6-29}$$

$$\frac{\mathrm{d}i}{\mathrm{d}t} = \lambda(t)s(t)i(t) - \mu(t)i(t) \tag{6-30}$$

$$\frac{\mathrm{d}r}{\mathrm{d}t} = \mu(t)i(t) \tag{6-31}$$

又由于 s 远大于 i 和 r,$s(t)$ 可视为常数,因此方程(6-30)可简化为

$$\frac{\mathrm{d}i}{\mathrm{d}t} = \lambda(t)i(t) - \mu(t)i(t) \tag{6-32}$$

表 6-2 为北京市 2003 年 4 月 20 日—6 月 23 日逐日疫情数据。

表 6-2　北京市 2003 年 4 月 20 日—6 月 23 日逐日疫情数据　　　　单位:人

日　　期	已确诊病例累计	现有疑似病例	死亡累计	治愈出院累计
4 月 20 日	339	402	18	33
4 月 21 日	482	610	25	43
4 月 22 日	588	666	28	46
⋮	⋮	⋮	⋮	⋮
6 月 22 日	2521	2	191	2257
6 月 23 日	2521	2	191	2277

　　首先对表 6-2 提供的数据进行预处理,第 4 列"死亡累计"和第 5 列"治愈出院累计"之和是移除者数量 $r(t)$,第 2 列"已确诊病例累计"减去 $r(t)$ 是患者数 $i(t)$。原始数据 $i(t)$、$r(t)$ 如图 6-5 和图 6-6 所示,可以看出,在 $t=25$ 天左右 SARS 的传播达到高潮。

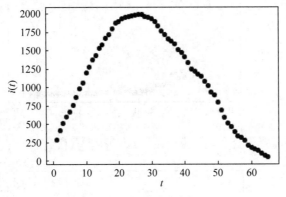

图 6-5　原始数据的患者数 $i(t)$

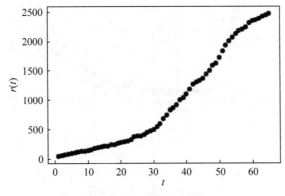

图 6-6　原始数据的移除数 $r(t)$

　　为了估计感染率 $\lambda(t)$ 和移除率 $\mu(t)$,取 $i(t)$、$r(t)$ 的差分 $\Delta i(t)$、$\Delta r(t)$ 作为式(6-31)和式(6-32)左端导数的近似值,先用式(6-31)估计 $\mu(t)=\Delta r(t)/i(t)$,再将该结果代入式(6-32),得 $\lambda(t)=[\Delta i(t)+\Delta r(t)]/i(t)$。$\lambda(t)$、$\mu(t)$ 如图 6-7 和图 6-8 所示,可以看出,感染率迅速下降,$t=15$ 天之后已经很小,说明疫情传播得到有效控制;移除率在 $t=40$ 天之前变化不大,之后较快上升,表明经过一个月的治疗期后,传播达到高潮时的大量患者被治愈。

　　为了求解并检验模型,用 $\lambda(t)$、$\mu(t)$ 的部分数据拟合这两条曲线,图中散点的变化趋势表明用指数函数做拟合比较合适。对于 $\lambda(t)$,用 $t=1,2,\cdots,20$ 的数据拟合的结果是 $\hat{\lambda}(t)=0.2612e^{-0.1160t}$;对于 $\mu(t)$,用 $t=20,21,\cdots,50$ 的数据拟合的结果是 $\hat{\mu}(t)=0.0017e^{0.0825t}$。这两条曲线在图 6-7 和图 6-8 中用实线表示,拟合较好。

　　将拟合得到的 $\hat{\lambda}(t)$ 和 $\hat{\mu}(t)$ 代入式(6-31)和式(6-32),这是变量分离的方程组,解析解比较复杂,故求出 $i(t)$、$r(t)$ 的数值解。与 $i(t)$、$r(t)$ 的原始数据比较,$i(t)$ 的计算值整体较小,且 $t=50$ 天后下降过快,在模型构造、参数拟合等方面仍需改进。

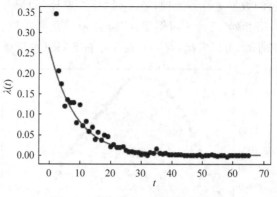

图 6-7　感染率 $\lambda(t)$ 的估计与拟合

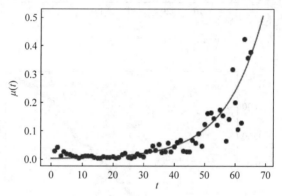

图 6-8　移除率 $\mu(t)$ 的估计与拟合

本 章 小 结

　　微分方程在当代数学中是极为重要的一个分支，它的实用价值很高，应用也很广泛。本章主要介绍了建立微分方程模型的常用方法、微分方程的数值求解方法、基于 Python 求解微分方程，并介绍了微分方程模型中的典型案例——传染病模型。传染病模型分为 3 种基本模型，分别为 SI 模型、SIS 模型和 SIR 模型，在实际应用中，要根据具体情况进行选择与改进。

习　　题

　　1. 对于传染病 SIR 模型，证明：

　　（1）若 $s_0 > \dfrac{1}{\sigma}$，则 $i(t)$ 先增加，在 $s = \dfrac{1}{\sigma}$ 处最大，然后减小并趋于 0；$s(t)$ 单调减小至 s_∞。

（2）若 $s_0 \geqslant \dfrac{1}{\sigma}$，则 $i(t)$ 单调减小并趋于 0，$s(t)$ 单调减小至 s_∞。

2. 在正规战争模型中，设乙方与甲方战斗有效系数之比为 $\dfrac{a}{b} = 4$，初始兵力 x_0 与 y_0 相同。

（1）问乙方取胜时的剩余兵力是多少？乙方取胜的时间如何确定？

（2）若甲方在战斗开始后有后备部队以不变的速率 r 增援，重新建立模型，讨论如何判断双方的胜负。

3. 一只小船渡过宽为 d 的河流，目标是起点 A 正对着的另一岸 B 点。已知河水流速 v_1 与船在静水中的速度 v_2 之比为 k。

（1）建立小船航线的方程，求其解析解。

（2）设 $d = 100\text{m}$，$v_1 = 1\text{m/s}$，$v_2 = 2\text{m/s}$，用数值解法求渡河所需时间、任意时刻小船的位置及航行曲线，作图，并与解析解比较。

4. 生活在阿拉斯加海滨的鲑鱼服从 Malthus 生物总数增长率：

$$\frac{\mathrm{d}p(t)}{\mathrm{d}t} = 0.003p(t)$$

其中，t 按分钟计，在时间 $t = 0$ 时，一群鲨鱼定居在这些水域。开始捕食鲑鱼，鲨鱼捕杀鲑鱼的速率是 $0.001p^2(t)$，其中 $p(t)$ 是 t 时刻鲑鱼总数。此外，由于在它们周围出现意外情况，平均每分钟有 0.002 条鲑鱼离开阿拉斯加水域。

（1）考虑到这两种因素，试修正 Malthus 生物总数增长率。

（2）假设在 $t = 0$ 时存在一百万条鲑鱼，试求鲑鱼总数，当 $t \to \infty$ 时会发生什么情况。

5. 一车间容积为 10800m^3，开始时空气中含有 0.12% 的 CO_2，为了保证工人的健康，用一台风量为 $1500\text{m}^3/\text{min}$ 的鼓风机通入含 CO_2 为 0.04% 的新鲜空气，假定新鲜空气与原空气能迅速混合均匀，并以相同风量排出，试求：

（1）车间 CO_2 含量所遵循的规律。

（2）鼓风机开动 10min 后，车间中含 CO_2 的百分比降低到多少。

第 7 章　插值与拟合

重点内容

◇ 插值的基本原理；

◇ 线性拟合和非线性拟合的基本原理。

难点内容

◇ 掌握样条插值的基本原理；

◇ 利用 Python 求解插值问题；

◇ 利用 Python 求解拟合问题。

　　在数学建模过程中常常会遇到这样一个问题：给定一组数据，需要确定满足特定要求的曲线（或曲面）。如果所求的曲线（或曲面）通过给定的所有数据点，这就是插值问题。由于给定的数据往往存在测量误差，具有一定的随机性，因此求曲线通过所有数据点是一件非常困难的事，既不现实也没有必要。如果不要求曲线（或曲面）经过所有的数据点，而是反映对象整体的变化趋势，就可以得到更简单实用的近似函数，这就是数据拟合，也称曲线拟合或曲面拟合。函数插值与曲线拟合都是要根据一组数据构造一个函数作为近似，由于近似方法不同，因此在数学方法上二者也是完全不同的。本章思维导图如图 7-1 所示，将介绍插值和拟合的理论知识，并且结合例题应用 Python 求解插值和拟合问题。

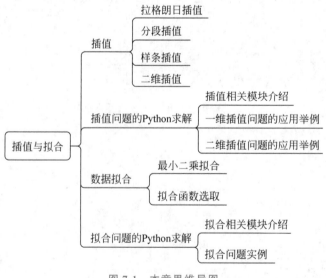

图 7-1　本章思维导图

7.1 插　　值

7.1.1 拉格朗日插值

拉格朗日插值公式是指在节点上给出节点基函数,进行基函数的线性组合,组合系数为节点函数值的一种插值多项式。如果知道函数 $y=f(x)$ 不相同的两个点 x_0 和 x_1 处的函数值 y_0 和 y_1,想估计该函数在另一点 ξ 处的函数值,通常的想法是做一条过点 (x_0,x_1) 和点 (y_0,y_1) 的直线 $y=L_1(\xi)$ 作为 $f(\xi)$ 的近似值,若误差太大,还可以增加另一点的函数值,这样可以构造一个过 3 个点的二次曲线 $y=L_2(\xi)$,用 $L_2(\xi)$ 作为 $f(\xi)$ 的近似值更加准确。

一般地,如果已知 $y=f(x)$ 在互异的 $n+1$ 个点 $x_0,x_1,\cdots,x_n$ 处的函数值 $y_0,y_1,\cdots,y_n$,估计该函数在另一点 ξ 的函数值,可以考虑首先构造一个过 $(x_k,y_k)(k=0,1,2,\cdots,n)$ 的函数 $y=L_n(x)$,使其满足

$$L_n(x_k)=y_k,\quad k=0,1,\cdots,n \tag{7-1}$$

然后用 $L_n(\xi)$ 作为 $f(\xi)$ 的近似值。这样构造出来的多项式 $L_n(x)$ 称为 $f(x)$ 的 n 次拉格朗日多项式或插值函数,点 $x_k(k=0,1,2,\cdots,n)$ 为插值节点。通常拉格朗日插值函数可以分为线性插值、抛物线插值和 n 次拉格朗日插值。

1. 线性插值公式

已知函数 $y=f(x)$ 在互异的两个点 x_0 和 x_1 处的函数值 y_0 和 y_1,想求一个次数不超过 1 的多项式 $y=L_1(x)$,使其满足

$$L_1(x_0)=y_0,\quad L_1(x_1)=y_1 \tag{7-2}$$

式中,$L_1(x)$ 是唯一的,称 $L_1(x)$ 为线性插值函数或一次插值多项式。此时过点 (x_0,x_1) 和点 (y_0,y_1) 的直线方程有如下两种表达式。

点斜式:

$$L_1(x)=y_0+\frac{y_1-y_0}{x_1-x_0}(x-x_0) \tag{7-3}$$

对称式:

$$L_1(x)=y_0\frac{x-x_1}{x_0-x_1}+y_1\frac{x-x_0}{x_1-x_0} \tag{7-4}$$

称式(7-4)为拉格朗日线性插值函数或一次拉格朗日插值公式。

若记

$$l_0(x)=\frac{x-x_1}{x_0-x_1},\quad l_1(x)=\frac{x-x_0}{x_1-x_0} \tag{7-5}$$

则式(7-4)可以写成

$$L_1(x)=y_0l_0(x)+y_1l_1(x) \tag{7-6}$$

式中,$l_0(x)$、$l_1(x)$ 满足

$$l_0(x_0)=1,\quad l_0(x_1)=0;\quad l_1(x_0)=0,\quad l_1(x_1)=1 \tag{7-7}$$

我们称 $l_0(x)$、$l_1(x)$ 为线性插值的基函数。

2. 抛物线插值公式

已知函数 $y=f(x)$ 在互异的 3 个点 (x_0,y_0)、(x_1,y_1) 和 (x_2,y_2)，想求一个次数不超过 2 的多项式 $y=L_2(x)$，使其满足

$$L_2(x_0)=y_0, \quad L_2(x_1)=y_1, \quad L_2(x_2)=y_2 \tag{7-8}$$

此时 $L_2(x)$ 是存在且唯一的，下面仿照构建线性插值函数方法用基函数的线性组合构建满足公式(7-8)的二次插值多项式，得到 3 个基函数：$l_0(x)$、$l_1(x)$、$l_2(x)$，它们都是二次函数，满足下面的条件：

$$\begin{cases} l_0(x_0)=1, \quad l_0(x_1)=0, \quad l_0(x_2)=0 \\ l_1(x_0)=0, \quad l_1(x_1)=1, \quad l_1(x_2)=0 \\ l_2(x_0)=0, \quad l_2(x_1)=0, \quad l_2(x_2)=1 \end{cases} \tag{7-9}$$

由上述条件通过待定系数法可以确定 $l_0(x)$、$l_1(x)$、$l_2(x)$ 的表达式，其式如下：

$$l_i(x)=\frac{(x-x_1)(x-x_2)}{(x_i-x_1)(x_i-x_2)}, \quad i=0,1,2 \tag{7-10}$$

通过以上表达式，我们得到二次插值多项式为

$$L_2(x)=y_0 l_0(x)+y_1 l_1(x)+y_2 l_2(x) \tag{7-11}$$

我们称 $L_2(x)$ 为抛物线插值函数或二次插值函数，其中 y_0、y_1 和 y_2 由式(7-8)得出。

3. n 次拉格朗日插值公式

n 次插值问题作为拉格朗日插值的一般情形，与构造线性和二次插值类似，关键是构造满足条件的不超过 n 次的多项式。n 次拉格朗日插值公式可表示成 n 次插值基函数 $l_0(x)$，$l_1(x)$，$\cdots$，$l_n(x)$ 的线性组合：

$$L_n(x)=y_0 l_0(x)+y_1 l_1(x)+\cdots+y_n l_n(x)=\sum_{k=0}^{n} y_k l_k(x) \tag{7-12}$$

式中，$l_k(x)(k=0,1,2,\cdots,n)$ 为 n 次多项式，且满足

$$l_k(x_i)=\begin{cases} 1, \quad i=k \\ 0, \quad i\neq k \end{cases} \tag{7-13}$$

与前面的推导类似，可以得到 $l_k(x)$ 的具体表达式：

$$l_k(x)=\frac{(x-x_0)\cdots(x-x_{k-1})(x-x_{k+1})\cdots(x-x_n)}{(x_k-x_0)\cdots(x_k-x_{k-1})(x_k-x_{k+1})\cdots(x_k-x_n)}, \quad k=0,1,\cdots,n \tag{7-14}$$

为了便于书写，引入记号：

$$w(x)=(x-x_0)(x-x_1)\cdots(x-x_n) \tag{7-15}$$

取 $w(x)$ 在 $x_k(k=0,1,\cdots,n)$ 的导数：

$$w'(x_k)=(x_k-x_0)\cdots(x_k-x_{k-1})(x_k-x_{k+1})\cdots(x_k-x_n) \tag{7-16}$$

于是 n 次拉格朗日插值公式可写为

$$L_n(x)=\sum_{k=0}^{n} y_k \frac{w(x)}{(x-x_0)w'(x_k)} \tag{7-17}$$

4. 插值多项式的余项

插值余项作为插值多项式 $L(x)$ 近似函数 $f(x)$ 的误差，记为 $r_n(x)$。

$$r_n(x)=f(x)-L(x) \tag{7-18}$$

式中，$r_n(x)$ 为 n 次插值多项式的截断误差或插值余项，若函数 $f(x)$ 在区间 $[a,b]$ 上存在

$n+1$ 阶导数,则对于区间 $[a,b]$ 上任何 x 都存在 $\xi(\xi \in (a,b))$,使得

$$r_n(x) = f(x) - L(x) = \frac{1}{(n+1)!} f^{(n+1)}(\xi)\omega(x) \tag{7-19}$$

式中,$\omega(x) = (x-x_0)(x-x_1)\cdots(x-x_n)$;$r_n(x)$ 为拉格朗日插值余项的一般形式。

7.1.2　分段插值

前面提到的拉格朗日插值方法是以多项式函数作为工具逼近,一般情况下,随着插值节点的个数增加,插值的精度也会提升,但多项式的次数也会随着节点的增加而升高。这可能会造成插值函数的收敛性和稳定性变差,导致逼近的效果不理想,甚至发生龙格(Runge)现象。

若插值的范围较小,往往用低次插值就能起作用。例如,将被插函数 $y(x) = \dfrac{1}{1+25x^2}$ 分成多段,在每一个子段上用线性插值,即在每一段需要考察的曲线上用相邻节点逼近,可以保证一定的逼近效果。这种用分段低次多项式插值的方法称为分段插值法。用这种方法处理问题时,不是寻找整个插值区间上的高次多项式,而是把插值区间分成若干个小区间,在每一个小区间上用低次多项式进行插值,最后得到的将是一个分段的插值函数。在整个插值过程中,区间的划分可以是任意的,各个区间上插值多项式的次数可按具体问题进行选择。分段插值通常具有较好的收敛性和稳定性,算法相对简单,克服了龙格现象,但插值函数不如拉格朗日多项式光滑。

在分段插值中用得较多的是分段线性插值。设在区间 $[a,b]$ 上取 $n+1$ 个节点:

$$a = x_0 < x_1 < \cdots < x_n = b \tag{7-20}$$

在区间 $[a,b]$ 上有二阶导数的函数 $f(x)$ 在 $n+1$ 个节点的值为

$$f(x_0) = y_0, f(x_1) = y_1, \cdots, f(x_n) = y_n \tag{7-21}$$

于是得到 $n+1$ 个数据点,连接相邻两点得到 n 条线段,它们组成一条折线,把区间 $[a,b]$ 上这条折线表示的函数称为函数 $f(x)$ 关于这 $n+1$ 个数据点的分段插值函数,记为 $L(x)$。$L(x)$ 具有以下性质。

(1) $L(x)$ 可以用分段函数表示,$L_i(x) = f_i(x) = y_i$ 在区间 $[x_{i-1}, x_i]$ 上连续。

(2) $L(x)$ 在第 i 段区间 $[x_{i-1}, x_i]$ 上的表达式为

$$L_i(x) = \frac{x-x_i}{x_{i-1}-x_i} y_{i-1} + \frac{x-x_{i-1}}{x_i - x_{i-1}} y_i, \quad x_{i-1} \leqslant x \leqslant x_i \tag{7-22}$$

由此构造插值基函数:

$$l_i(x) = \begin{cases} \dfrac{x-x_i}{x_{i-1}-x_i}, & x \in [x_{i-1}, x_i] \\ \dfrac{x-x_{i-1}}{x_i-x_{i-1}}, & x \in [x_i, x_{i+1}], \quad i = 0, 1, \cdots, n \\ 0, & \text{其他} \end{cases} \tag{7-23}$$

则

$$l_i(x_j) = \begin{cases} 1, & j = i \\ 0, & j \neq i \end{cases} \tag{7-24}$$

$$L(x) = \sum_{i=0}^{n} y_i l_i(x) \qquad\qquad (7-25)$$

7.1.3 样条插值

样条插值是工业设计中常用的、可以得到平滑曲线的一种插值方法。在实际生活中,有许多计算问题对插值函数的光滑性有较高的要求,如飞机机翼的外形、发动机进排气口都要求有连续的二阶导数,用样条函数进行插值不仅具有良好的光滑性,而且当插值节点的数量逐渐增加时可以从整体上达到更好的逼近效果,减少龙格现象的产生。

数学上将具有一定光滑性的分段多项式称为样条函数。具体来说,设在区间 $[a,b]$ 上给出 $n+1$ 个互不相同的节点:

$$a = x_0 < x_1 < \cdots < x_n = b \qquad\qquad (7-26)$$

函数 $y = f(x)$ 在这些节点的值为 $f(x_i) = y_i (i = 0,1,2,\cdots,n)$,如果函数 $S(x)$ 满足下列条件:在每个小区间 $[x_i, x_{i+1}]$ 上是 m 次多项式,且在区间 $[a,b]$ 上具有 $m-1$ 阶连续导数,则称 $S(x)$ 为 $f(x)$ 在基点 $x_0, x_1, \cdots, x_n$ 的 m 次样条函数。当 $m = 3$ 时,$S(x)$ 为三次样条函数。

利用样条函数进行插值,称为样条插值。前面提到的分段线性插值为一次样条插值。下面介绍三次样条插值,即 $S(x)$ 为分段三次多项式,在区间 $[a,b]$ 上二阶可导,且 $S(x_i) = y_i (i = 0,1,\cdots,n)$。不妨记

$$S(x) = \{S_i(x) = a_i x^3 + b_i x^2 + c_i x + d_i, \quad x \in [x_i, x_{i+1}], i = 0,1,\cdots,n-1\} \qquad (7-27)$$

式中,a_i、b_i、c_i、d_i 为待定系数,共 $4n$ 个。

由此得到 $4n-2$ 个方程:

$$\begin{cases} S(x_i) = y_i, & i = 0,1,\cdots,n \\ S_i(x_{i+1}) = S_{i+1}(x_{i+1}), & i = 0,1,\cdots,n-2 \\ S_i'(x_{i+1}) = S_{i+1}'(x_{i+1}), & i = 0,1,\cdots,n-2 \\ S_i''(x_{i+1}) = S_{i+1}''(x_{i+1}), & i = 0,1,\cdots,n-2 \end{cases} \qquad (7-28)$$

为求解 $4n$ 个待定系数,需要考虑边界的条件。常用的边界条件有以下 3 种。

(1) m 边值条件:$S'(a) = y_0', S'(b) = y_n'$。

(2) M 边值条件:$S''(a) = y_0'', S''(b) = y_n''$。

(3) 周期边值条件:$S'(a+0) = S'(b-0), S''(a+0) = S''(b-0)$。

7.1.4 二维插值

在实际的应用领域中,人们经常面临用一个多元解析函数描述高维空间中多维数据(通常是测量值)的任务,如天气预报风云高压图的绘制、山川河流的等高线测量等。对此类问题多采用高维插值方法,假定数据是正确的,要求以某种方法描述数据点之间蕴含的信息,以解决实际生产生活中的问题。其中,最常用的高维插值是二维插值。

二维插值是对二维数据进行插值的方法,在进行插值之前需要明确两个问题:①二维区域是任意区域还是规则区域;②给定的数据是有规律分布的还是随机分布的。

当二维区域是不规则区域时,通常是将不规则区域划分为规则区域或扩充为规则区域来进行研究。当给定的数据分布有规律时,插值方法较多也较成熟;而当给定的数据散乱、

随机分布时,一般的处理思想是从给定的数据入手,按照一定的规律恢复出规则分布点上的数据,将不规则的分布转化成规则分布的情形来处理。

当给定的二维数据在规则区域上规律分布时,一种常用的插值方法是双三次样条插值。其基本思想是,对于二维规则数据(见表 7-1),在 x 轴和 y 轴分别取其分割

$$\Delta x: x_1 < x_2 < \cdots < x_m, \quad \Delta y: y_1 < y_2 < \cdots < y_n$$

可以导出平面上矩形区域的一个矩形网格分割 $\Delta: \Delta x \times \Delta y$,如图 7-2 所示。$\Delta x_i = x_i - x_{i-1}, R_i = \Delta x_i \times \Delta y_i$。

表 7-1　二维规则数据

	y_1	y_2	$\cdots$	y_n
x_1	z_{11}	z_{12}	$\cdots$	z_{1n}
x_2	z_{21}	z_{22}	$\cdots$	z_{2n}
$\vdots$	$\vdots$	$\vdots$	$\vdots$	$\vdots$
x_m	z_{m1}	z_{m2}	$\cdots$	z_{mn}

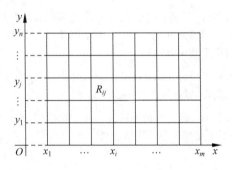

图 7-2　矩形网格分割

7.2　插值问题的 Python 求解

7.2.1　插值相关模块介绍

用 Python 求解插值问题,需要使用 scipy.interpolate 模块。该模块中有一维插值函数 interp1d()、二维插值函数 interp2d(),以及多维插值函数 interpn()、interpnd()。本小节主要介绍一维插值函数和二维插值函数的用法。

1. 一维插值函数 interp1d()

一维数据的插值运算可以通过 interp1d() 函数完成。其调用形式如下,它实际上不是函数而是一个类。

```
interpolate.interp1d(x,y,kind = 'linear',axis = - 1,copy = True,bounds_error = None,fill_
value = nan,assume _sorted = False)
```

x 和 y 是用于近似某些函数 f 值的数组。此类返回一个函数,该函数的调用方法使用插值法查找新点的值。

注意：interp1d()使用输入值存在的 NaN 进行调用会导致未定义的行为。插值模块相关参数说明如表 7-2 所示。

表 7-2　插值模块相关参数说明

参　　数	说　　明
x,y	一维数组，y 的长度必须等于 x 的长度
kind	指定插值方法。常用的方法有 nearest：最近邻插值 linear：线性插值 quadratic：二次样条插值 cubic：三次样条插值
axis	指定要沿其进行插值的 y 轴，axis＝－1默认为从 y 的最后一个轴开始
copy	如果为 True，则该类将制作 x 和 y 的内部副本；如果为 False，则使用对 x 和 y 的引用。其默认为复制
bounds_error	如果为 True，插值过程中超出 x 的范围就会报错（ValueError）；如果为 False，则超出范围的值由 fill_value 指定。默认情况下，除非 fill_value＝"extrapolate"，否则会引发错误
fill_value	如果数据类型为 ndarray（或 float），则此值将用于填充数据范围之外的请求点；如果未提供，则默认值为 nan
assume_sorted	如果为 False，则 x 的值可以按任何顺序排列，并且首先对其进行排序；如果为 True，则 x 必须是单调递增的数组

2. 二维插值函数 interp2d()

interp2d()的用法与inter1d()的用法类似，其调用格式如下：

interpolate.interp2d(x,y,z,kind = 'linear',copy = True,bounds_error = False,fill_value = None)

这里有以下注意事项。

（1）interp2d()中，输入的 x、y、z 先用 ravel()转换成一维数组。

（2）插值的源数据必须是等距网格。

7.2.2　一维插值问题的应用举例

例 7-1　交通管理部门为了了解某市一条道路的车辆出行情况，在道路的一端每隔 2h 一次，记录 1min 内通过道路的车辆数量。连续观测一天，结果如表 7-3 所示。试用插值方法建立模型，分析估计这一天中道路通过的车辆数。

表 7-3　道路车辆通行情况

时刻	0:00	2:00	4:00	6:00	8:00	10:00	12:00	14:00	16:00	18:00	20:00	22:00	24:00
车辆数	2	3	0	16	26	12	26	10	12	24	16	6	2

解　程序如下：

```
#导入包
import numpy as np
import matplotlib.pylab as plt
from scipy.interpolate import interp1d
#创建原始数据,x是时间,y是车辆数
x = np.arange(0,25,2)
y = np.array([2,3,0,16,26,12,26,10,12,24,16,6,2])
xnew = np.linspace(0,24,24 * 60)          #插值点
f = interp1d(x,y,'quadratic')             #用二次样条插值计算
ynew = f(xnew)                            #计算新的插值车辆数
c = sum(ynew)                             #总的车辆数
print("总的车辆数为: ",c)
plt.plot(xnew,ynew,c = 'b')               #绘制插值后的图
plt.xlabel("x")
plt.ylabel("y")
plt.show()
```

输出结果如下：

总的车辆数为：18408.35130831247

车辆插值图如图 7-3 所示。

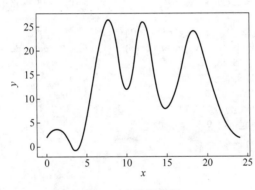

图 7-3　车辆插值图

7.2.3　二维插值问题的应用举例

例 7-2　某二维图像的表达式为 $(x+y)e^{-5(x^4+y^4)}$，用插值方法将其转成三维图像。

解　程序如下：

```
#导入包
import numpy as np
from mpl_toolkits.mplot3d import Axes3D
import matplotlib as mpl
from scipy import interpolate
import matplotlib.cm as cm
import matplotlib.pyplot as plt
#定义函数
def func(x, y):
    return (x + y) * np.exp(-5.0 * (x ** 4 + y ** 4))
```

```
#X-Y轴分为20*20的网格
x = np.linspace(-1, 1, 20)
y = np.linspace(-1, 1, 20)
x, y = np.meshgrid(x, y)                    #生成20*20的网格数据
fvals = func(x, y)                          #计算每个网格点上的函数值
fig = plt.figure(figsize=(18,10))           #设置图的大小
ax = plt.subplot(1, 2, 1, projection='3d')  #设置图的位置
surf1 = ax.plot_surface(x, y, fvals,
                        rstride=2,
                        cstride=2,
                        cmap=cm.coolwarm,
                        linewidth=0.5,
                        antialiased=True)     #绘制3D坐标图
ax.set_ylabel('y')                          #添加标签"y"
ax.set_zlabel('f(x, y)')                    #添加标签"f(x,y)"
plt.colorbar(surf1, shrink=0.5, aspect=5)   #添加颜色条
#二维插值
newfunc = interpolate.interp2d(x, y, fvals, kind='cubic')
#计算100*100的网格上的插值
xnew = np.linspace(-1, 1, 100)
ynew = np.linspace(-1, 1, 100)
fnew = newfunc(xnew, ynew)                  #插值之后的值
print(fnew)
xnew, ynew = np.meshgrid(xnew, ynew)        #100*100网格的数据
#绘制插值之后的图
ax2 = plt.subplot(1, 2, 2, projection='3d')
surf2 = ax2.plot_surface(xnew, ynew, fnew, rstride=2, cstride=2, cmap=cm.coolwarm,
linewidth=0.5, antialiased=True)
ax2.set_xlabel('xnew')
ax2.set_ylabel('ynew')
ax2.set_zlabel('fnew(x, y)')
plt.colorbar(surf2, shrink=0.5, aspect=5)
```

绘制的三维图像如图7-4所示。

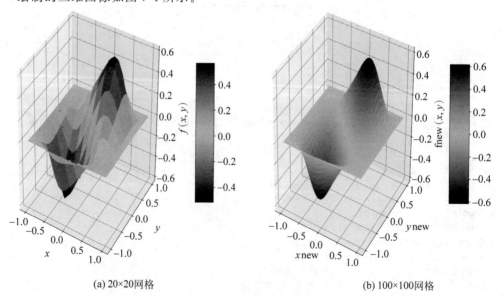

(a) 20×20网格   (b) 100×100网格

图7-4 将二维图像可视化为三维图像

7.3　数 据 拟 合

由于一般插值问题不总是可解的(即当插值条件多于待定系数的个数时,其问题无解),因此只要求在节点上近似地满足插值条件,并使它们整体误差最小,这就是最小二乘法拟合。

7.3.1　最小二乘法拟合

解决曲线拟合问题最常用的方法是最小二乘法拟合,其基本思路是: 已知平面上有 n 个互异的点 $(x_i, y_i)(i=1,2,\cdots,n)$,寻求一个函数 $f(x)$,使 $f(x)$ 在某种准则下与所有数据点最为接近,即曲线拟合得最好。记

$$\delta_i = f(x_i) - y_i, \quad i=1,2,\cdots,n \tag{7-29}$$

则称 δ_i 为拟合函数 $f(x)$ 在 x_i 点处的残差。为了使 $f(x)$ 整体上尽可能接近给定的数据,可以采用"残差平方和最小"作为判定准则,即使

$$J = \sum_{i=1}^{n} \left[f(x_i) - y_i \right]^2 \tag{7-30}$$

达到最小值,这一原则称为最小二乘原则。根据最小二乘原则确定拟合函数 $f(x)$ 的方法称为最小二乘法拟合。拟合函数应该是自变量 x 和待定参数 $a_1, a_2, \cdots, a_m$ 的函数,即

$$f(x) = f(x, a_1, a_2, \cdots, a_m) \tag{7-31}$$

因此,根据 $f(x)$ 与 $a_1, a_2, \cdots, a_m$ 是否线性相关,可将最小二乘法拟合分为线性最小二乘法拟合和非线性最小二乘法拟合两大类。

1. 线性最小二乘法拟合

给定一个线性无关的函数系 $\{\varphi_k(x) | k=1,2,\cdots,m\}$,如果拟合函数以其线性组合的形式出现

$$f(x) = \sum_{k=1}^{m} a_k \varphi_k(x) \tag{7-32}$$

例如:

$$f(x) = a_m x^{m-1} + a_{m-1} x^{m-2} + \cdots + a_2 x + a_1 \tag{7-33}$$

则 $f(x) = f(x, a_1, a_2, \cdots, a_m)$ 就是关于参数 $a_1, a_2, \cdots, a_m$ 的线性函数。

那么,目标函数 $J = J(a_1, a_2, \cdots, a_k)$ 是关于参数 $a_1, a_2, \cdots, a_m$ 的多元函数。对于最小二乘法拟合问题的求解就是使目标函数达到最小,即

$$\frac{\partial J}{\partial a_k} = 0, \quad k=1,2,\cdots,m \tag{7-34}$$

将上述一元形式的最小二乘问题推广到更一般的多元形式,即对一般的线性最小二乘法拟合 $f(x_1, x_2, \cdots, x_k) = \sum_{k=1}^{m} a_k \varphi_k(x_1, x_2, \cdots, x_k)$,为了使其目标函数最小需满足:

$$\sum_{i=1}^{n} \left\{ \left[f(x_i) - y_i \right] \varphi_k(x_i) \right\} = 0, \quad k=1,2,\cdots,m \tag{7-35}$$

可得

$$\sum_{j=1}^{m}\left[\sum_{i=1}^{n}\varphi_j(x_i)\varphi_k(x_i)\right]a_j=\sum_{i=1}^{n}y_i\varphi_k(x_i),\quad k=1,2,\cdots,m \tag{7-36}$$

于是式(7-36)形成了一个关于 $a_1,a_2,\cdots,a_m$ 的线性方程组，称为正规方程组。记

$$\boldsymbol{R}=\begin{bmatrix}\varphi_1(x_1)&\varphi_2(x_1)&\cdots&\varphi_m(x_1)\\\varphi_1(x_2)&\varphi_2(x_2)&\cdots&\varphi_m(x_2)\\\vdots&\vdots&&\vdots\\\varphi_1(x_n)&\varphi_2(x_n)&\cdots&\varphi_m(x_n)\end{bmatrix},\quad\vec{a}=\begin{bmatrix}a_1\\a_2\\\vdots\\a_m\end{bmatrix},\quad\vec{y}=\begin{bmatrix}y_1\\y_2\\\vdots\\y_n\end{bmatrix} \tag{7-37}$$

将正规方程组表示成向量形式：

$$\boldsymbol{R}^{\mathrm{T}}\boldsymbol{R}\vec{a}=\boldsymbol{R}^{\mathrm{T}}\vec{y} \tag{7-38}$$

此时，当矩阵 $\boldsymbol{R}$ 是列满秩时，$\boldsymbol{R}^{\mathrm{T}}\boldsymbol{R}$ 是可逆的。于是正规方程组有唯一解，即

$$\vec{a}=(\boldsymbol{R}^{\mathrm{T}}\boldsymbol{R})^{-1}\boldsymbol{R}^{\mathrm{T}}\vec{y} \tag{7-39}$$

这就是所求的拟合函数的系数，可以得到最小二乘拟合函数 $f(x)$。

2. 非线性最小二乘法拟合

相对于线性最小二乘法拟合而言，如果拟合函数不能以其线性组合的形式出现，如 $f(x)=\dfrac{x}{a_1x+a_2}$，则 $f(x)=f(x,a_1,a_2,\cdots,a_m)$ 就是关于参数 $a_1,a_2,\cdots,a_m$ 的非线性函数。为了得到最小二乘法拟合函数 $f(x)$ 的具体表达式，可用非线性优化方法求解参数 $a_1,a_2,\cdots,a_m$。

假设已知多元函数 $y=f(x_1,x_2,\cdots,x_n)$ 的一组测量数据 $(x_{1i},x_{2i},\cdots,x_{ni};\ y_i)(i=1,2,\cdots,m)$，求一个关于参数 $a_j(j=0,1,2,\cdots,N)$ 是非线性的函数

$$\phi=\phi(x_1,x_2,\cdots,x_n;\ a_0,a_1,\cdots,a_N) \tag{7-40}$$

对于一组正数 $\omega_1,\omega_2,\cdots,\omega_m$ 使目标函数

$$S(a_0,a_1,\cdots,a_N)=\sum_{i=1}^{m}\omega_i[y_i-\phi(x_{1i},x_{2i},\cdots,x_{ni};\ a_0,a_1,\cdots,a_N)]^2 \tag{7-41}$$

达到最小，这样的问题即为非线性最小二乘问题。这类问题求解比较复杂，通常情况下，可以采用共轭梯度法、拟牛顿法和变尺度法等进行求解。

7.3.2 拟合函数的选取

在进行数据拟合时，最关键的一步是选取恰当的拟合函数。如果能够根据具体问题分析出变量之间的函数关系，那么只需估计相应的参数即可。大多数情况下，并不能得到一个明确的函数关系式。通常的做法是作出数据的散点图，从直观上判断应该选用什么样的拟合函数。

一般来说，如果数据分布接近于直线，则选用线性函数 $f(x)=a_1x+a_2$ 拟合；如果数据分布近似于抛物线，则宜选用二次多项式 $f(x)=a_1x^2+a_2x+a_3$ 拟合；如果数据分布的特点是开始上升较快，随后逐渐变缓，则宜选用双曲线函数或指数函数，即 $f(x)=\dfrac{x}{a_1x+a_2}$ 或 $f(x)=a_1\mathrm{e}^{-\frac{a_2}{x}}$ 拟合。常被选用的非线性拟合函数有对数函数 $y=a_1+a_2\ln x$、S 形曲线函数 $y=\dfrac{1}{a+b\mathrm{e}^{-x}}$ 等。

7.4 拟合问题的 Python 求解

7.4.1 拟合相关模块介绍

在 Python 中有很多模块可以拟合未知参数,如 NumPy 库中的多项式拟合函数 polyfit(),scipy. optimize 模块中的函数 leastsq()、curve_fit()等。本小节主要介绍 polyfit()和 curve_fit()的用法。

1. polyfit()函数

polyfit()是 NumPy 库中用来进行多项式拟合的函数,其调用格式如下:

`numpy.polyfit(x, y, deg, rcond = None, full = False, w = None ,cov = False)`

polyfit()函数相关参数说明见表 7-4。

表 7-4 polyfit()函数相关参数说明

参 数	说 明
x,y	样本点 x 和 y 的坐标
deg	拟合多项式的程度,"deg=2"表示二次多项式拟合
rcond	适合的相对条件编号。相对最大单值而言,小于此值的单个值将被忽略
full	切换确定返回值的性质。当 full 为 False(默认值)时,仅返回系数,同时也返回来自奇异值分解的真实诊断信息
w	适用于示例点的 y 坐标的权重。对于高斯不确定性,使用 $1/sigma$
cov	如果提供且未设置为 False,将不仅返回估计值,还返回其协方差矩阵

2. curve_fit()函数

curve_fit()函数用于日常数据分析中的数据曲线拟合,其调用格式为

`scipy. optimize. curve_fit(f, xdata, ydata, p0 = None, sigma = None, absolute_sigma = False, check_finite = True, bounds = - inf, inf, method = None, jac = None, ** kwargs)`

curve_fit()函数重要参数说明见表 7-5。

表 7-5 curve_fit()函数重要参数说明

参 数	说 明
f	需要拟合的函数,包括自变量 x、参数 A 和 B
xdata	拟合的自变量数组
ydata	拟合因变量的值
p0	给定函数的参数确定一个初始值

7.4.2 拟合问题实例

例 7-3 对表 7-6 中的数据进行二次多项式拟合,并求 $x=0.35$、0.45 时 y 的预测值。

表 7-6　待拟合的数据

x_i	0	0.1	0.2	0.3	0.4	0.5	0.6	0.7	0.8	0.9	1.0
y_i	−0.447	1.965	3.29	6.27	7.06	7.39	7.69	9.53	9.47	9.30	11.2

解　程序如下：

```python
import numpy as np
import matplotlib.pyplot as plt
#加载数据
x0 = np.arange(0, 1.1, 0.1)
y0 = np.array([-0.447, 1.965, 3.29, 6.27, 7.06, 7.39, 7.69, 9.53, 9.47, 9.30, 11.2])
p = np.polyfit(x0, y0, 2)                        #拟合二次多项式
print("拟合二次多项式从高次幂到低次幂的系数分别为:",p)
yhat = np.polyval(p,[0.35, 0.45])               #计算多项式的函数值
print("预测值分别为: ", yhat)
plt.rc('font',size = 16)
plt.plot(x0, y0, '*', x0, np.polyval(p, x0), '-')
plt.xlabel("x")
plt.ylabel("y")
plt.show()
```

运行结果：

拟合二次多项式从高次幂到低次幂的系数分别为：[−9.9446 20.2415 −0.0294]
预测值分别为：[5.8369 7.0655]

二项式拟合曲线如图 7-5 所示。

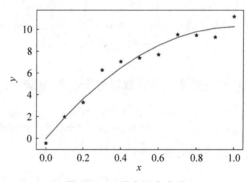

图 7-5　二项式拟合曲线

例 7-4　利用表 7-7 中的数据拟合函数 $z = a\,e^{bx} + cy^3$。

表 7-7　观测数据

x	5	3	6	7	5	3	6	9
y	3	10	6	2	7	6	8	2
z	6	2	2	9	8	3	4	3

解　程序如下：

```python
import numpy as np
from scipy.optimize import curve_fit
```

```
#加载数据
x0 = np.array([5,3,6,7,5,3,6,9])
y0 = np.array([3,10,6,2,7,6,8,2])
z0 = np.array([6,2,2,9,8,3,4,3])
#将x0、y0数据堆叠
Xdata = np.vstack((x0,y0))
#定义函数
def func(w,a,b,c):
    return a * np.exp(b * w[0]) + c * w[1] ** 3
popt,pcov = curve_fit(func,Xdata,z0)           #计算拟合值
print("a,b,c的拟合值为: ",popt)
```

运行结果:

a,b,c的拟合值为: [6.1209 − 0.0138 − 0.0036]

例 7-5　利用模拟数据拟合曲面 $z = \dfrac{x^2}{a^2} + \dfrac{y^2}{b^2}$，并绘制拟合曲面的图形。

解　程序如下:

```
#导入包
from mpl_toolkits import mplot3d
import numpy as np
from scipy.optimize import curve_fit
import matplotlib.pyplot as plt
#生成200 * 300的网格数据
x = np.linspace(−6, 6, 200)
y = np.linspace(−8, 8, 300)
x2, y2 = np.meshgrid(x, y)                     #生成200×300的网格数据
#重新形成数组并堆叠矩阵
x3 = np.reshape(x2,(1, −1))
y3 = np.reshape(y2, (1, −1))
xy = np.vstack((x3,y3))
#定义函数
def func(w, a, b):
    return (w[0] ** 2)/(a ** 2) + (w[1] ** 2)/(b ** 2)
z = func(xy, 1, 2)
zr = z + 0.2 * np.random.normal(size = z.shape)   #添加噪声数据
popt, pcov = curve_fit(func, xy, zr)              #拟合参数
print("两个参数的拟合值分别为: ",popt)
zn = func(xy, * popt)                             #计算拟合函数的值
zn2 = np.reshape(zn, x2.shape)
plt.rc('font',size = 16)
ax = plt.axes(projection = '3d')                 #创建一个三维坐标轴对象
ax.plot_surface(x2, y2, zn2,cmap = 'gist_rainbow')
ax.set_xlabel("x")
ax.set_ylabel("y")
ax.set_zlabel("z")
plt.show()
```

运行结果:

两个参数的拟合值分别为: [0.9999 2.0001]

拟合曲面如图 7-6 所示。

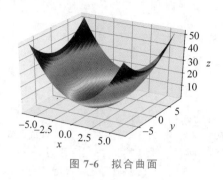

图 7-6　拟合曲面

本 章 小 结

插值与拟合是科学研究和工程计算中常用的两种方法,二者都是根据一组已知数据构造能够反映数据变化规律的近似函数方法。本章介绍了用 Python 解决插值与拟合问题的常用方法。在实际问题中,需根据数据的分布特征选择合适的方法。

习　　题

1. 某天的气温变化数据如表 7-8 所示,试找出这一天的气温变化规律。

表 7-8　气温变化数据

时刻	0:00	1:00	2:00	3:00	4:00	5:00	6:00	7:00	8:00	9:00	10:00	11:00	12:00
温度/℃	15	14	14	14	14	15	16	18	20	22	23	25	28
时刻	13:00	14:00	15:00	16:00	17:00	18:00	19:00	20:00	21:00	22:00	23:00	24:00	
温度/℃	31	32	31	29	27	25	24	22	20	18	17	16	

2. 物价指数是反映不同时期商品价格水平、变动趋势和变动程度的相对数,如月物价指数可理解为该月购买同等商品的相对消费额。表 7-9 给出了某个国家 2002 年 1 月—2004 年 4 月每月的物价指数,请根据数据的变化趋势估计 2004 年 5—7 月 3 个月份的物价指数。

表 7-9　物价指数数据

年份	1 月	2 月	3 月	4 月	5 月	6 月	7 月	8 月	9 月	10 月	11 月	12 月
2002	100.0	101.7	106.1	108.7	109.8	111.0	113.2	109.8	111.0	113.2	115.2	116.9
2003	119.9	121.9	124.3	134.4	137.2	138.5	139.4	140.5	142.3	143.6	144.2	146.0
2004	147.9	149.6	150.6	153.5								

3. 为了检验 X 射线的杀菌作用,用 X 射线照射细菌,每次照射 8min,照射次数记为 t,共照射 15 次。各次照射所剩细菌数 y 如表 7-10 所示,试找出其规律。

表 7-10 细菌数据

次数 t	1	2	3	4	5	6	7	8	9	10	11	12	13	14	15
y	356	278	190	160	142	109	105	60	56	38	36	32	21	19	15

4. 用电压 $U=10\text{V}$ 的电池给电容器充电，t 时刻电容器上的电压为 $U(t)=U-(U-U_0)e^{-\frac{t}{\tau}}$，其中 U_0 是电容器的初始电压，τ 是充电常数。试由表 7-11 中的一组 t、$U(t)$ 数据确定 U_0 和 τ。

表 7-11 时间与电压数据

t/s	0.5	1	2	3	4	5	7	9
$U(t)/\text{V}$	6.36	6.48	7.26	8.22	8.66	8.99	9.43	9.63

5. 某矿脉有 13 个相邻样本点，现人为设定一个原点，测得各样本点与原点的距离 x 以及与该样本点处某种金属含量 y 的数据如表 7-12 所示。试在直角坐标系中绘制散点图，观察二者的关系，再按 $y=a+\dfrac{b}{x}$ 建立拟合方程。

表 7-12 样本点数据

x/km	2	3	4	5	7	8	10
y/mg	106.42	108.20	109.58	109.50	110.00	109.93	110.49
x/km	11	14	15	15	18	19	
y/mg	110.59	110.60	110.90	110.76	111.00	111.20	

第 8 章 随机模拟

重点内容
◇ 随机数的生成；
◇ 蒙特卡罗方法的基本思想；
◇ 蒙特卡罗方法的优缺点及其适用范围。

难点内容
◇ 随机模拟方法的基本原理；
◇ 利用 Python 产生不同分布的随机数；
◇ 应用随机模拟解决实际问题。

随机模拟是一种求近似解的方法，又称蒙特卡罗（Monte Carlo，MC）方法。源于 20 世纪 40 年代美国的"曼哈顿计划"，由冯·诺依曼（John von Neumann）、斯坦尼斯瓦夫·乌拉姆（Stanislaw Ulam）和尼古拉斯·梅特罗波利斯（Nicholas Metropolis）创立，并用赌城蒙特卡罗对其命名。简单来说，随机模拟就是对每个样本，在每个输入变量上生成随机变量，通过模型进行计算，得出每个输出变量的随机结果。在科学（如物理、化学和生物等）和工程（如视觉、图形和机器学习等）中研究的真实世界系统涉及大量组件之间的复杂交互，这类系统是在高维空间中定义的概率模型，通常无法得到解析解。因此，蒙特卡罗方法常被用作科学与工程中模拟、估计、推理和学习的工具。

随着计算机算力的不断提升，研究人员可以处理更复杂的问题，并采用更先进的模型。2020 年，常小强等基于蒙特卡罗模拟算法开发了电动汽车充电负荷预测系统。2021 年，王晓红等基于蒙特卡罗模型预测出锥体晶格夹芯结构的等效热导率，结果表明该模型能较准确地计算锥体晶格夹芯结构的等效导热系数。由此可见，蒙特卡罗方法将继续在 21 世纪的科学和工程发展中发挥重要作用。本章思维导图如图 8-1 所示，首先介绍随机数的意义及使用 Python 生成随机数，随后讲解蒙特卡罗方法，最后以例题形式完成随机模拟应用。

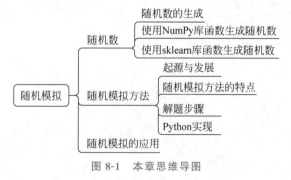

图 8-1　本章思维导图

8.1 随　机　数

多年来,大量的随机应用产生了多种生成随机数的方法,如掷骰子、抛硬币、洗牌等。但这些都是物理方法,当程序中需要大量随机数时,就不能满足需求了。自计算机出现以来,人们想出了各种计算方法来产生随机数,很多科学家、工程师和研究人员都为各自的应用开发了仿真模型。

随机数的数学定义:设随机变量 X 的分布函数为 $F(x)$,$\{X_i, i=1,2,\cdots\}$ 独立且具有同一分布函数 $F(x)$,则 $\{X_i, i=1,2,\cdots\}$ 的一次观测值 $\{x_i, i=1,2,\cdots\}$ 称为分布函数 $F(x)$ 的随机数序列,简称随机数。

现在的随机模拟主流方法是使用计算机实时生成随机数。最常见、最基本的随机数是均匀分布在区间 $(0,1)$ 内的随机数,两种常用的数值方法是乘同余法和混合同余法。蒙特卡罗方法利用大量的随机数,根据概率计算估计结果,使用的随机数越多,结果就越精确。

Python 中提供了不同概率分布的随机数函数,其中 NumPy、scikit-learn(sklearn)库都有随机数生成功能。在建模中,可以生成相应的数据,用来进行清洗、归一化,然后选择模型与算法进行拟合和预测。

8.1.1　随机数的生成

我们在需要某种分布的随机数时,首先会生成均匀分布随机数,然后由均匀分布随机数转换得到其他分布的随机数。产生均匀分布随机数的算法叫作均匀分布随机数发生器。除此之外,还有非均匀分布随机数发生器。运行在计算机上的第一个随机数发生器是 20 世纪40 年代出现的"平方取中法",后来又出现了"乘积取中法"、位移法、线性同余法等。

均匀分布随机数发生器包括线性同余发生器(Linear Congruential Generator,LCG)、反馈位移寄存器(Feedback Shift Register,FSR)、组合发生器。

线性同余发生器是应用最广泛的随机数发生器,由 Lehmer 在 1951 年提出。该方法利用数论中同余运算产生随机数,包括混合同余发生器和乘同余发生器。设 i,j 为整数,M 为正整数,若 $j-i$ 为 M 的倍数,则称 i 与 j 关于模 M 同余,记为 $i \equiv j \pmod{M}$。否则称 i 与 j 关于模 M 不同余。线性同余随机数发生器是利用求余运算的随机数发生器。其递推公式为

$$x_n = (ax_{n-1} + c)(\bmod M), \quad n = 1,2,\cdots \tag{8-1}$$

式(8-1)的右边表示 $ax_{n-1}+c$ 除以 M 的余数,正整数 M 为除数,正整数 a 为乘数,非负整数 c 为增量,取某个非负整数 x_0 为初值可以向前递推。递推只需要序列中前一项,得到的序列 $\{x_n\}$ 为非负整数,$0 \leqslant x_n < M$。令 $R_n = \dfrac{x_n}{M}$,则 $R_n \in [0,1)$,把 $\{R_n\}$ 作为均匀分布随机数序列。若 $c=0$,线性同余发生器称为乘同余发生器,若 $c>0$,线性同余发生器称为混合同余发生器。

随着技术的发展,LCG 方法逐渐显示出一些缺点,用 LCG 方法产生的均匀随机数作为 $m(m>1)$ 维均匀随机向量时相关性较大,并且用 LCG 方法产生的均匀随机数列的周期与计算机的字长有关。因此,在 1965 年,Tausworthe 发表的关于利用线性递归模型生成随机

数的文章对这些缺点进行了改善。FSR 方法按照某种递推法则生成一系列二进制数 α_1, $\alpha_2,\cdots,\alpha_k,\cdots$,其中,$\alpha_k$ 由前面若干个 $\{\alpha_i\}$ 线性组合除以 2 的余数产生:

$$\alpha_k=(c_p\alpha_{k-p}+c_{p-1}\alpha_{k-p+1}+\cdots+c_1\alpha_{k-1})(\mathrm{mod}\ 2),\quad k=1,2,\cdots \qquad (8\text{-}2)$$

式(8-2)中线性组合系数 $\{c_i\}$ 只取 0、1。给定初值 $(\alpha_{-p+1},\alpha_{-p+2},\cdots,\alpha_0)$ 向前递推,得到 $\{\alpha_k,$ $k=1,2,\cdots\}$ 序列后依次截取长度为 L 的二进制位组合成整数 x_n,$R_n=\dfrac{x_n}{2^L}$。不同的组合系数和初值选择可以得到不同的随机数发生器,巧妙设计可以得到很长的周期。

在实际应用中,如果想要得到周期更长、随机性更好的均匀随机数,往往要以随机数发生器生成的一个随机数为基础,再用另一个发生器把新的随机数序列重新排列成实际的随机数列,利用多个独立的生成器以某种方式组合在一起产生随机数,希望组合生成器能够产生比任何单个随机数生成器具有更长的周期和更好的统计特性的随机数,这就是组合发生器。

在得到均匀随机数后,必须给出利用均匀随机数产生非均匀随机数的方法,即产生各种不同分布(即随机变量)随机数的方法,才能在数字计算机上进行模拟计算。我们常把产生各种随机变量的随机数这一过程称为对随机变量进行模拟。非均匀随机数的生成包括逆变换法和舍选法等。

逆变换法可以生成连续型和离散型的随机数。

定理 8-1 设 X 为连续型随机变量,取值于区间 (a,b)(可包括 $\pm\infty$ 和端点),X 的密度在 (a,b) 上取正值,X 的分布函数为 $F(x)$,$U\sim U(0,1)$,则随机变量 $Y=F^{-1}(U)\sim F(\cdot)$。

定理 8-2 设 X 为离散型随机变量,取值于集合 $\{a_1,a_2,\cdots\}(a_1<a_2<\cdots)$,$X$ 的分布函数为 $F(x)$,$U\sim U(0,1)$,根据 U 的值定义随机变量 Y 为

$$Y=a_i\ \text{当且仅当}\ F(a_{i-1})<U\leqslant F(a_i),\quad i=1,2,\cdots$$

则 $Y\sim F(y)$。

一般来说,逆变换法是一种简单且高效的算法,但是逆变换法有自身的局限性,就是要求必须能给出分布函数 F 逆函数的解析表达式,有些时候要做到这点比较困难,舍选法是另外的选择。

舍选法的适用范围比逆变换法更大,只要给出概率密度函数的解析表达式即可,而大多数常用分布的概率密度函数是可以查到的。首先,设概率密度函数为 $f(x)$,生成均匀分布随机数 $X\sim Unit(x_{\min},x_{\max})$,再独立生成一个均匀分布随机数 $Y\sim Unit(y_{\min},y_{\max})$,若 $Y\leqslant$ $f(X)$,则返回 X,否则重复上述过程。

8.1.2 使用 NumPy 库函数生成随机数

在进行数学建模时,经常需要产生随机数,所以掌握 NumPy 中常见的随机数生成函数的用法是非常必要的。NumPy 是 Python 语言的一个扩展程序库,支持大量的维度数组与矩阵运算,此外也针对数组运算提供了大量的数学函数库。NumPy 的 random 模块中有很多不同概率分布的随机数生成函数,表 8-1 是常用概率分布的随机数生成函数。

表 8-1 常用概率分布的随机数生成函数

随机数生成函数	概率分布名称
numpy. random. uniform(low,high,size)	均匀分布
numpy. random. randn($a_1,a_2,\cdots,a_3$)	标准正态分布

续表

随机数生成函数	概率分布名称
numpy. random. normal(loc,scale,size)	正态分布
numpy. random. poisson(lam,size)	泊松分布
numpy. random. binomial(n,p,size)	二项分布
numpy. random. exponential(scale,size)	指数分布
numpy. random. beta(a,b,size)	贝塔分布
numpy. random. chisquare(df,size)	卡方分布
numpy. random. f(dfnum,dfden,size)	F分布

下面应用 NumPy 库以正态分布(Normal Distribution)为例生成随机数。正态分布又称高斯分布(Gaussian Distribution),是一种非常重要且常见的连续概率分布。下面进行简单的介绍。

假设随机变量 X 服从一个数学期望为 μ、标准差为 σ 的正态分布,则可以记为

$$X \sim N(\mu,\sigma^2)$$

而随机变量 X 概率密度函数为

$$f(x) = \frac{1}{\sigma\sqrt{2\pi}}e^{-\frac{(x-\mu)^2}{2\sigma^2}}$$

Python 程序如下:

```
from numpy import random
import numpy
import matplotlib. pyplot as plt
mu = 2                                          #设置数学期望
sigma = 2                                       #设置标准差
size = 1000                                     #生成的随机数个数
rand_data = numpy. random. normal(mu, sigma, size)
#返回结果为数组
count, bins, ignored = plt.hist(rand_data, 20, density = True ,facecolor = 'green')
#绘制直方图,bins用于指定矩形个数,20表示共20个矩形; density代表是否归一化,
#facecolor表示直方图颜色
plt.plot(bins, 1/( sigma * numpy.sqrt(2 * numpy.pi)) * numpy.exp( - (bins - mu) ** 2 /
(2 * sigma ** 2) ),linewidth = 3, color = 'b')
#正态分布的函数表达式,linewidth表示线宽,color表示线条颜色
plt.xlabel('期望')
plt.ylabel('概率')
plt.title('正态分布直方图: $ \mu = 2 $ , $ \sigma = 2 $ ')
plt.show()
```

在上述代码中,首先设置正态分布中的数学期望、标准差及需要生成的样本量,利用函数 numpy. random. normal()直接得到随机数。为了更直观地观察数据的分布情况,使用 plt. hist()绘制生成的随机数的直方图和密度曲线,运行结果如图 8-2 所示。

图 8-2 所示为运行一次的结果。由于随机产生数据,因此每次运行的结果是不一样的。代码中设置的 size=1000,该样本量并不是很大,所以以图像看起来并不是很规则,但也能看出有大致的正态分布趋势。若将 size 参数设置得大一些,相当于增加样本数量,那么整个图像就会

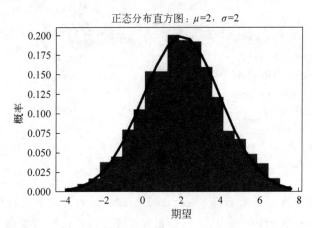

图 8-2　NumPy 库函数生成服从正态分布的随机数的图像

更加接近正态分布的形状。读者不妨尝试将代码中的 size 设为 100000,观察图像的变化。

8.1.3　使用 sklearn 库函数生成随机数

sklearn 库用于生成随机数的函数都在 datasets 中,与 NumPy 不同的是,sklearn 库函数可以用来生成适合特定机器学习模型的数据。下面以两个示例介绍使用 sklearn 库函数生成随机数在 Python 中的应用。

(1) 使用 make_regression()函数生成回归模型随机数,Python 程序如下:

```
import matplotlib.pyplot as plt
from sklearn.datasets import make_regression
x, y, coef = make_regression(n_samples = 1000, n_features = 1, noise = 5, coef = True)
# n_samples 为生成样本数, n_features 为样本特征数, noise 为样本随机噪声, coef 为是否返回回归系数
plt.scatter(x, y, c = 'blue', s = 1)
plt.plot(x, x * coef, c = 'red')
plt.xlabel('x')
plt.ylabel('y')
plt.show()
```

运行结果如图 8-3 所示。

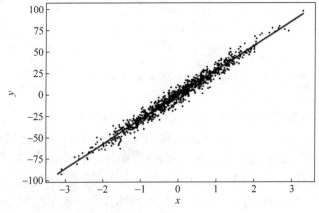

图 8-3　make_regression()函数生成回归模型随机数的图像

（2）使用 make_ classification()函数生成分类模型随机数，Python 程序如下：

```
import matplotlib.pyplot as plt
from sklearn.datasets import make_classification
    #n_redundant 为冗余特征数, n_classes 为输出的类别数
    x, y = make_classification(n_samples = 1000, n_features = 2, n_redundant = 0, n_clusters_per_
class = 1, n_classes = 4)
    #绘制散点图, 根据标签区分形状
    def mscatter(x, y, ax = None, m = None, ** kw):
        import matplotlib.markers as mmarkers
        if not ax: ax = plt.gca()
        sc = ax.scatter(x, y, ** kw)
        if (m is not None) and (len(m) == len(x)):
            paths = [ ]
            for marker in m:
                if isinstance(marker, mmarkers.MarkerStyle):
                    marker_obj = marker
                else:
                    marker_obj = mmarkers.MarkerStyle(marker)
                path = marker_obj.get_path().transformed(marker_obj.get_transform())
                paths.append(path)
            sc.set_paths(paths)
        return sc
m = {0:'.', 1:'^', 2:'1', 3:'+'}
cm = list(map(lambda x:m[x], y))              #将相应的标签改为对应的 marker
fig, ax = plt.subplots()
scatter = mscatter(x[:,0], x[:,1], c = y, m = cm, ax = ax, s = 20, cmap = plt.cm.RdYlBu)
plt.xlabel('x')
plt.ylabel('y')
plt.show()
```

运行结果如图 8-4 所示。

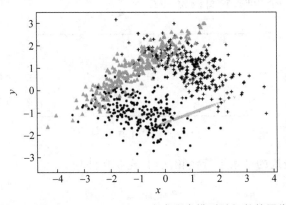

图 8-4 make_ classification()生成分类模型随机数的图像

以上使用 sklearn 库函数生成了回归和分类模型的随机数。除此以外，还可以用 make_blobs()生成聚类模型数据，用 make_gaussian_quantiles()生成分组多维正态分布数据等。

8.2　随机模拟方法

8.2.1　起源与发展

随机模拟方法的误差与问题的维数无关,其可以直接解决具有统计性质的问题,并且对连续性问题不必进行离散化处理;对于确定性的问题,往往需要将其转变为随机性问题。蒙特卡罗方法通常需要较多的计算步数,本身具有高计算需求,即使对于简单的问题,也需要海量的计算。

随机模拟方法大致可分为两类:一类是问题本身具有随机性的问题,如某一时刻股票的价格、比特币的价格,通常可直接模拟这种随机过程。首先必须根据实际问题所遵循的概率统计规律建立概率模型,然后利用计算机进行抽样试验,得到与实际问题相对应的随机变量 $y = g(x_1, x_2, \cdots, x_n)$ 的分布。另一类是确定性的问题,通常采用间接模拟方法。将求解问题转为某种随机分布的特征数,如概率分布或数学期望,通过随机抽样方法,根据随机事件发生的频率估计随机事件发生的概率,或者通过抽样的数字特征估计随机变量的数字特征,并以此作为问题的解。

随机模拟方法可以追溯到 18 世纪的蒲丰投针法。1777 年,法国科学家蒲丰提出了以下著名问题:平面上画有等距离 $a(a > 0)$ 的一些平行线,取一根长度为 $l(l < a)$ 的针,把它随机扔到有平行线的平面上,求针与平行线相交的概率。

下面解决这一问题。设 D 为针的中点,x 表示中点 D 到最近一条平行线的距离,θ 表示针与平行线的夹角,如图 8-5 所示,那么基本事件区域为

$$\Omega = \left\{ (x, \theta) \,\middle|\, 0 \leqslant x \leqslant \frac{a}{2}, 0 \leqslant \theta \leqslant \pi \right\} \tag{8-3}$$

式中,Ω 为平面上的一个矩形,其面积为 $S(\Omega) = \dfrac{a\pi}{2}$。

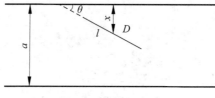

图 8-5　投针示意图

为使针与离 D 最近的一条平行线相交,其充要条件是

$$E : \begin{cases} 0 \leqslant x \leqslant \dfrac{l}{2}\sin\theta \\ 0 \leqslant \theta \leqslant \pi \end{cases} \tag{8-4}$$

区域 E 的面积是

$$S(E) = \int_0^\pi \frac{1}{2} l \sin\theta \, \mathrm{d}\theta = l \tag{8-5}$$

这时针与平行线相交的概率为

$$P = \frac{S(E)}{S(\Omega)} = \frac{2l}{a\pi} \tag{8-6}$$

假设一共投掷 n 次,观察到针与平行线相交的次数为 m。从式(8-6)可以看出,当比值 $\frac{l}{a}$ 保持不变时,概率 P 的值始终不变,$\frac{m}{n}$ 为 P 的近似值,显然能够算出 π 的近似值。当投掷的次数越来越多时,计算的结果也越来越准确。

随机模拟解决非随机问题的典型代表就是计算定积分,随机投点法是求解随机模拟积分(蒙特卡罗积分)的一种典型方法。设函数 $f(x)$ 在有限区间 $[a,b]$ 上有界,不妨设 $0 \leqslant f(x) \leqslant M$。要计算 $I = \int_a^b f(x)\mathrm{d}x$,等价于计算曲线下区域 D 的面积,$D = \{(x,y): 0 \leqslant y \leqslant f(x), x \in [a,b]\}$。因此,在区域 G:$[a,b] \times (0,M)$ 上均匀抽样 N 次,得到随机点 $(X_i, Y_i)(i=1,2,\cdots,N)$。

若 $\xi_i = \begin{cases} 1, & (X_i,Y_i) \in D \\ 0, & \text{其他} \end{cases}$,$i=1,2,\cdots,N$,则 $\{\xi_i\}$ 是独立重复试验结果,$\{\xi_i\}$ 独立同分布于 $b(1,p)$,$p = P((X_i,Y_i) \in D) = \frac{S(D)}{S(G)} = \frac{I}{M(b-a)}$,其中,$S(\cdot)$ 表示区域面积。对于产生的 N 个随机样本,可以用这 N 个点落入曲线下方区域的百分比估计概率 p,然后由上述推导可得定积分 I 的近似值 $\hat{I} = \hat{p}M(b-a)$,这种方法称为随机投点法。

8.2.2 随机模拟方法的特点

随机模拟方法是一种具有独特风格的、广义的数值计算方法,也是求解实际问题近似数值解的一种方法。对一个给定的实际问题,是否适合应用随机模拟方法进行求解是由问题的实际背景和随机模拟方法的基本特点决定的。因此,必须了解随机模拟方法的基本特点,才能避免错用或误用,从而获得合理的结果。从蒲丰投针实验可以看出,随机模拟方法可用于模拟所构造模型的某个或某组随机变量。从求解实际问题的过程中,可以看出它有以下特点。

1) 方法新颖、应用面广、适用性强

随机模拟方法是一类广义的数值计算方法。它在计算机上模拟实际过程,然后加以统计处理并求得实际问题的解。与传统的数学方法比较,其具有思想新颖、直观性强,简便易行的优点,它能够处理其他数学方法不能解决的问题。随着计算机的普及和发展,随机模拟方法的应用也会越来越广泛。

2) 算法简单,但计算量大

随机模拟试验是通过大量的简单重复抽样实现的,故算法及程序设计一般都较简单,但计算量较大。特别是用此方法模拟实际问题时,对所构造的模型必须反复验证,有时还必须不断修改甚至重新建立模型。

3) 模拟结果具有随机性

随机模拟方法是通过随机抽样对随机函数进行模拟试验,每次得到的抽样值是随机的,分析整理后求得问题的解也是随机的。

8.2.3 解题步骤

蒙特卡罗方法求解问题的过程可以概括为 3 个主要步骤。

1. 构造或描述问题的概率过程

对于本身具有随机性的问题,如风险度量、粒子输运问题,主要是正确地描述和模拟概率过程;对于确定性问题,如计算定积分,如果要用蒙特卡罗方法求解,必须先构造一个概率过程。概率模型可以是简单直观的,也可以是复杂抽象的,这取决于需要解决的问题。它可以是一个由离散随机变量组成的概率模型,也可以是一个连续的随机变量,或者是由一个或多个随机变量构成的过程和概率模型。概率模型的复杂性决定了蒙特卡罗方法计算的复杂性。

2. 实现从已知概率分布的抽样

构造概率模型以后,因为所有的概率模型都可以看作由各种具有已知概率分布的随机变量组成的,所以产生已知分布的随机变量(或随机向量)就成为蒙特卡罗方法模拟实验的基本手段,这也是蒙特卡罗方法称为随机抽样的原因。

3. 建立各种估计量

该步骤相当于对模拟实验的结果进行考察和登记,从中得到问题的解。例如,在例 8-1 中,得到 ξ_i 之后,用 $\hat{g}$ 作为定积分值 g 的无偏估计量。当然,也可以引入其他类型的估计,如极大似然估计、渐近有偏估计等,在蒙特卡罗方法中最常用的是无偏估计。

8.2.4 Python 实现

下面通过两个例题说明蒙特卡罗方法的 Python 实现。

例 8-1 积分的数值计算:计算定积分 $\int_0^1 x^2 \mathrm{d}x$。

解 要得到定积分的估计值,关键在于得到 ξ 的一个序列 $\xi_1,\xi_2,\cdots,\xi_{100000}$。在构造概率过程中,虽然 ξ_i 每次取值不同,但总体应当服从 $[0,1]$ 上的均匀分布。实际上,序列 ξ_1,$\xi_2,\cdots,\xi_{100000}$ 就是具有分布密度函数 $f(\xi)$ 的总体的一个简单子样,ξ_i 是子样中的一个元素。因此,得到序列的问题就是从具有分布密度函数 $f(\xi)$ 的总体中抽样的问题。

定积分 $\int_a^b f(x)\mathrm{d}x$ 的几何意义是面积的计算,是介于 x 轴、函数 $f(x)$ 的图形及两条直线 $x=a$、$x=b$ 之间的各部分面积(曲边梯形)的代数和。由于曲边梯形的高在区间 $[a,b]$ 上是连续变化的,若把区间 $[a,b]$ 平均划分为许多小区间,在每个小区间上用其中某一点处的高近似代替同一个小区间上的窄曲边梯形的变高,那么每个窄边梯形就能近似看成窄矩形。最后把所有这些窄矩形面积的和作为曲边梯形面积的近似。

此题中,假设把 $[0,1]$ 区间平均划分为 100000 个小区间,则有 $\int_0^1 x^2\mathrm{d}x \approx \sum_{i=1}^{100000} 0.00001 x_i^2$。如果把 x_i 看作 $[0,1]$ 上均匀分布的随机变量,设 $\xi \sim U[0,1]$,则

$$g = \int_0^1 x^2 \mathrm{d}x \approx \sum_{i=1}^{100000} 0.00001 \times E\xi_i^2 \tag{8-7}$$

于是对于区间 $[0,1]$ 上 100000 个独立的均匀随机数,可以用矩估计

$$\hat{g} = 0.00001 \times (\xi_1^2 + \xi_2^2 + \cdots + \xi_{100000}^2) \tag{8-8}$$

作为该定积分的无偏估计。

Python 程序如下：

```python
import random
n = 100000
x_min, x_max = 0.0, 1.0
y_min, y_max = 0.0, 1.0
count = 0
for i in range(0, n):
    x = random.uniform(x_min, x_max)
    y = random.uniform(y_min, y_max)
    if x * x > y:
        count += 1
integral_value = count / float(n)
print(integral_value)
```

运行结果为 0.33264，该值非常接近用牛顿-莱布尼茨公式计算的 $\dfrac{1}{3}$ 这一精确值，可见用蒙特卡罗方法计算积分值是可靠的。

例 8-2   用蒙特卡罗方法求 π 值。

解   若正方形有一个内切圆，向正方形区域扔一块小石头，则其落在圆内的概率是 $\dfrac{\pi}{4}$（用圆的面积除以正方形面积）。在正方形中随机放置一些点，如 100000 个点，将落在圆内点的数量比所有点的数量，就可以把这一概率的具体值计算出来，再乘以 4 得到 π 值。

Python 程序如下：

```python
n = 100000
r = 1.0
a, b = (0.0, 0.0)
x_neg, x_pos = a - r, a + r
y_neg, y_pos = b - r, b + r
count = 0
for i in range(0, n):
    x = random.uniform(x_neg, x_pos)
    y = random.uniform(y_neg, y_pos)
    if x * x + y * y <= 1.0:
        count += 1
pi = (count / float(n)) * 4
print(pi)
```

在该例题中，应用了随机投点法估计 π 值，输出结果为 3.14292，与 π 的真实值很接近，再次验证了蒙特卡罗方法的实用性。

从上面的示例可以看出，当需要解决的问题是求某一事件发生的概率或者某一随机变量的数学期望时，可以通过某种"试验"的方法得到该事件发生的频率或随机变量的平均值，以此作为问题的解。这就是蒙特卡罗方法的基本思想。它的理论基础是大数定理，即当试验次数足够多时，可以用频率估计概率，用随机变量的平均值估计数学期望。

8.3 随机模拟的应用

例 8-3 一枚硬币出现正面的概率是 $\frac{1}{2}$,但有没有办法通过实验证明这一点呢?在这个例题中,我们使用蒙特卡罗方法模拟抛掷硬币 5000 次,找出正面或反面的概率总是 $\frac{1}{2}$ 的根据。如果抛掷很多次硬币,就会得到概率的准确答案。

解 假设分别用 0 和 1 表示正面和反面,抛掷硬币时正面和反面出现的概率公式为

$$P(0) = P(1) = \frac{1}{2} \tag{8-9}$$

下面通过实验证明该公式,Python 程序如下:

```python
import random
import numpy as np
import matplotlib.pyplot as plt
# 将结果随机分配在 0~1
def coin_flip():
    return random.randint(0,1)
coin_flip()
# 主函数
listt = []                                          # 空列表存储概率值
def monte_carlo(n):
    results = 0
    for i in range(n):
        flip_result = coin_flip()
        results = results + flip_result
        prob_value = results/(i + 1)
        listt.append(prob_value)
        plt.axhline(y = 0.5, color = 'r', linestyle = '-')
        plt.plot(listt)
    return results/n
# 调用 Monte_Carlo 主函数,并绘制最终值
answer = monte_carlo(5000)
print("Final value:",answer)
plt.xlabel('样本量')
plt.ylabel('概率')
```

运行结果如图 8-6 所示,值为 0.4942。

结果显示,经过 5000 次迭代后,得到的概率为 0.4942,接近于 $\frac{1}{2}$。这就是使用蒙特卡罗模拟寻找概率的过程。

例 8-4 现有一项工程,工程结束需要 3 个步骤,假设这 3 个步骤预估的工期概率都呈标准正态分布,整个项目工期就是这 3 个步骤的工期之和。每一个步骤最好、最差、最可能、平均工期以及估计工期的标准差如表 8-2 所示。

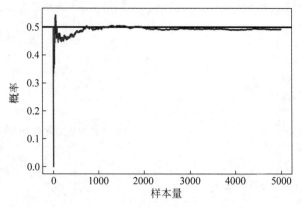

图 8-6 例 8-3 蒙特卡罗模拟结果

表 8-2 各个步骤的估计工期

步　骤	最好	最差	最可能	平均工期	标准差
步骤 1	160	400	280	280	15
步骤 2	290	620	530	480	18
步骤 3	195	660	525	460	20

解　用蒙特卡罗方法,以这 3 个步骤的工期分布为输入,模拟得到整个工程的工期概率分布。首先构建概率模型,从题中已知 3 个步骤预计的工期概率都呈正态分布。然后根据正态分布对这 3 个步骤进行采样。估计量就是工期时间,工期时间是 3 个步骤工期之和。根据采样结果计算工期的模拟值,并计算工期模拟值出现的频率(概率),最后根据出现频率计算累积概率。

Python 程序如下:

```python
import numpy as np
import matplotlib.pyplot as plt
import math
#参数
mu = [280, 480, 460]                        #均值
sigma = [15, 18, 20]                        #标准差
tips = [ 'one', 'two', 'three']
#蒙特卡罗采样
size = 5000
samples = [np.random.normal(mu[i], sigma[i], size) for i in range(3)]
#计算工期
day = np.zeros(len(samples[1]))             #设置一个空数组
for i in range(len(samples[1])):
    for j in range(3):
        day[i] += samples[j][i]
    day[i] = int(day[i])
#计算一个列表中每个元素出现的次数
def count(data):
    data = np.array(data)                   #产生数组
```

```
    UNdata = np. unique(data)                        #去除数组中的重复数字,排序之后输出
    m = []
    n = []
    for k in UNdata:
        kdata = (data == k)
        new = data[kdata]
        v = new. size
        m. append(k)                                 #在列表末尾添加新的对象
        n. append(v)
    return m, n
#计算工期出现的频率与累积概率
a, b = count(day)
pdf = [m/size for m in b]                            #概率密度函数
cdf = np. zeros(len(a))                              #累积分布函数
for i in range(len(a)):
    if i > 0:
        cdf[i] += cdf[i-1]
    cdf[i] += b[i]
cdf = cdf/size
#绘图
fig = plt. figure(figsize = (15,12))
ax = fig. add_subplot(211)
#绘制柱状图
ax. bar(a, height = pdf, color = 'blue', edgecolor = 'white', label = 'MC PDF')
ax. plot(a, pdf)
ax. legend(loc = 'best', frameon = True)            #设置图例位置,图例是否显示边框
ax. set_xlabel('天数')
ax. set_ylabel('概率')
ax. set_title('蒙特卡罗模拟')
ax = fig. add_subplot(212)
ax. plot(a, cdf, 'b-', marker = 'o', mfc = 'b', ms = 4, lw = 3, alpha = 0.6, label = 'MC CDF')
ax. legend(loc = 'best', frameon = True)
ax. set_xlabel('天数')
ax. set_ylabel('概率')
ax. grid(True)
plt. show()
```

运行结果如图 8-7 所示。

图 8-7(a)中的柱状图是整个工程估计正好多少天完工的概率,如 1200 天对应的概率大约是 1%,表示整个工程正好 1200 天完工的概率是 1%。图 8-7(b)表示总工期的概率分布,它是最终蒙特卡罗模拟需要得到的结果。该曲线表示整个工程在多少天内完工的概率。例如,通过曲线可以看到 1200 天对应的累积概率是 30%左右,表示整个工程 1200 天内完工的概率是 30%,那么 1200 天内不能完工的概率就是 70%,可预示风险。如果认为风险太高,可以计划延长工期。例如,整个工程在 1250 天内完成的概率约为 82%,剩余的 18%是不能按时完成的风险,这就大大降低了工程在进度方面的风险。

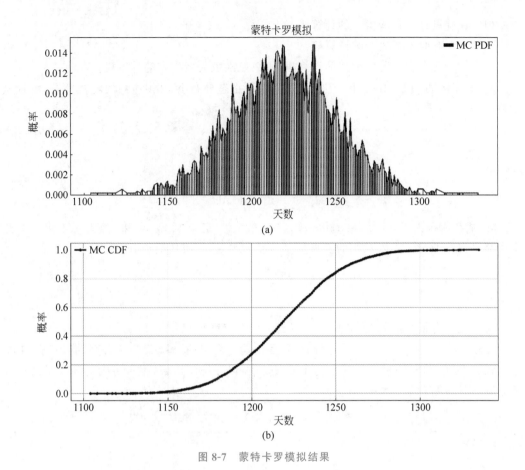

图 8-7 蒙特卡罗模拟结果

本 章 小 结

　　本章从随机数入手,介绍了使用 Python 中的 NumPy 和 sklearn 库函数生成随机数的方法,在此基础上引入了蒙特卡罗方法,阐述了该方法的起源和解题步骤,并且通过例题,使蒙特卡罗方法在求解积分问题时浅显易懂,在解决实际问题中更加清晰明了。本章旨在借助 Python 应用随机模拟解决实际问题,希望读者能够结合相应理论灵活运用。

习 题

　　1. 某公司准备抽出一批产品进行质量检查,现有 20 件产品,需从中抽取 10 件进行检查,试用随机数法帮助该公司抽取产品。

　　2. 用随机模拟法计算事件的概率。现有大小、品牌、型号相同的 15 台计算机,其中有 12 台是新生产的计算机,3 台是二手计算机,现从中不放回任取 3 台计算机,求下列事件的概率。

（1）有且只有一台新生产的计算机。

（2）至少有两台新生产的计算机。

（3）若前两次有一台新生产的计算机，则第三次也为新生产的计算机。

3．试在区间 $[140,180]$ 上产生 5000 个服从正态分布 $N(160,49)$ 的随机整数，统计其频数，绘制直方图。

4．试用 Python 求解

$$f(x_1,x_2)=x_1^2 x_2^2, \quad 0 \leqslant x_1 \leqslant 1, 0 \leqslant x_2 \leqslant 1$$

的积分

$$I=\int_0^1 \int_0^1 x_1^2 x_2^2 \,\mathrm{d}x_1 \mathrm{d}x_2$$

5．某花店每天以 10 元/束的价格购进一批鲜花，定价为 15 元/束，当天卖不出去的花将全部损失。顾客一天内对花的需求量 Y 为随机变量，Y 服从泊松分布：

$$P(Y=k)=\mathrm{e}^{-\lambda} \frac{\lambda^k}{k!}, \quad k=0,1,2,\cdots$$

式中，$\lambda=10$。

若使花店有最好的收益，花店每天应购进多少束鲜花？

6．报亭每天以 0.5 元/份的价格从报社购进报纸零售，若当天没有销售完，将以 0.2 元/份的价格退回报社，零售价为 1 元/份。据以往统计结果，报纸每天的销售量及百分率的概率分布如表 8-3 所示。

表 8-3 销售量和百分率的概率分布

销售量/份	500	520	550	570	590	600
百分率/%	0.15	0.15	0.4	0.2	0.05	0.05

试用随机模拟法帮报亭做好规划，确定每天购进报纸的数量，使报亭每天都能获得最高的收入。

第 9 章 回归分析

重点内容
◇ 线性回归的基本原理；
◇ 岭回归和 LASSO 回归的基本原理；
◇ 非线性回归的基本原理。

难点内容
◇ 最小二乘法估计回归参数；
◇ 非线性回归方程的 Python 实现。

回归分析方法是统计分析中最基本的方法，也是应用极为广泛的方法之一，利用回归分析研究已有数据的建模问题也是最常见且有效的方法。回归分析研究的主要对象是客观事物变量间的统计关系，是在对客观事物进行大量试验和观察的基础上，寻找隐藏在那些看上去并不确定的现象中的统计规律。回归分析方法是通过建立统计模型研究变量之间关系的密切程度、结构状态的工具，也是进行模型预测的一种有效工具。简单来说，回归分析研究的是被解释变量（因变量）与解释变量（自变量）之间的关系。

回归分析就是处理变量之间相关关系的一种数学方法。根据自变量的个数，回归分析可分为一元回归分析和多元回归分析。在一元回归分析中，自变量只有一个；而多元回归分析的自变量有两个或两个以上。根据自变量和因变量之间的相关关系不同，回归分析又可分为线性回归和非线性回归两类。本章思维导图如图 9-1 所示，分别介绍了一元线性分析、多元线性分析、岭回归、LASSO 回归和非线性回归分析的基本原理和 Python 实现。

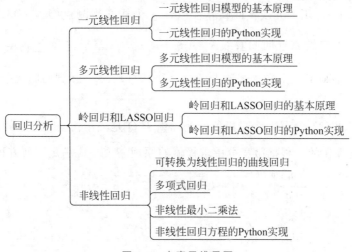

图 9-1　本章思维导图

9.1 一元线性回归

9.1.1 一元线性回归模型的基本原理

一元线性回归是描述两个变量之间相关性的最简单的回归模型。自变量与因变量线性关系的数学表达式为

$$y = \beta_0 + \beta_1 x + \varepsilon \tag{9-1}$$

式(9-1)称为变量 x 到 y 的一元线性回归模型。解释变量(自变量) x 和被解释变量(因变量) y 之间的关系分为两部分:一部分是由 x 的变化引起的 y 的线性变化,即 $\beta_0 + \beta_1 x$,β_0 为截距;β_1 为系数;另一部分是由所有其他随机影响因素 ε 引起的随机误差,它是一个随机变量,满足 $E(\varepsilon)=0$,$\mathrm{var}(\varepsilon)=\sigma^2$。

回归方程的建立一般是从总体中抽取部分样本计算 y 随 x 的变化规律,所以通过 n 组样本观测值 $(x_i, y_i)(i=1,2,\cdots,n)$ 可以求得样本回归方程:

$$\hat{y} = \hat{\beta}_0 + \hat{\beta}_1 x \tag{9-2}$$

一般情况下,使用式(9-2)可对总体情况进行估计。

由样本数据得到回归参数 β_0、β_1 的理想估计值,可以使用最小二乘法估计。对每一个样本观测值 (x_i, y_i),最小二乘法考虑观测值 y_i 与其回归值的离差,离差越小越好。n 个样本对应 n 个离差值,离差平方和定义为

$$Q(\beta_0, \beta_1) = \sum_{i=1}^{n} [y_i - E(y_i)]^2 = \sum_{i=1}^{n} (y_i - \beta_0 - \beta_1 x_i)^2 \tag{9-3}$$

使式(9-3)定义的离差平方和达到最小,满足

$$\begin{aligned} Q(\hat{\beta}_0, \hat{\beta}_1) &= \sum_{i=1}^{n} (y_i - \hat{\beta}_0 - \hat{\beta}_1 x_i)^2 \\ &= \min_{\beta_0, \beta_1} \sum_{i=1}^{n} (y_i - \beta_0 - \beta_1 x_i)^2 \end{aligned} \tag{9-4}$$

式中,$\hat{\beta}_0$、$\hat{\beta}_1$ 称为回归参数 β_0、β_1 的估计值。

从几何关系上看,用一元线性回归方程拟合 n 个样本观测点 $(x_i, y_i)(i=1,2,\cdots,n)$,就是要求 n 个样本点最靠近回归直线 $\hat{y}_i = \hat{\beta}_0 + \hat{\beta}_1 x_i$。残差平方和 $\sum_{i=1}^{n} e_i^2 = \sum_{i=1}^{n} (y_i - \hat{\beta}_0 - \hat{\beta}_1 x_i)^2$ 从整体上刻画了 n 个样本观测点 $(x_i, y_i)(i=1,2,\cdots,n)$ 到回归线 $\hat{y}_i = \hat{\beta}_0 + \hat{\beta}_1 x_i$ 距离的长短。

由式(9-4)求出 $\hat{\beta}_0$、$\hat{\beta}_1$ 是一个求极值问题。由于 Q 是关于 $\hat{\beta}_0$、$\hat{\beta}_1$ 的非负二次函数,因此它的最小值总是存在的。根据微积分中求极值的原理,$\hat{\beta}_0$、$\hat{\beta}_1$ 应满足下列方程组:

$$\begin{cases} \left. \dfrac{\partial Q}{\partial \beta_0} \right|_{\beta_0 = \hat{\beta}_0} = -2 \sum_{i=1}^{n} (y_i - \hat{\beta}_0 - \hat{\beta}_1 x_i) = 0 \\ \left. \dfrac{\partial Q}{\partial \beta_1} \right|_{\beta_1 = \hat{\beta}_1} = -2 x_i \sum_{i=1}^{n} (y_i - \hat{\beta}_0 - \hat{\beta}_1 x_i) = 0 \end{cases} \tag{9-5}$$

经过整理后,得到正规方程组:

$$\begin{cases} n\hat{\beta}_0 + (\sum_{i=1}^{n} x_i)\hat{\beta}_1 = \sum_{i=1}^{n} y_i \\ (\sum_{i=1}^{n} x_i)\hat{\beta}_0 + (\sum_{i=1}^{n} x_i^2)\hat{\beta}_1 = \sum_{i=1}^{n} x_i y_i \end{cases} \tag{9-6}$$

求解以上正规方程组,得到 β_0、β_1 的最小二乘估计值为

$$\begin{cases} \hat{\beta}_0 = \bar{y} - \hat{\beta}_1 \bar{x} \\ \hat{\beta}_1 = \dfrac{\sum_{i=1}^{n}(x_i - \bar{x})(y_i - \bar{y})}{\sum_{i=1}^{n}(x_i - \bar{x})^2} \end{cases} \tag{9-7}$$

式中,$\bar{x} = \dfrac{1}{n}\sum_{i=1}^{n} x_i$;$\bar{y} = \dfrac{1}{n}\sum_{i=1}^{n} y_i$。易知,$\hat{\beta}_1$ 可以等价地表示为

$$\hat{\beta}_1 = \frac{\sum_{i=1}^{n}(x_i - \bar{x})y_i}{\sum_{i=1}^{n}(x_i - \bar{x})^2} = \frac{\sum_{i=1}^{n} x_i y_i - n\bar{x}\bar{y}}{\sum_{i=1}^{n} x_i^2 - n(\bar{x})^2} \tag{9-8}$$

求得的 $\hat{\beta}_0$、$\hat{\beta}_1$ 就称为回归参数 β_0、β_1 的最小二乘估计值。由 $\hat{\beta}_0 = \bar{y} - \hat{\beta}_1\bar{x}$ 可知,$\bar{y} = \hat{\beta}_0 + \hat{\beta}_1\bar{x}$,可知回归直线 $\hat{y} = \hat{\beta}_0 + \hat{\beta}_1 x$ 通过点 $(\bar{x}, \bar{y})$。称

$$\hat{y}_i = \hat{\beta}_0 + \hat{\beta}_1 x_i \tag{9-9}$$

为 $y_i(i = 1, 2, \cdots, n)$ 的回归拟合值,称 $e_i = y_i - \hat{y}_i$ 为 $y_i(i = 1, 2, \cdots, n)$ 的残差。

对应于不同的 x_i 值,观测值 y_i 的取值是不同的。建立一元线性回归模型的目的就是以 x 的线性函数解释 y 的变异。$y_1, y_2, \cdots, y_n$ 的变异程度可采用样本方差来测度,即

$$s^2 = \frac{1}{n-1}\sum_{i=1}^{n}(y_i - \bar{y})^2 \tag{9-10}$$

由于拟合值 $\hat{y}_i$ 的平均值等于观测值 y_i 的平均值,因此其变异程度可以用下式测度:

$$\hat{s}^2 = \frac{1}{n-1}\sum_{i=1}^{n}(\hat{y}_i - \bar{y})^2 \tag{9-11}$$

下面看 s^2 和 $\hat{s}^2$ 之间的关系,有

$$\sum_{i=1}^{n}(y_i - \bar{y})^2 = \sum_{i=1}^{n}(y_i - \hat{y}_i)^2 + \sum_{i=1}^{n}(\hat{y}_i - \bar{y})^2 + 2\sum_{i=1}^{n}(y_i - \hat{y}_i)(\hat{y}_i - \bar{y}) \tag{9-12}$$

由于

$$\sum_{i=1}^{n}(y_i - \hat{y}_i)(\hat{y}_i - \bar{y}) = \sum_{i=1}^{n}(y_i - \hat{\beta}_0 - \hat{\beta}_1 x_i)(\hat{\beta}_0 + \hat{\beta}_1 x_i - \bar{y})$$

$$= \hat{\beta}_0 \sum_{i=1}^{n}(y_i - \hat{\beta}_0 - \hat{\beta}_1 x_i) + \hat{\beta}_1 \sum_{i=1}^{n} x_i(y_i - \hat{\beta}_0 - \hat{\beta}_1 x_i)$$

$$- \bar{y}\sum_{i=1}^{n}(y_i - \hat{\beta}_0 - \hat{\beta}_1 x_i) = 0 \tag{9-13}$$

因此得到正交分解式为

$$\sum_{i=1}^{n}(y_i-\bar{y})^2=\sum_{i=1}^{n}(\hat{y}_i-\bar{y})^2+\sum_{i=1}^{n}(y_i-\hat{y}_i) \tag{9-14}$$

记 $SST=\sum_{i=1}^{n}(y_i-\bar{y})^2$，这是原始数据 y_i 的总变异平方和，其自由度为 $df_T=n-1$；$SSR=\sum_{i=1}^{n}(\hat{y}_i-\bar{y})^2$，这是用拟合直线 $\hat{y}_i=\hat{\beta}_0+\hat{\beta}_1 x_i$ 可解释的变异平方和，其自由度为 $df_R=1$；$SSE=\sum_{i=1}^{n}(y_i-\hat{y}_i)^2$，这是残差平方和，其自由度为 $df_E=n-2$。所以，有

$$SST=SSR+SSE, \quad df_T=df_R+df_E \tag{9-15}$$

从式(9-15)可以看出，y 的变异是由两方面的原因引起的：一是由于 x 的取值不同，给 y 带来的系统性变异；二是受除 x 以外的其他因素的影响。

注意：对于一个确定的样本(一组实现的观测值)，SST 是一个定值，所以可解释变异 SSR 越大，则残差 SSE 必然越小。此分解式可同时从以下两个方面说明拟合方程的优良程度。

(1) SSR 越大，用回归方程解释 y_i 变异的部分越大，回归方程对原数据解释得越好。

(2) SSE 越小，观测值 y_i 绕回归直线越紧密，回归方程对原始数据的拟合效果越好。

由此，可以定义一个测量标准来说明回归方程对原始数据的拟合程度，这就是拟合优度(判定系数)。

拟合优度是指可解释的变异占总变异的百分比，用 R^2 表示，有

$$R^2=\frac{SSR}{SST}=1-\frac{SSE}{SST} \tag{9-16}$$

R^2 有以下简单性质。

(1) $0 \leqslant R^2 \leqslant 1$。

(2) 当 $R^2=1$ 时，有 SSR＝SST，此时原始数据的总变异完全可以由拟合值的变异来解释，并且残差为零(SSE＝0)，即拟合点与原始数据完全吻合。

(3) 当 $R^2=0$ 时，回归方程完全不能解释原始数据的总变异，y 的变异完全由与 x 无关的因素引起，这时 SSE＝SST。

拟合优度一方面可以从数据变异的角度指出可解释的变异占总变异的百分比，从而说明回归直线拟合的优良程度；另一方面可以从相关性的角度说明原始变量 y 与拟合变量 $\hat{y}$ 的相关程度，从这个角度看，拟合变量 $\hat{y}$ 与原始变量 y 的相关性越大，拟合直线的优良程度就越高。

9.1.2 一元线性回归的 Python 实现

一元线性回归的 Python 实现，即借助 Python 的 Pandas 和 NumPy 库对数据进行操作，使用 matplotlib 库进行可视化，使用 sklearn 库进行数据集训练与模型导入。下面用例 9-1 进行讲解。

例 9-1 现有表 9-1 所示的训练数据，希望通过分析蛋糕的直径与价格的线性关系预测任一直径蛋糕的价格，并且以蛋糕的尺寸为自变量(x)，以价格为因变量(y)，将数据输入 Python 中，绘制散点图。

表 9-1 例 9-1 训练数据

序号	尺寸/英寸	价格/元
1	6	32.0
2	8	40.0
3	9	55.0
4	10	60.5
5	12	78.0
6	18	103.0

解 （1）导入需要的基本模块。

```
import matplotlib.pyplot as plt
import numpy as np
import pandas as pd
from sklearn.linear_model import LinearRegression
```

（2）输入数据并绘制散点图。

```
#输入并查看数据
cake = pd.read_csv("E:dangao.csv")
cake
#定义散点图中的元素
def runplt():
    plt.figure()
    plt.title("cake price plotted against size")
    plt.xlabel('size')
    plt.ylabel('price')
    plt.grid(True)
    plt.xlim(0, 20)
    plt.ylim(0, 110)
    return plt
#给定 x、y 并绘图
x = cake.loc[:,'size'].values
y = cake.loc[:,'price'].values
plt = runplt()
plt.plot(x, y, 'b*')
plt.show()
```

运行结果如图 9-2 所示。

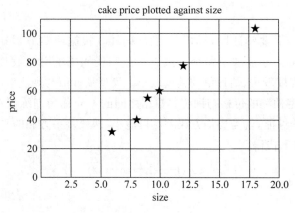

图 9-2 散点图

从图 9-2 中可以看出,所有点的分布大致呈一条直线。因此,用线性方程 $y = \beta_0 + \beta_1 x$ 表示 x 与 y 之间的关系,β_0、β_1 是需要估计的参数。

(3) 输入 Python,计算回归系数估计值。

```
model = LinearRegression()              # 创建模型
X = x.reshape((-1,1))
Y = y
model.fit(X, Y)                         # 拟合
display(model.intercept_)               # 截距
display(model.coef_)                    # 回归系数
```

得到的回归方程为

$$\hat{y} = 6.089x - 2.513 \tag{9-17}$$

(4) 求得回归方程后,将蛋糕的尺寸(x)逐项代入,即可得出相应的价格估计值($\hat{y}$)。可以看到回归系数为 6.089,表示蛋糕的尺寸每增加 1 英寸,价格平均增加 6.089 元。在散点图上绘制回归直线,如图 9-3 所示。

```
X2 = [[0],[16],[20], [25]]              # 取预测值
Y2 = model.predict(X2)                  # 进行预测
plt = runplt()
plt.plot(x, y, 'k.')
plt.plot(X2, Y2, 'b-')                  # 绘制拟合直线
plt.show()
```

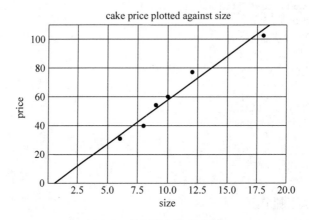

图 9-3　带回归线的散点图

确定回归方程后,需要验证回归估计值的准确性。根据回归方程计算的 $\hat{y}$ 值与实际值有一定的误差,误差的大小反映了每个分散点在回归线周围的分散程度。如果两者相差较大,说明散点的离散程度较大,估计值的精度较小。模型估计值与观测值的误差称为损失函数(Lost Function)。模型预测的价格与训练集数据之间的差异称为训练误差或残差。根据最小二乘法,要得到更好的性能,就需要均方误差尽可能小,即残差平方和的平均值尽可能小。

在程序中输入如下代码。

```
print("均方误差为: %.2f" % np.mean((model.predict(X) - y) ** 2))
```

结果如下:

```
均方误差为: 21.09
```

9.2 多元线性回归

9.2.1 多元线性回归模型的基本原理

一元线性回归以一个主要影响因素作为自变量来解释因变量的变化。在现实问题研究中，因变量的变化往往受多个重要因素的影响，此时就需要用两个或两个以上的影响因素作为解释变量来解释因变量的变化，这就是多元回归。当多个自变量与因变量之间是线性关系时，所进行的回归分析就是多元线性回归。

设因变量 y 与自变量 $x_1, x_2, \cdots, x_k$ 的线性回归模型为

$$y = \beta_0 + \beta_1 x_1 + \cdots + \beta_k x_k + \varepsilon \tag{9-18}$$

式中，$\beta_0, \beta_1, \cdots, \beta_k$ 为 $k+1$ 个未知参数，β_0 为回归常数，$\beta_1, \beta_2, \cdots, \beta_k$ 为回归系数；y 为被解释变量；$x_1, x_2, \cdots, x_k$ 是 k 个精确可控的一般变量，称为解释变量，当 $k=1$ 时，称为一元线性回归，当 $k \geqslant 2$ 时，称为多元线性回归；ε 为随机误差，通常假设 $E(\varepsilon)=0, \mathrm{Var}(\varepsilon)=\sigma^2$。

现得到 n 组独立观测数据 $(y_i, x_{i1}, \cdots, x_{ik})(i=1,2,\cdots,n, n>k)$，由式(9-18)得

$$y_i = \beta_0 + \beta_1 x_{i1} + \cdots + \beta_k x_{ik} + \varepsilon_i \tag{9-19}$$

式中，$\varepsilon_i \sim N(0, \sigma^2)(i=1,2,\cdots,n)$。

记

$$\boldsymbol{X} = \begin{bmatrix} 1 & x_{11} & \cdots & x_{1k} \\ \vdots & \vdots & & \vdots \\ 1 & x_{n1} & \cdots & x_{nk} \end{bmatrix}, \quad \boldsymbol{Y} = \begin{bmatrix} y_1 \\ \vdots \\ y_n \end{bmatrix}, \quad \boldsymbol{\varepsilon} = \begin{bmatrix} \varepsilon_1 \\ \vdots \\ \varepsilon_n \end{bmatrix}, \quad \boldsymbol{\beta} = \begin{bmatrix} \beta_0 \\ \beta_1 \\ \vdots \\ \beta_k \end{bmatrix} \tag{9-20}$$

则式(9-18)可表示为 $\boldsymbol{Y} = \boldsymbol{X}\boldsymbol{\beta} + \boldsymbol{\varepsilon}$，其中 $\boldsymbol{\varepsilon} \sim N(0, \sigma^2 \boldsymbol{E}_n)$，$\boldsymbol{E}_n$ 为 n 阶单位矩阵。

式(9-18)中的参数 $\beta_0, \beta_1, \cdots, \beta_k$ 仍然使用最小二乘估计，即选取估计值 $\hat{\beta}_j$，使当 $\beta_j = \hat{\beta}_j (j=0,1,\cdots,k)$ 时，误差平方和为

$$Q = \sum_{i=1}^{n} \varepsilon_i^2 = \sum_{i=1}^{n} (y_i - \beta_0 - \beta_1 x_{i1} - \cdots - \beta_k x_{ik})^2 \tag{9-21}$$

达到最小。为此，令

$$\begin{cases} \dfrac{\partial Q}{\partial \beta} = -2 \sum_{i=1}^{n} (y_i - \beta_0 - \beta_1 x_{i1} - \cdots - \beta_k x_{ik}) = 0 \\[2mm] \dfrac{\partial Q}{\partial \beta_1} = -2 \sum_{i=1}^{n} (y_i - \beta_0 - \beta_1 x_{i1} - \cdots - \beta_k x_{ik}) x_{i1} = 0 \\[2mm] \vdots \\[2mm] \dfrac{\partial Q}{\partial \beta_k} = -2 \sum_{i=1}^{n} (y_i - \beta_0 - \beta_1 x_{i1} - \cdots - \beta_k x_{ik}) x_{ik} = 0 \end{cases} \tag{9-22}$$

经整理，化为以下正规方程组。

$$\begin{cases} \beta_0 n + \beta_1 \sum_{i=1}^n n_{i1} + \beta_2 \sum_{i=1}^n x_{i2} + \cdots + \beta_k \sum_{i=1}^n x_{ik} = \sum_{i=1}^n y_i \\ \beta_0 \sum_{i=1}^n x_{i1} + \beta_1 \sum_{i=1}^n x_{i1}^2 + \beta_2 \sum_{i=1}^n x_{i1} x_{i2} + \cdots + \beta_k \sum_{i=1}^n x_{i1} x_{ik} = \sum_{i=1}^n x_{i1} y_i \\ \vdots \\ \beta_0 \sum_{i=1}^n x_{ik} + \beta_1 \sum_{i=1}^n x_{ik} x_{i1} + \beta_2 \sum_{i=1}^n x_{ik} x_{i2} + \cdots + \beta_k \sum_{i=1}^n x_{ik}^2 = \sum_{i=1}^n x_{ik} y_i \end{cases} \tag{9-23}$$

正规方程组的矩阵形式为 $\boldsymbol{X}^{\mathrm{T}}\boldsymbol{X}\boldsymbol{\beta} = \boldsymbol{X}^{\mathrm{T}}\boldsymbol{Y}$，当矩阵 $\boldsymbol{X}$ 列满秩时，$\boldsymbol{X}^{\mathrm{T}}\boldsymbol{X}$ 为可逆方阵，可得

$$\hat{\boldsymbol{\beta}} = (\boldsymbol{X}^{\mathrm{T}}\boldsymbol{X})^{-1}\boldsymbol{X}^{\mathrm{T}}\boldsymbol{Y} \tag{9-24}$$

将 $\hat{\beta}$ 代回原模型，得到 y 的估计值

$$\hat{y} = \hat{\beta}_0 + \hat{\beta}_1 x_1 + \cdots + \hat{\beta}_k x_k \tag{9-25}$$

这组数据的拟合值为 $\hat{\boldsymbol{Y}} = \boldsymbol{X}\hat{\boldsymbol{\beta}}$，拟合误差 $e = \boldsymbol{Y} - \hat{\boldsymbol{Y}}$ 称为残差，可作为随机误差 ε 的估计。而

$$Q = \sum_{i=1}^n e_i^2 = \sum_{i=1}^n (y_i - \hat{y}_i)^2 \tag{9-26}$$

为残差平方和（或剩余平方和）。

求解方程组，可得到 $\beta_0, \beta_1, \cdots, \beta_k$ 的估计值 $\hat{\beta}_0, \hat{\beta}_1, \cdots, \hat{\beta}_k$，与一元线性回归相同。

拟合优度用于检验回归方程对样本观测值的拟合程度，在一元线性回归中定义了样本判定系数，在多元线性回归中同样可以定义样本判定系数为

$$R^2 = \frac{\mathrm{SSR}}{\mathrm{SST}} = 1 - \frac{\mathrm{SSE}}{\mathrm{SST}} \tag{9-27}$$

样本判定系数 R^2 的取值在 $[0,1]$ 区间内，R^2 越接近 1，表明回归拟合的效果越好；R^2 越接近 0，表明回归拟合的效果越差。

9.2.2 多元线性回归的 Python 实现

多元线性回归的 Python 实现，即借助 Python 的 Pandas 和 NumPy 库对数据进行操作，使用 Matplotlib 库进行可视化，使用 sklearn 库进行数据集训练与模型导入。下面用例 9-2 进行讲解。

例 9-2 蛋糕的价格除了与直径有关，还会受到其他因素的影响，如蛋糕的配料。本例向例 9-1 中的模型添加另一个解释变量，以加入的配料（x_1）和蛋糕的尺寸（x_2）为自变量，以价格为因变量（y），将表 9-2 所示数据输入 Python 进行回归分析。

表 9-2 例 9-2 中的数据

序号	配料/g	尺寸/英寸	价格/元
1	13.0	6	32.0
2	11.5	8	40.0
3	15.0	9	55.0
4	18.0	10	60.5
5	20.5	12	78.0

续表

序号	配料/g	尺寸/英寸	价格/元
6	24.0	18	103.0
7	12.0	7	38.0
8	14.5	9	53.0
9	17.0	12	78.0
10	19.5	14	85.0
11	17.0	16	99.0
12	22.0	18	108.0

解 （1）导入需要的基本模块。

```
import numpy as np
import pandas as pd
from sklearn.linear_model import LinearRegression
```

（2）输入数据并设置训练集和测试集。

```
data = pd.read_csv("E:MDG.csv", index_col = 'id')        ♯加载数据
data
♯设置训练集和测试集
X = data.iloc[: -6, :2].values
Y = data.iloc[: -6, 2].values.reshape((-1, 1))
X_test = data.iloc[-6:, :2].values
Y_test = data.iloc[-6:, 2].values.reshape((-1, 1))
```

（3）根据训练集计算回归系数估计值。

```
♯线性拟合
model = LinearRegression()
model.fit(X, Y)
♯输出截距项和系数
display(model.intercept_)
display(model.coef_)
```

（4）确定方程未知系数后，可以得出回归方程为

$$\hat{y} = 2.305x_1 + 3.665x_2 - 16.253 \tag{9-28}$$

由式（9-28）可以看到，x_1 的回归系数为 2.305，表示当蛋糕的尺寸不变时，加入的配料每增加 1g，价格平均增加 2.305 元；x_2 的回归系数为 3.665，表示当加入的配料不变时，蛋糕的尺寸每增加 1 英寸，价格平均增加 3.665 元。

（5）根据训练集进行预测。

```
♯预测
predictions = model.predict(X_test)
for i, prediction in enumerate(predictions):
    print('Predicted: % s, Target: % s' % (prediction, Y_test[i]))
```

预测结果如下：

```
Predicted: [37.06365888], Target: [38.]
Predicted: [50.15633871], Target: [53.]
Predicted: [66.91372229], Target: [78.]
```

```
Predicted: [80.00640213], Target: [85.]
Predicted: [81.5725373], Target: [99.]
Predicted: [100.42848946], Target: [108.]
```

（6）进行模型评估。

```
# 模型评估
print('R - squared: %.2f' % model.score(X_test, Y_test))
```

在 Python 中进行模型评价时，可以使用 score() 函数计算判定系数 R^2。该模型的 R^2 为 0.86，说明拟合的效果较好。

9.3 岭回归和 LASSO 回归

本节主要介绍两种线性回归——岭回归（Ridge Regression）和 LASSO（Least Absolute Shrinkage and Selection Operator，最小绝对收缩和选择算子）的缩减方法的基础知识，并对其进行了 Python 实现。

9.3.1 岭回归和 LASSO 回归的基本原理

对于多元线性回归，通常要求变量之间不存在线性关系，但当变量之间出现线性相关时，即解释变量 $x_1, x_2, \cdots, x_n$ 存在多重共线性时，使用最小二乘回归估计的误差会非常大。岭回归是一种用于共线性数据分析的有偏估计回归方法，它本质上是一种改进的最小二乘估计方法。其放弃了最小二乘法的无偏性，回归系数更实用、更可靠，但代价是会丢失部分信息，降低了精度。

如 9.1 节和 9.2 节所述，一般线性回归问题采用最小二乘法求解参数，其目标函数为

$$\arg \min \| X\beta - y \|^2 \tag{9-29}$$

参数 β 的求解可以使用下面的矩阵运算实现：

$$\beta = (X^T X)^{-1} X^T y \tag{9-30}$$

对于矩阵 X，如果某些列具有较大的线性相关性（训练样本中的某些属性是线性相关的），则会导致 $X^T X$ 的行列式值接近于 0，即 $X^T X$ 接近于奇异，上述问题变为一个不适定问题，此时计算 $(X^T X)^{-1}$ 误差会很大，传统的最小二乘法缺乏稳定性和可靠性。

为了解决上述问题，岭回归在多元线性回归的损失函数上增加了一个正则项（也称为惩罚项），即系数的 L2 范式（系数的平方项）乘以正则化系数 α。岭回归损失函数的完全表达式为

$$\arg \min \| X\beta - y \|^2 + \alpha \| \beta \|_2^2 \tag{9-31}$$

对应的矩阵求解为

$$\beta = (X^T X + \alpha I)^{-1} X^T y \tag{9-32}$$

式中，I 是单位矩阵；α 是正则化系数。通过调整正则化系数 α 的大小，避免"精确相关关系"及"高度相关关系"带来的影响。如此，多重共线性得到控制，最小二乘法一定有解，并且这个解可以通过 α 进行调节，以确保不会偏离太多。当然，α 挤占了 β 中由原始的特征矩阵贡献的空间。因此，α 如果太大，也会导致估计值出现较大的偏移，无法正确拟合数据的真

实面貌。在使用中,需要找出 α 让模型效果变好的最佳取值。

除了岭回归,另一种线性回归的缩减方法——LASSO 回归也可解决多重共线性问题,它针对不同的自变量,会使其收敛的速度不一样。有的变量可很快趋于 0,有的却会很慢。因此一定程度上 LASSO 回归非常适合做特征选择。LASSO 以 L1 先验作为正则化器训练的线性模型,能够减少变化程度并提高线性回归模型的精度。LASSO 的损失函数表示为

$$\arg \min \| X\beta - y \|^2 + \alpha \| \beta \|_1 \tag{9-33}$$

式中,$\| \beta \|_1 = \sum_{j=1}^{\beta} \| \beta_j \|$ 是 β 的 L1 范数;α 是惩罚项系数,控制着模型的复杂程度,α 越大对特征较多的模型惩罚力度越大,通过调整 α,最终可以获得特征较少的模型,以达到降维的目的。

岭回归可以解决最小二乘法由于特征之间的高度相关性而不能使用的问题,而 LASSO 不能。LASSO 并没有从根本上解决多重共线性的问题,而是限制了多重共线性的影响。虽然它的创建是为了限制多重共线性,但并没有真正用它来抑制多重共线性,而是接受了它在其他方面的优点。

L1 正则化和 L2 正则化的主要区别是它们对系数 β 的影响,两种正则化都压缩了系数 β 的大小,贡献较小的系数更小,更容易压缩。但是,L2 正则化只将系数压缩到尽可能接近 0 的程度,而 L1 正则化可以将系数压缩到 0,这使 LASSO 成为线性模型中特征选择工具的首选。

9.3.2 岭回归和 LASSO 回归的 Python 实现

在 Python 中,使用 sklearn.linear_model 模块中的 Ridge() 和 LASSO() 方法调用岭回归和 LASSO 模型。表 9-3 和表 9-4 给出了 Ridge() 和 LASSO() 方法重要参数说明。

表 9-3 Ridge() 方法重要参数说明

参 数	说 明
alpha	用于指定 α 值,默认为 1,数值越大,对共线性的鲁棒性越强
fit_intercept	用于指定是否需要拟合截距项,默认为 True
normalize	用于指定建模时是否需要对数据集进行标准化处理,默认为 False
copy_X	用于指定是否复制自变量 X 的数值,默认为 True
max_iter	用于指定最大迭代次数
tol	用于指定模型收敛的精度
solver	用于指定模型求解最优化问题的算法,默认为 'auto',表示模型根据数据集自动选择算法
random_state	用于指定随机数生成器的种子

表 9-4 LASSO() 方法重要参数说明

参 数	说 明
alpha	用于指定 α 值,默认为 1,数值越大,对共线性的鲁棒性越强
fit_intercept	用于指定是否需要拟合截距项,默认为 True
normalize	用于指定建模时是否需要对数据集进行标准化处理,默认为 False

续表

参　　数	说　　明
precompute	表示是否使用预计算的 Gram 矩阵（特征间未减去均值的协方差阵）加速计算，默认为 False
copy_X	用于指定是否复制自变量 X 的数值，默认为 True
max_iter	用于指定最大迭代次数
tol	用于指定模型收敛的精度
warm_start	为 True 时，重复使用上一次学习作为初始化，否则从头开始训练
positive	为 True 时，强制要求权重向量的分量都为整数
random_state	用于指定随机数生成器的种子
selection	可以选择'cyclic'或者'random'。它指定每轮迭代时，选择权重向量的哪个分量进行更新

下面用例 9-3 进行讲解。

例 9-3　以 sklearn 库中自带的波士顿房价数据作为研究对象，采用岭回归和 LASSO 回归进行拟合。该数据集共 506 行，每行 13 列，分别是'CRIM'、'ZN'、'INDUS'、'CHAS'、'NOX'、'RM'、'AGE'、'DIS'、'RAD'、'TAX'、'PTRATIO'、'B'、'LSTAT'。数据集划分为训练集 379 行，测试集 127 行，直接应用 Python 进行编程。

解　（1）导入需要的包和数据集。

```
from sklearn.datasets import load_boston          #数据集
from sklearn.model_selection import train_test_split   #划分为训练集和测试集
from sklearn.linear_model import Ridge, Lasso
from sklearn.metrics import mean_squared_error,r2_score   #模型评价指标
import matplotlib.pyplot as plt
```

（2）输入数据。

```
boston_sample = load_boston()                     #加载数据
x_train, x_test, y_train, y_test = train_test_split(boston_sample.data, boston_sample.
target,test_size = 0.25,random_state = 123)
```

（3）计算岭回归、LASSO 的 R^2 和均方误差。

```
#岭回归
ridge = Ridge()
ridge.fit(x_train, y_train)
print('岭回归系数: ', ridge.coef_)
print('岭回归截距: ', ridge.intercept_)
y_ridge_pre = ridge.predict(x_test)
>岭回归系数: [ - 0.0946 0.0432 0.0310 1.0387 - 8.2404 4.4131 - 0.0067 - 1.2676 0.2624
 - 0.0130 - 0.8618 0.0070 - 0.5585]
    >岭回归截距: 27.3460
#LASSO(回归)
lasso = Lasso()
lasso.fit(x_train, y_train)
print('LASSO 回归系数: ', lasso.coef_)
print('LASSO 回归截距: ', lasso.intercept_)
y_lasso_pre = lasso.predict(x_test)
```

```
print('岭回归的 R^2 为：', r2_score(y_test, y_ridge_pre))                    ♯岭回归的 R^2
print('岭回归的均方误差为：' mean_squared_error(y_test, y_ridge_pre))      ♯岭回归的均方误差
print('LASSO 回归的 R^2 为：' r2_score(y_test, y_lasso_pre))              ♯LASSO 回归的 R^2
print('LASSO 回归的均方误差为：' mean_squared_error(y_test, y_lasso_pre))  ♯LASSO 回归的均方误差
```

运行结果：

> LASSO 回归系数：[− 0.0513 0.0390 − 0.0 0.0 − 0.0 1.6909 0.0194 − 0.6185 0.2068 − 0.0132
> − 0.6902 0.0051 − 0.7515]
> LASSO 回归截距：36.5153
> 岭回归的 R^2 为：0.6776
> 岭回归的均方误差为：25.4515
> LASSO 回归的 R^2 为：0.6554
> LASSO 回归的均方误差为：27.1999

（4）绘制岭回归和 LASSO 的对比图。

```
♯绘制对比图
plt.plot(y_test, label = 'True')
plt.plot(y_ridge_pre, label = 'Ridge')
plt.plot(y_lasso_pre, label = 'LASSO')
plt.legend()
plt.show()
```

结果如图 9-4 所示。

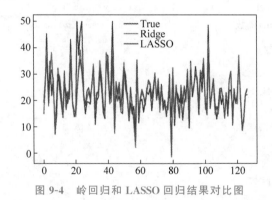

图 9-4 岭回归和 LASSO 回归结果对比图

从图 9-4 中可以看到本例中两种回归方法得到的结果相差不大。当然，由于空间的限制，在岭回归和 LASSO 回归中使用了默认的 α 值。事实上，模型可以通过调整参数进行优化。

9.4 非线性回归

实际问题中，有许多回归模型的被解释变量 y 与解释变量 x 之间的关系都不是线性的，通常我们会遇到被解释变量与解释变量之间呈现某种曲线关系。

9.4.1 可转换为线性回归的曲线回归

对于曲线形式的回归问题，显然不能照搬线性回归的建模方法。有一些回归模型可根据数据的特点先进行某些变换（如对数变换、平方根变换等），如果变换后得到线性模型，则

进行线性回归；如果变换后仍得不到线性模型，则可以用线性拟合的方法对原始数据进行拟合，确定曲线回归方程。例如，下列模型：

$$y = \beta_0 + \beta_1 e^{bx} + \varepsilon(b\ \text{已知}) \tag{9-34}$$

$$y = \beta_0 + \beta_1 x + \beta_2 x^2 + \cdots + \beta_p x^p + \varepsilon \tag{9-35}$$

$$y = a e^{bx} e^{\varepsilon} \tag{9-36}$$

对于式(9-34)，可以令 $x' = e^{bx}$，转换为 y 关于 x' 的线性形式：$y = \beta_0 + \beta_1 x' + \varepsilon$。需要注意的是，新引进的自变量只能依赖原始变量，不能与未知参数有关。如果式(9-34)中的 b 未知，则不能通过变量替换转换为线性模式。

对于式(9-35)，可以令 $x_1 = x, x_2 = x^2, \cdots, x_p = x^p$，得到 y 关于 $x_1, x_2, \cdots, x_p$ 的线性表达式：$y = \beta_0 + \beta_1 x_1 + \beta_2 x_2 + \cdots + \beta_p x_p + \varepsilon$。式(9-35)本来只有一个自变量 x，是一元 p 次多项式回归，线性化后变为 p 元线性回归。

对于式(9-36)，等式两边同时取自然对数，得 $\ln y = \ln a + bx + \varepsilon$。令 $y' = \ln y, \beta_0 = \ln a, \beta_1 = b$，可以得到 y' 关于 x 的一元线性回归模型：$y' = \beta_0 + \beta_1 x + \varepsilon$。

表 9-5 给出了几种常见的可线性化的曲线回归方程，其中自变量用 t 表示。

表 9-5　可线性化的曲线回归方程

名　称	方　程　形　式
线性(Linear)函数	$y = b_0 + b_1 t$
对数(Logarithm)函数	$y = b_0 + b_1 \ln t$
逆(Inverse)函数	$y = b_0 + \dfrac{b_1}{t}$
二次(Quadratic)曲线	$y = b_0 + b_1 t + b_2 t^2$
三次(Cubic)曲线	$y = b_0 + b_1 t + b_2 t^2 + b_3 t^3$
幂(Power)函数	$y = b_0 t^{b_1}$
复合(Compound)函数	$y = b_0 b_1^t$
S形函数	$y = e^{b_0 + b_1/t}$
逻辑(Logistic)函数	$y = \dfrac{1}{\dfrac{1}{u} + b_0 b_1^t}, u$ 是给定的常数
增长(Growth)函数	$y = e^{b_0 + b_1 t}$
指数(Exponent)函数	$y = b_0 e^{b_1 t}$

9.4.2　多项式回归

研究一个因变量与一个或多个自变量之间多项式的回归分析方法，称为多项式回归(Polynomial Regression)。多项式回归模型是一种重要的曲线回归模型。多项式回归问题可以通过将变量转换为多元线性回归问题进行解决。由于任一函数都可以用多项式逼近，因此多项式回归有着广泛的应用。

回归模型

$$y_i = \beta_0 + \beta_1 x_i + \beta_2 x_i^2 + \varepsilon_i \tag{9-37}$$

称为一元二阶(或一元二次)多项式模型。式中，$i = 1, 2, \cdots, n$，在以下回归模型中不再一一标明。

为了反映回归系数对应的自变量次数,通常将多项式回归模型表示成以下形式。

$$y_i = \beta_0 + \beta_1 x_i + \beta_{11} x_i^2 + \varepsilon_i \tag{9-38}$$

式(9-38)的回归函数 $y_i = \beta_0 + \beta_1 x_i + \beta_{11} x_i^2$ 是一条抛物线,通常称为二项式回归函数。回归系数 β_1 为线性效应系数,β_{11} 为二次效应系数。相应地,回归模型

$$y_i = \beta_0 + \beta_1 x_i + \beta_{11} x_i^2 + \beta_{111} x_i^3 + \varepsilon_i \tag{9-39}$$

称为一元三次多项式。

幂次超过 3 的多项式回归模型不常使用,因为当自变量的幂次超过 3 时,回归系数的解释变得困难,回归函数也变得很不稳定,回归模型的应用会受到影响。以上两个多项式回归模型都只含有一个自变量 x,但在实际应用中,经常会遇到两个或两个以上自变量的情况。此时称回归模型

$$y_i = \beta_0 + \beta_1 x_{i1} + \beta_2 x_{i2} + \beta_{11} x_{i1}^2 + \beta_{22} x_{i2}^2 + \beta_{12} x_{i1} x_{i2} + \varepsilon_i \tag{9-40}$$

为二元二阶多项式回归模型。它的回归系数中分别含有两个自变量的线性项系数 β_1 和 β_2、二次项系数 β_{11} 和 β_{22},并含有交叉乘积项系数 β_{12}。交叉乘积项表示 x_1 与 x_2 的交互作用,系数 β_{12} 通常称为交互影响系数。

类似上面的情况,还可以给出多元高阶多项式回归模型,有兴趣的读者可以自行学习。

9.4.3 非线性最小二乘法

对于非线性回归,模型的参数估计方法一般使用非线性最小二乘法。将非线性回归模型记为

$$y_i = f(\boldsymbol{x}_i, \boldsymbol{\theta}) + \varepsilon_i, \quad i = 1, 2, \cdots, n \tag{9-41}$$

式中,y_i 为因变量;非随机向量 $\boldsymbol{x}_i = (x_{i1}, x_{i2}, \cdots, x_{ik})'$ 为自变量;$\boldsymbol{\theta} = (\theta_0, \theta_1, \cdots, \theta_p)'$ 为未知参数向量;ε_i 为随机误差项并且满足独立同分布假定,即

$$\begin{cases} E(\varepsilon_i) = 0, & i = 1, 2, \cdots, n \\ \mathrm{cov}(\varepsilon_i, \varepsilon_j) = \begin{cases} \sigma^2, & i = j \\ 0, & i \neq j \end{cases}, & i, j = 1, 2, \cdots, n \end{cases} \tag{9-42}$$

如果 $f(\boldsymbol{x}_i, \boldsymbol{\theta}) = \theta_0 + x_{i1}\theta_1 + x_{i2}\theta_2 + \cdots + x_{ip}\theta_p$,那么式(9-41)就是线性模型,且必有 $k = p$。对于一般情况的非线性模型,参数的数量与自变量的数量并没有一定的对应关系,所以不要求 $k = p$。

对于非线性回归模型,式(9-41)仍使用最小二乘法估计参数 $\boldsymbol{\theta}$,即求使

$$Q(\boldsymbol{\theta}) = \sum_{i=1}^{n} [y_i - f(\boldsymbol{x}_i, \boldsymbol{\theta})]^2 \tag{9-43}$$

达到最小的 $\hat{\boldsymbol{\theta}}$,称 $\hat{\boldsymbol{\theta}}$ 为非线性最小二乘估计值。在假定 f 函数对参数 θ_j 连续可微时,可以利用微分法建立正规方程组,求使 $Q(\boldsymbol{\theta})$ 达到最小的 $\hat{\boldsymbol{\theta}}$。将 Q 函数对参数 θ_j 求偏导,并令其为 0,得 $p+1$ 个方程:

$$\frac{\partial Q}{\partial \theta_j}\bigg|_{\theta_j = \hat{\theta}_j} = -2 \sum_{i=1}^{n} [y_i - f(\boldsymbol{x}_i, \hat{\boldsymbol{\theta}})] \frac{\partial f}{\partial \theta_j}\bigg|_{\theta_j = \hat{\theta}_j} = 0, \quad j = 0, 1, 2, \cdots, p \tag{9-44}$$

非线性最小二乘估计值 $\hat{\boldsymbol{\theta}}$ 就是式(9-44)的解,式(9-44)称为非线性最小二乘估计的正规方程组,它是未知参数的非线性方程组。一般可以用牛顿(Newton)迭代法求解此正规方程

组,也可以直接极小化残差平方和 $Q(\boldsymbol{\theta})$,求出未知参数 $\boldsymbol{\theta}$ 的非线性最小二乘估计值 $\hat{\boldsymbol{\theta}}$。

在非线性回归中,平方和分解式 SST＝SSR＋SSE 不再成立。类似于线性回归中的复判定系数,定义非线性回归的相关指数为

$$R^2 = 1 - \frac{\text{SSE}}{\text{SST}} \tag{9-45}$$

9.4.4　非线性回归方程的 Python 实现

对于非线性回归方程的 Python 实现,可以使用 Sklearn 库进行数据集训练与模型导入。使用 Sklearn 库实现非线性回归模型的本质是通过线性模型实现非线性模型,即先将非线性模型转换为线性模型,再利用线性模型的算法进行模型训练。下面用例 9-4 进行讲解。

例 9-4　参照表 9-6 中的样本数据,分析曲线和直线的拟合效果。

表 9-6　例 9-4 的数据

x	y	x	y
1	40000	6	150000
2	50000	7	250000
3	60000	8	320000
4	85000	9	530000
5	120000	10	1110000

解　(1)导入需要的基本模块。

```
import numpy as np
import matplotlib.pyplot as plt
from sklearn.preprocessing import PolynomialFeatures
from sklearn.linear_model import LinearRegression
```

(2)加载数据,将一维数据通过增加维度转换为二维数据,训练一元线性模型。

```
data = np.genfromtxt('E:yangben.csv', delimiter = ',')      ＃加载数据
x_data = data[1:, 1]
y_data = data[1:, 2]
x_2data = x_data[:, np.newaxis]          ＃将一维数据增加维度,从而转换为二维数据
y_2data = data[1:, 2, np.newaxis]
model = LinearRegression()               ＃训练一元线性模型
model.fit(x_2data, y_2data)
plt.plot(x_2data, y_2data, 'b.')
plt.plot(x_2data, model.predict(x_2data), 'r')
```

(3)定义多项式回归,把非线性的模型转换为线性模型进行处理,训练线性模型。

```
poly_reg = PolynomialFeatures(degree = 3)    ＃定义多项式回归
x_ploy = poly_reg.fit_transform(x_2data)     ＃特征处理,实质是把非线性的模型转换为线性模型
lin_reg_model = LinearRegression()           ＃训练线性模型(由非线性模型转换而来)
lin_reg_model.fit(x_ploy, y_2data)
plt.plot(x_2data, y_2data, 'b.')
plt.plot(x_2data, lin_reg_model.predict(x_ploy), 'r')
plt.show()
```

图 9-5 所示为曲线和直线拟合结果对比图,可以很明显地看出曲线比直线的拟合效果更好。

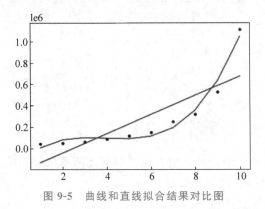

图 9-5　曲线和直线拟合结果对比图

本 章 小 结

　　回归分析是数学建模中常用的方法之一,用于探索和描述变量之间的关系。本章首先系统地介绍了回归分析的基本原理和基本模型,模型包括一元线性回归、多元线性回归、岭回归、LASSO 回归、可转换为线性回归的曲线回归、多项式回归等。同时,基于第三方模块Pandas、NumPy、Matplotlib 和 sklearn,结合 4 个例题介绍了线性回归模型和非线性回归模型的建立过程及其在 Python 中的拟合结果。整体来看,应用回归分析研究已有数据的建模问题是常见且有效的。希望读者可以熟练掌握回归分析的原理,能够利用 Python 实现回归分析,并应用于建模问题的求解。

习　　题

1. 表 9-7 是 2001—2017 年北京市的人均国内生产总值 y 和居民消费水平 x。

表 9-7　2001—2017 年北京市的人均国内生产总值和居民消费水平数据　单位:元

序号	年份	y	x
1	2001	28097	9057
2	2002	32231	10882
3	2003	36583	12014
4	2004	42402	13425
5	2005	47182	14662
6	2006	53438	16487
7	2007	63629	18553
8	2008	68541	20113
9	2009	71059	22023
10	2010	78307	24982
11	2011	86365	27760

续表

序号	年份	y	x
12	2012	93078	30350
13	2013	101023	33337
14	2014	107472	36057
15	2015	114662	39200
16	2016	124516	48883
17	2017	137596	52912

(1) 绘制 y 对 x 的散点图。可以用直线回归描述两者之间的关系吗？

(2) 用最小二乘估计求出回归方程。

(3) 计算 x 与 y 的回归系数。

2. 某厂生产的一种电器的销售量 y 与竞争对手的价格 x_1 和本厂的价格 x_2 有关。表 9-8 是该产品在 10 个城市的销售记录。试根据这些数据建立 y 与 x_1 和 x_2 的关系式，对得到的模型和系数进行检验。

表 9-8 电器产品在 10 个城市的销售记录

y/个	102	100	120	77	46	93	26	69	65	85
x_1/元	120	140	190	130	155	175	125	145	180	150
x_2/元	100	110	90	150	210	150	250	270	300	250

(1) 判断 y 与 x_1 和 x_2 是否大致呈线性关系

(2) 求出 y 与 x_1 和 x_2 的回归方程。

(3) 若某市本厂产品售价为 160 元，竞争对手的产品售价为 170 元，预测产品在该市的销售量。

(4) 计算 y 与 x_1 和 x_2 的判定系数。

3. 表 9-9 是马林沃德(Malinvand)于 1966 年提出的有关法国经济问题的一组数据，所考虑的因变量为进口总额，3 个解释变量分别为国内总产值、储存量、总消费量(单位均为 10 亿法郎)。

表 9-9 法国经济问题数据

年份	x_1	x_2	x_3	y	年份	x_1	x_2	x_3	y
1949	149.3	4.2	108.1	15.9	1955	202.1	2.1	146.0	22.7
1950	171.5	4.1	114.8	16.4	1956	212.4	5.6	154.1	26.5
1951	175.5	3.1	123.2	19.0	1957	226.1	5.0	162.3	28.1
1952	180.8	3.1	126.9	19.1	1958	231.9	5.1	164.3	27.6
1953	190.7	1.1	132.1	18.8	1959	239.0	0.7	167.6	26.3
1954	202.1	2.2	137.7	20.4					

(1) 利用普通的最小二乘估计建立 y 关于 3 个解释变量 x_1、x_2 和 x_3 的回归方程。

(2) 判断 3 个解释变量 x_1、x_2 和 x_3 之间是否存在多重共线性。如果存在，则计算 x_1、

x_2 和 x_3 三者的相关系数矩阵,并且判断哪些解释变量之间存在多重共线性关系;反之,说明原因。

(3) 计算岭回归方程和模型的拟合优度 R^2。

(4) 计算 LASSO 回归方程和模型的拟合优度 R^2。

4. 某大型牙膏制造企业为了更好地拓展产品市场,有效地管理库存,公司董事会要求销售部门根据市场调查,找出该公司生产的牙膏销售量与销售价格、广告投入等之间的关系。为此,销售部门的研究人员收集了过去 30 个销售周期(每个销售周期为 4 周)公司生产的牙膏的销售量、销售价格、投入的广告费用,以及其他厂家生产的同类牙膏的市场平均销售价格,如表 9-10 所示。试根据这些数据建立一个数学模型,分析牙膏销售量与其他因素的关系。

表 9-10　牙膏销售量与销售价格、广告费用等数据

销售周期	公司销售 价格/元	其他厂家平均 价格/元	价格差	广告费用 /百万元	销售量 /百万支
1	3.85	3.80	−0.05	5.50	7.38
2	3.75	4.00	0.25	6.75	8.51
3	3.70	4.30	0.60	7.25	9.52
4	3.70	3.70	0.00	5.50	7.50
5	3.60	3.85	0.25	7.00	9.33
6	3.60	3.80	0.20	6.50	8.28
7	3.60	3.75	0.15	6.75	8.75
8	3.80	3.85	0.05	5.25	7.87
9	3.80	3.65	−0.15	5.25	7.10
10	3.85	4.00	0.15	6.00	8.00
11	3.90	4.10	0.20	6.50	7.89
12	3.90	4.00	0.10	6.25	8.15
13	3.70	4.10	0.40	7.00	9.10
14	3.75	4.20	0.45	6.90	8.86
15	3.75	4.10	0.35	6.80	8.90
16	3.80	4.10	0.30	6.80	8.87
17	3.70	4.20	0.50	7.10	9.26
18	3.80	4.30	0.50	7.00	9.00
19	3.70	4.10	0.40	6.80	8.75
20	3.80	3.75	−0.05	6.50	7.95
21	3.80	3.75	−0.05	6.25	7.65
22	3.75	3.65	−0.10	6.00	7.27
23	3.70	3.90	0.20	6.50	8.00
24	3.55	3.65	0.10	7.00	8.50
25	3.60	4.10	0.50	6.80	8.75
26	3.65	4.25	0.60	6.80	9.21
27	3.70	3.65	−0.05	6.50	8.27
28	3.75	3.75	0.00	5.75	7.67
29	3.80	3.85	0.05	5.80	7.93
30	3.70	4.25	0.55	6.80	9.26

（1）画出牙膏销售量与其他因素的散点图，观察变量之间是否有线性关系。

（2）拟合一条回归直线，以销售价格预测销售量。

（3）建立一个数学模型，分析牙膏销售量与其他因素的关系。

5. 某种合金中的主要成分为金属 A 与金属 B，经过试验和分析，发现这两种金属成分之和 x 与膨胀系数 y 之间有一定的数量关系。为此收集了 13 组数据，如表 9-11 所示。

表 9-11　金属成分之和 x 与膨胀系数 y 的数量关系数据

序号	x	y	序号	x	y
1	37.0	3.40	8	40.5	1.70
2	37.5	3.00	9	41.0	1.80
3	38.0	3.00	10	41.5	1.90
4	38.5	2.27	11	42.0	2.35
5	39.0	2.10	12	42.5	2.54
6	39.5	1.83	13	43.0	2.90
7	40.0	1.53			

（1）画出 x 与 y 的散点图，判断 x 与 y 的关系。

（2）求 y 关于 x 的多项式回归模型。

（3）根据（2）所求回归方程，画出拟合曲线。

第 10 章 聚类分析

重点内容
◇ 聚类分析的目的和意义；
◇ 层次聚类的算法步骤；
◇ K-Means 的算法步骤。

难点内容
◇ 层次聚类的 Python 实现；
◇ K-Means 的 Python 实现；
◇ 聚类算法模型构建及可视化。

聚类分析(Clustering)就是将数据所对应的研究对象进行分类的统计方法。它是将若干个个体集合，按照某种标准分成若干个簇，并且希望簇内的样本尽可能地相似，而簇和簇之间要尽可能地不相似。作为一种对特征进行定量无监督学习分类的方法，当不知道数据中每个样本的真实类别，但又想将数据分开时，可以考虑使用聚类分析。

聚类分析的目的就是在相似的基础上收集数据进行分类。聚类源于很多领域，包括数学、计算机科学、统计学、生物学和经济学。在不同的应用领域，很多聚类技术都得到了发展，这些技术方法常用于描述数据、衡量不同数据源间的相似性及把数据源分类到不同的簇。本章思维导图如图 10-1 所示，首先对聚类算法中的层次聚类和 K-Means 聚类进行介绍，然后讲解其 Python 实现方法，最后通过案例介绍 K-Means 的建模应用。

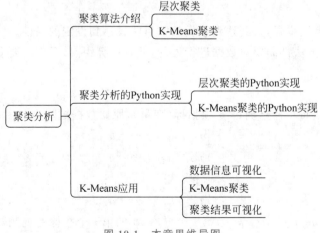

图 10-1　本章思维导图

10.1 聚类算法介绍

聚类分析内容非常丰富,有层次聚类、有序样品聚类、动态聚类、模糊聚类、图论聚类等,本节主要介绍常用的层次聚类和动态聚类法中的 K-Means 聚类。

10.1.1 层次聚类

层次聚类(Hierarchical Cluster)又称系统聚类,是聚类分析方法中使用最多的方法。其基本思想:距离相近的样品(或变量)先聚为一类,距离较远的后聚成类,此过程一直进行下去,每个样本总能聚到合适的类中。层次聚类算法就是一层层地进行聚类,根据层次的分解方向,可将其分为两种模式:自下而上合并法和自上而下分裂法。

(1) 自下而上合并法。采用自底向上的策略,即开始令每一个对象形成自己的簇,然后根据指定的距离度量方式,首先找到两个最接近的簇开始合并,且迭代会把簇合并成越来越大的簇(每次合并最相似的两个簇),直到所有对象都在一个簇中或者满足某个终止条件为止。

合并法的步骤如下。

第 1 步,将数据集中的每一个点当作一个簇。

第 2 步,计算每一个簇和其他簇之间的距离。

第 3 步,将距离最小的两个簇合并为一个簇,直到只剩下一个簇为止。

(2) 自上而下分裂法。采用自顶向下的策略,即开始所有的对象都是一个簇,然后将簇划分为多个较小的簇(在每次划分时,将一个簇划分为差异最大的两个簇),持续迭代划分出更小的簇,直到最底层的簇都足够凝聚或仅包含一个对象,或者簇内对象彼此足够相似。

分裂法的步骤如下。

第 1 步,将所有数据看作一个簇。

第 2 步,计算原簇中所有样本两两之间的距离,找到最远的两个样本。

第 3 步,将上述两个样本分配到不同的两个簇中。

第 4 步,计算原簇中剩余的样本点到步骤 2 中两个样本之间的距离,并分配到距离较近的簇中。

第 5 步,重复上述步骤,直到达到聚类的数目或者达到设定的条件。

以上两种聚类方法都需要对数据进行处理,并且计算距离,下面简要介绍常用的数据处理方法及距离公式。

1. 数据变换

设有 n 个样本,每个样本测得 p 项指标(变量),原始数据矩阵为

$$\boldsymbol{A} = \begin{bmatrix} a_{11} & a_{12} & \cdots & a_{1p} \\ a_{21} & a_{22} & \cdots & a_{2p} \\ \vdots & \vdots & & \vdots \\ a_{n1} & a_{n2} & \cdots & a_{np} \end{bmatrix}$$

式中,$a_{ij}(i=1,\cdots,n;j=1,\cdots,p)$ 为第 i 个样本 ω_i 的第 j 个指标的观测数据。

由于样本数据矩阵由多个指标组成,不同指标一般有不同的量纲,为消除量纲的影响,

通常需要进行数据变换处理。常用的数据变换方式有以下两种。

1）规格化变换

规格化变换是从数据矩阵的每一个变量值中找出最大值和最小值,这两者之差称为极差,然后从每个变量值的原始数据中减去变量值的最小值,再除以极差,就得到规格化数据 b_{ij} 的值,即

$$b_{ij} = \frac{a_{ij} - \min_{1 \leqslant i \leqslant n}(a_{ij})}{\max_{1 \leqslant i \leqslant n}(a_{ij}) - \min_{1 \leqslant i \leqslant n}(a_{ij})}, \quad i = 1, 2, \cdots, n; j = 1, \cdots, p$$

2）标准化变化

首先对每个变量进行中心化变换,然后用该变量的标准差进行标准化,即

$$b_{ij} = \frac{a_{ij} - \mu_j}{s_j}, \quad i = 1, 2, \cdots, n; j = 1, \cdots, p$$

式中,$\mu_j = \dfrac{\sum_{i=1}^{n} a_{ij}}{n}$;$s_j = \sqrt{\dfrac{1}{n-1} \sum_{i=1}^{n} (a_{ij} - \mu_j)^2}$。

变换处理后的数据矩阵为

$$\boldsymbol{B} = \begin{bmatrix} b_{11} & b_{12} & \cdots & b_{1p} \\ b_{21} & b_{22} & \cdots & b_{2p} \\ \vdots & \vdots & & \vdots \\ b_{n1} & b_{n2} & \cdots & b_{np} \end{bmatrix}$$

2. 样品间亲疏程度的测度计算

研究样品的亲疏程度或相似程度的数量指标通常有两种:一种是相似系数,性质越接近的样品,其取值越接近于 1 或 -1,而彼此无关的样本相似系数则接近于 0,相似的归为一类,不相似的归为不同的类;另一种是距离,它将每个样品看成 p 维空间的一个点,n 个样品组成 p 维空间的 n 个点,用各点之间的距离衡量样品之间的相似程度,距离近的点归为一类,距离远的点属于不同的类。

1）常用距离的计算

$d(\boldsymbol{B}_i, \boldsymbol{B}_j)$ 表示样本 $\boldsymbol{B}_i$ 与 $\boldsymbol{B}_j$ 的距离,这里 $\boldsymbol{B}_i$ 与 $\boldsymbol{B}_j$ 表示矩阵 $\boldsymbol{B}$ 的第 i 行与第 j 行,$\boldsymbol{B}_{ij}$ 表示矩阵 $\boldsymbol{B}$ 第 i 行第 j 列的元素,q 为常数。常用的距离有以下几种。

闵氏(Minkowski)距离的公式为

$$d_{ij}(q) = \left(\sum_{k=1}^{p} |b_{ik} - b_{jk}|^q \right)^{\frac{1}{q}}$$

当 $q = 1$ 时,得到绝对值距离为

$$d_{ij}(1) = \sum_{k=1}^{p} |b_{ik} - b_{jk}|$$

当 $q = 2$ 时,得到欧式距离为

$$d_{ij}(2) = \left[\sum_{k=1}^{p} (b_{ik} - b_{jk})^2 \right]^{\frac{1}{2}}$$

当 $q = \infty$ 时,得到切比雪夫距离

$$d_{ij}(\infty) = \max_{1 \leqslant k \leqslant p} |b_{ik} - b_{jk}|$$

$d_{ij}(q)$ 在实际中应用广泛,但有一些缺点,例如,距离的大小与各指标的观测单位有关,具有一定的人为性;另外,它没有考虑指标之间的相关性。通常可以考虑使用马氏距离。

2)马氏(Mahalanobis)距离

马氏距离是由印度统计学家马哈拉诺比斯(Mahalanobis)于 1963 年定义的,故称为马氏距离。其计算公式为

$$d_{ij} = \sqrt{(\boldsymbol{B}_i - \boldsymbol{B}_j) \sum^{-1} (\boldsymbol{B}_i - \boldsymbol{B}_j)^{\mathrm{T}}}$$

式中,$\boldsymbol{B}_i$ 表示矩阵 $\boldsymbol{B}$ 的第 i 行;$\sum$ 表示观测变量之间的协方差,$\sum = (\sigma_{ij})_{p \times p}$,其中

$$\sigma_{ij} = \frac{1}{n-1} \sum_{k=1}^{n} (b_{ki} - \mu_i)(b_{kj} - \mu_j)$$

式中,$\mu_j = \frac{1}{n} \sum_{k=1}^{n} b_{kj}$。

3. 相似系数的计算

在聚类分析中不仅需要将样品分类,还需要将指标分类。在指标之间可以定义距离但是更常用的是相似系数,用 C_{ij} 表示指标 i 和指标 j 之间的相似系数。相似系数的绝对值越接近 1,表示指标 i 和指标 j 的关系越密切;越接近 0,表示指标 i 和指标 j 的关系越疏远。常用的相似系数有以下几种。

(1)夹角余弦。将任意两个样本 ω_i 与 ω_j 看成 p 维空间的两个向量,这两个向量的夹角余弦用 $\cos\theta_{ij}$ 表示,则

$$\cos\theta_{ij} = \frac{\sum_{k=1}^{p} b_{ik} b_{jk}}{\sqrt{\sum_{k=1}^{p} b_{ik}^2} \cdot \sqrt{\sum_{k=1}^{p} b_{jk}^2}}, \quad i,j = 1, 2, \cdots, n$$

得相似系数矩阵为

$$\boldsymbol{\Theta} = \begin{bmatrix} \cos\theta_{11} & \cos\theta_{12} & \cdots & \cos\theta_{1n} \\ \cos\theta_{21} & \cos\theta_{22} & \cdots & \cos\theta_{2n} \\ \vdots & \vdots & & \vdots \\ \cos\theta_{n1} & \cos\theta_{n2} & \cdots & \cos\theta_{nn} \end{bmatrix}$$

式中,$\cos\theta_{11} = \cdots = \cos\theta_{nn} = 1$。根据 $\boldsymbol{\Theta}$ 可对 n 个样本进行分类,把比较相似的样品归为一类,不相似的样本归为不同的类。

(2)皮尔逊相关系数。第 i 个样品与第 j 个样本之间的相关系数定义为

$$r_{ij} = \frac{\sum_{k=1}^{p} (b_{ik} - \bar{u}_i)(b_{jk} - \bar{u}_j)}{\sqrt{\sum_{k=1}^{p} (b_{ik} - \bar{u}_i)^2} \cdot \sqrt{\sum_{k=1}^{p} (b_{jk} - \bar{u}_j)^2}}, \quad i,j = 1, 2, \cdots, n$$

式中,$\bar{u}_i = \frac{\sum_{k=1}^{p} b_{ik}}{p}$。

实际上,r_{ij} 就是两个向量 $B_i - \bar{B}_i$ 与 $B_j - \bar{B}_j$ 的夹角余弦,其中,$\bar{B}_i = \bar{u}_i [1, 2, \cdots, 1]$。

若将原始数据标准化,满足 $\bar{B}_i = \bar{B}_j = 0$,这时 $r_{ij} = \cos\theta_{ij}$,于是可以得到

$$\boldsymbol{R} = (r_{ij})_{n \times n} = \begin{bmatrix} r_{11} & r_{12} & \cdots & r_{1n} \\ r_{21} & r_{22} & \cdots & r_{2n} \\ \vdots & \vdots & & \vdots \\ r_{n1} & r_{n2} & \cdots & r_{nn} \end{bmatrix}$$

式中,$r_{11} = \cdots = r_{nn} = 1$,可根据 $\boldsymbol{R}$ 对 n 个样本进行分类。

用层次聚类法聚类时,随着聚类样本的增多,计算量会迅速增加,而且聚类结果——谱系图会十分复杂,不利于分析。样本大的数据,层次聚类的计算量也非常大,还会占据大量的空间。之后,便产生了动态聚类法,也称逐步聚类法。

10.1.2　K-Means 聚类

K-Means 算法(又称 K 均值法)是最常用的一种聚类算法,该方法是由麦克奎因(Macqueen)于 1967 年提出的。算法的基本思想是假设全体样本可分为 k 类,并选定 k 个初始的聚类中心(即初始凝聚点),然后根据最小距离原则将每个样本分配到某一类中,之后不断地迭代计算各类的聚类中心,并依据新的聚类中心调整聚类情况,直到迭代收敛或聚类中心不再改变为止。

K-Means 聚类的步骤如下。

第 1 步,从数据集中随机选择 k 个点作为初始中心点。

第 2 步,计算每个数据点与其最近的中心点之间的距离,形成 k 个簇。

第 3 步,重新计算每个簇的中心点。

第 4 步,重复第 2 步和第 3 步,直到中心点不再发生变化。

在 K 均值法的第 1 步中,需要确定初始凝聚点作为初始分类的重心,初始凝聚点的选择在很大程度上影响了整个算法的计算时间和分类结果,因此初始凝聚点的选择非常重要。选择初始凝聚点常用的方法如下。

(1) 将样品数据随机划分为 k 类,计算每一类的重心,作为 k 个初始凝聚点。

(2) 根据经验,参考该实际分类问题的历史数据,先确定分类个数和初始分类,在每一类中选择最有代表性的样品作为初始凝聚点。

(3) 将所有样品的均值作为第一初始凝聚点,依次考察剩余样本点,若样本点与已选取的初始凝聚点的距离均大于 d,则将该点添加为初始凝聚点。

在实际问题中,若对所需分类问题比较了解,可以事先确定类或确定相应的凝聚点;如果对聚类问题不甚了解,则可随机分成几类,或随机选择凝聚点,但是不提倡使用。

例 10-1　设有四组二维数据 $A = (5,3)$,$B = (-1,1)$,$C = (1,-2)$,$D = (-3,-2)$,试用动态聚类法聚类。

解　首先,将数据随机分成两组,取 $k = 2$,将 (A,B) 分为一组,(C,D) 分为一组,计算每组的均值为

$$(A,B): \bar{x}_1 = \frac{5 + (-1)}{2} = 2, \quad \bar{x}_2 = \frac{3 + 1}{2} = 2$$

$$(C,D): \bar{x}_1 = \frac{1 + (-3)}{2} = -1, \quad \bar{x}_2 = \frac{-2 + (-2)}{2} = -2$$

形成两个凝聚点$(2,2)$和$(-1,-2)$。

其次，重新计算每组数据到凝聚点的距离，利用欧氏距离法，得到距离矩阵为

$$
\begin{array}{c}
& (A,B) \quad (C,D) \\
\begin{array}{c} A \\ B \\ C \\ D \end{array}
& \left[\begin{array}{cc}
10 & 61 \\
10 & 9 \\
17 & 4 \\
41 & 4
\end{array}\right]
\end{array}
$$

可以看到A、C、D都无须调整，而B离(C,D)更近，因此将分类调整为(A)和(B,C,D)。

然后，重新计算两组的均值，得到新的凝聚点为$(5,3)$和$(-1,-1)$。

最后，计算四组数据到新的凝聚点的距离，得到距离矩阵为

$$
\begin{array}{c}
& A \quad\quad (B,C,D) \\
\begin{array}{c} A \\ B \\ C \\ D \end{array}
& \left[\begin{array}{cc}
0 & 52 \\
40 & 4 \\
41 & 5 \\
89 & 5
\end{array}\right]
\end{array}
$$

此时样本分类没有改变，因此最终的聚类结果为(A)和(B,C,D)。

对于K均值法来说，如何确定簇数k值是一个至关重要的问题。为了解决这个问题，通常会选用探索法，即给定不同的k值，对比某些评估指标的变动情况，进而选择一个比较合理的k值。接下来将介绍非常实用的两种评估方法，即簇内离差平方和拐点法与轮廓系数法。

1. 簇内离差平方和拐点法

簇内离差平方和拐点法的思想很简单，就是在不同的k值下计算簇内离差平方和，然后通过可视化的方法找到拐点所对应的k值。重点关注的是斜率的变化，当斜率由大突然变小时，并且之后的斜率变化缓慢，则认为突然变换的点就是寻找的目标点，因为继续随着簇数k的增加，聚类效果不再有大的变化。

为了验证这个方法的直观性，这里随机生成三组二维正态分布数据。首先基于该数据绘制散点图如图 10-2(a)所示，模拟的数据呈现三个簇。接下来基于这个模拟数据，使用拐点法，绘制簇的个数与总的簇内离差平方和之间的折线图如图 10-2(b)。

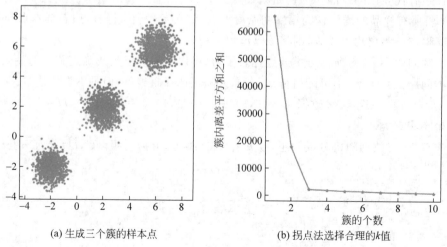

(a) 生成三个簇的样本点   (b) 拐点法选择合理的k值

图 10-2　模拟数据选择簇数k值

从图 10-2(b)中可以看出,当簇的个数为 3 时形成了一个明显的拐点,3 之后的簇对应的簇内离差平方和的变动都很小,所以合理的 k 值应为 3,与模拟的三个簇数据吻合。程序代码如下:

```
#程序文件 Pz11_1
import numpy as np
import matplotlib.pyplot as plt; from sklearn.cluster import KMeans
mean = np.array([[-2, -2],[2, 2], [6,6]])
cov = np.array([[[0.3, 0], [0, 0.3]],[[0.4, 0], [0, 0.4]],[[0.5, 0], [0, 0.5]]])
x0 = []; y0 = [];
for i in range(3):
    x,y = np.random.multivariate_normal(mean[i], cov[i],1000).T
    x0 = np.hstack([x0,x]); y0 = np.hstack([y0,y])
plt.rc('font', size = 16); plt.rc('font',family = 'SimHei')
plt.rc('axes',unicode_minus = False); plt.subplot(121)
plt.scatter(x0,y0,marker = '.')              #绘制模拟数据散点图
X = np.vstack([x0,y0]).T
np.save("Pzdata11_1.npy",X)                  #保存数据供下面使用
TSSE = []; K = 10
for k in range(1,K + 1):
    SSE = []
    md = KMeans(n_clusters = k); md.fit(X)
    labels = md.labels_; centers = md.cluster_centers_
    for label in set(labels):
        SSE.append(np.sum((X[labels == label,:] - centers[label,:]) ** 2))
    TSSE.append(np.sum(SSE))
plt.subplot(122); plt.style.use('ggplot')
plt.plot(range(1,K + 1), TSSE, 'b* -')
plt.xlabel('簇的个数'); plt.ylabel('簇内离差平方和之和')
plt.show()
```

2. 轮廓系数法

该方法综合考虑了簇的密集性与分散性两个信息,如果数据集被分割为理想的 k 个簇,那么对应的簇内样本会很密集,而簇间样本会很分散。

如图 10-3 所示,假设数据集被拆分为三个簇 G_1、G_2、G_3,样本点 i 对应的 a_i 值为所有 G_1 中其他样本点与样本点 i 的距离平均值。样本点 i 对应的 b_i 值分两步计算,首先计算该点分别到 G_2 和 G_3 中样本点的平均距离,然后将两个平均值中的最小值作为 b_i 的度量值。

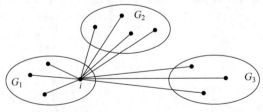

图 10-3 轮廓系数计算示意图

定义样本点 i 的轮廓系数

$$S_i = \frac{b_i - a_i}{\max(a_i, b_i)}$$

k 个簇的总轮廓系数定义为所有样本点轮廓系数的平均值。

当总轮廓系数小于 0 时，说明聚类效果不佳；当总轮廓系数接近 1 时，说明簇内样本的平均距离非常小，而簇间的最近距离非常大，进而表示聚类效果非常理想。

上面的计算思想虽然简单，但是计算量非常大。当样本量比较多时，运行时间会比较长。有关轮廓系数的计算，可以直接调用 sklearn. metrics 中的函数 silhouette_ score()。具体步骤如下。

第 1 步，计算整个数据集的轮廓得分：sklearn. metrics 模块下的函数 silhouette_score()。

第 2 步，计算每个样本的轮廓得分：sklearn. metrics 模块下的函数 silhouette_samples()。

第 3 步，可视化轮廓图。

注意：该函数接受的聚类簇数必须大于等于 2。

利用模拟数据，绘制的簇数与轮廓系数的对应关系如图 10-4 所示。当 $k=3$ 时，轮廓系数最大，且比较接近 1，说明应该把模拟数据聚为三类比较合理，同样与模拟数据的三个簇是吻合的。

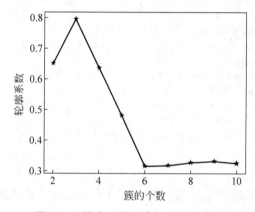

图 10-4　轮廓系数法选择合理的 k 值

程序代码如下：

```
#程序文件 Pz11_2.py
import numpy as np; import matplotlib.pyplot as plt
from sklearn.cluster import KMeans; from sklearn import metrics
X = np.load("Pzdata11_1.npy")
S = []; K = 10
for k in range(2,K+1):
    md = KMeans(k); md.fit(X)
    labels = md.labels_;
    S.append(metrics.silhouette_score(X,labels,metric = 'euclidean'))
#计算轮廓系数
plt.rc('font',size = 16); plt.rc('font',family = 'SimHei')
plt.plot(range(2,K+1), S, 'b*-')
plt.xlabel('簇的个数'); plt.ylabel('轮廓系数'); plt.show()
```

10.2 聚类分析的 Python 实现

层次聚类和 K-Means 聚类可以借助 Python 中的 scipy 和 sklearn 库实现，下面对其进行详细说明。

10.2.1 层次聚类的 Python 实现

层次聚类可以通过 scipy 库中的 cluster.hierachy 模块实现，代码如下：

```
# 导入需要的包
import scipy.cluster.hierarchy as sch
# 计算点之间的距离矩阵
disMat = sch.distance.pdist(X, metric = 'euclidean')
# 进行层次聚类
Z = sch.linkage(disMat,method = 'average')
# 将聚类结果可视化展示
P = sch.dendrogram(Z)
# 显示聚类结果
cluster = sch.fcluster(Z, t = 1, criterion = 'inconsistent', depth = 2)
```

上述过程中主要涉及 X、metric、t、depth 和 criterion 几个参数，具体的参数说明如表 10-1 所示。

表 10-1 层次聚类 Python 实现的参数

参 数	说 明
X	需要进行聚类的点
metric	计算距离的方法，默认为欧式距离
t	用来区分不同聚类的阈值，在不同的 criterion 条件下所设置的参数不同
depth	代表进行不一致性(criterion= 'inconsistent')计算时的最大深度，对其他参数没有意义，默认为 2
criterion	可选值包括 inconsistent、distance、maxclust 和 monocrit。该参数代表判定条件，当 criterion 为 inconsistent 时，t 值应该在 0～1 波动。t 越接近 1，说明两个数据之间的相关性越大；t 越趋于 0，说明两个数据的相关性越小。该值可以用来比较两个向量之间的相关性，可用于高维空间的聚类 当 criterion 为 distance 时，t 值代表绝对差值，如果小于该差值，两个数据将会被合并；当大于该差值时，两个数据将会被分开 当 criterion 为 maxclust 时，t 代表最大的聚类个数，假设 t 为 4，则最大聚类数量为 4 类，当聚类达到 4 类时，迭代停止 当 criterion 为 monocrit 时，t 的选择是根据一个函数来确定的

10.2.2 K-Means 聚类的 Python 实现

K-Means 聚类主要通过 sklearn.cluster 中的 K-Means 模块实现。下面的代码实现了导入包、K-Means 聚类、模型训练、模型预测这几个过程。

```
#导入需要的包
from sklearn.cluster import K-Means
#使用
model = K-Means(n_cluster = 3, init = 'k-means++', max_iter = 300, n_init = 10,
precompute_distances = 'auto', random_state = None)
#模型训练
model.fit(x_train, y_train)
#模型预测
model.predict(x_test)
```

上述过程主要涉及的参数包括 n_cluster、max_iter、n_init、precompute_distances 和 random_state,具体的参数说明如表 10-2 所示。

表 10-2　K-Means 聚类 Python 实现的参数

参　　数	说　　明
n_cluster	生成的聚类数,即 k 的取值,默认为 8
max_iter	算法进行迭代的最大次数,默认为 300
n_init	用不同的初始化中心进行聚类的次数,默认为 10
precompute_distances	可选值包括 auto、True 或者 False,预计算距离(更快,但需要更多的内存),默认为 auto auto:如果样本数与聚类中心数的乘积大于 1200 万,则不需要预先计算距离 True:始终预先计算距离 False:永远不预先计算距离
random_state	随机数的设置

10.3　K-Means 应用

基于上述的 K-Means 聚类的 Python 实现讲解,本节以鸢尾花数据为例介绍 K-Means 聚类的应用。鸢尾花数据集是 Python 自带数据集,该数据集也可以从 UCI 官网上下载。该数据集中共有 150 个样本,每个样本包含 5 个变量——4 个自变量和 1 个因变量,分别为 sepal length(cm)、sepal width (cm)、petal length (cm)、petal width (cm)和 species,各个变量具体情况如表 10-3 所示。

表 10-3　鸢尾花数据变量信息汇总表

变量类型	变　量	变量名	数据类型
Feature	sepal length	花萼长度	数值型
	sepal width	花萼宽度	数值型
	petal length	花瓣长度	数值型
	petal width	花瓣宽度	数值型
Target	species	类别	类别型

10.3.1　数据信息可视化

将需要的包和鸢尾花数据集导入,该数据集在 sklearn 包中的 dataset 模块内。本次选取鸢尾花 4 个特征中的 petal length 和 petal width 特征进行聚类，并对其进行可视化展示。

```python
#导入需要的包
import numpy as np
from sklearn.cluster import K-Means
import matplotlib.pyplot as plt
from sklearn import datasets
import pandas as pd
#引入 Python 自带的鸢尾花数据集
Iris = datasets.load_iris()
#查看输出数据集的信息
#print(Iris)
#将 x 定义为鸢尾花数据的两个变量,这两个变量分别是 petal length 和 petal width
x = Iris.data[:, 2:4]
print(x)
#可视化上述数据
plt.scatter(x[:, 0], x[:, 1], c = "blue", marker = '*', label = 'point')
plt.xlabel('petal length')
plt.ylabel('petal width')
plt.legend(loc = 2)
plt.show()
```

鸢尾花的数据可视化结果如图 10-5 所示。

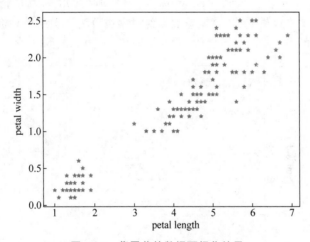

图 10-5　鸢尾花的数据可视化结果

10.3.2　K-Means 聚类

通过上述可视化图,可以确定 K-Means 聚类的 k 值应选为 3,即将鸢尾花数据集划分为 3 类。实现该过程的程序代码如下:

```python
#选择聚类中心的个数为3,对数据进行聚类
estimator = K-Means(n_clusters = 3)
estimator.fit(x)
label_pre = estimator.labels_
centre_pre = estimator.cluster_centers_
print(label_pre)                                    #输出聚类结果
print(centre_pre)                                   #输出聚类中心
```

10.3.3 聚类结果可视化

通过上述聚类,可以得到聚类结果和聚类中心。将聚类结果进行可视化展示,绘制鸢尾花数据聚类之后的不同类别及聚类中心的图像。

```
# 将聚类结果可视化呈现
x0 = x[label_pre == 0]
x1 = x[label_pre == 1]
x2 = x[label_pre == 2]
plt.scatter(x0[:, 0], x0[:, 1], c = "green", marker = "+", label = "setosa")
plt.scatter(x1[:, 0], x1[:, 1], c = "pink", marker = ".", label = "versicolor")
plt.scatter(x2[:, 0], x2[:, 1], c = "blue", marker = "o", label = "virginica")
plt.scatter(centre_pre[:, 0], centre_pre[:, 1], c = "red", marker = "*", label = "centre")
plt.xlabel("petal length")
plt.ylabel("petal width")
plt.legend(loc = 2)
plt.show()
```

上述过程将鸢尾花数据通过两个特征,即花瓣长度(petal length)和花瓣宽度(petal width)分为 3 类,可视化结果如图 10-6 所示。图 10-6 中,浅色小圆形状、深色大圆形状和加号形状分别表示 versicolor、virginica、setosa 3 种类别,五角星为每一类别的聚类中心(centre)。从图 10-6 中能够看出,鸢尾花数据经过聚类分为 3 类的效果极好,这与数据集中的标签数也是对应的。

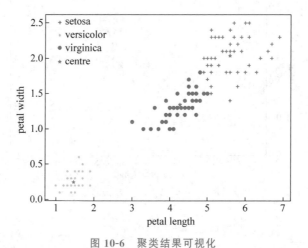

图 10-6　聚类结果可视化

本 章 小 结

本章介绍了两种聚类方法,分别是层次聚类方法和 K-Means 聚类方法。通过介绍这两种方法的基本原理和算法步骤,读者可以初步了解相关知识。同时,本章还介绍了这两种方法的 Python 实现,并通过鸢尾花数据集介绍了 K-Means 聚类方法的应用,希望读者以后可以灵活使用聚类的知识解决相关问题。

习 题

1. 简述 K-Means 聚类的思想和步骤。

2. 试用鸢尾花数据将 k 设置为 4 类和 5 类,分析结果的区别。

3. 用鸢尾花数据进行层次聚类,将结果可视化,通过与图 10-6 的比较,分析 K-Means 和层次聚类的不同。

4. 将以下 8 个点 $A(2,10)$、$B(2,5)$、$C(8,4)$、$D(5,8)$、$E(7,5)$、$F(6,4)$、$G(1,2)$、$H(4,9)$ 用 K-Means 算法聚成 3 类,并求得每一类中心的坐标。

5. 从某校随机抽取 20 名女生,测得身高和体重数据,如表 10-4 所示。

表 10-4 某校 20 名女生身高体重数据

序号	身高/cm	体重/kg	序号	身高/cm	体重/kg
1	160	49	11	164	52
2	164	54	12	163	64
3	167	54	13	165	56
4	159	49	14	155	44
5	170	59	15	168	59
6	159	50	16	166	50
7	165	52	17	160	52
8	165	50	18	171	65
9	162	45	19	163	53
10	165	50	20	165	49

试利用 K-Means 方法对上述数据进行聚类,并绘制聚类结果图。

第 11 章   主成分分析

重点内容
◇ 主成分分析的目的和意义；
◇ 主成分分析的基本原理；
◇ 主成分的贡献率及累计贡献率。
难点内容
◇ 各主成分之间的关系及每个主成分的含义；
◇ 利用 Python 实现主成分分析。
◇ 主成分分析的应用。

主成分分析(Principal Component Analysis, PCA)也称主分量分析，是霍特林(Hotelling)于 1933 年提出的一种常见的数据降维方法。它是利用降维的方法，在损失很少信息的前提下把多个指标转化为少数几个综合指标的多元统计分析方法。通常把转化生成的综合指标称为主成分，其中每个主成分都是原始变量的线性组合，且各个主成分之间互不相关，这就使主成分比原始变量具有某些更优越的性能。简单来说，PCA 就是通过线性变换将原始数据($n \times m$ 的矩阵)转换成一组各维度线性无关($n \times k$ 的矩阵)数据，仅保留矩阵中存在的主要特性，从而大大节省了空间和数据量。本章思维导图如图 11-1 所示，首先介绍 PCA 的基本原理，然后讲解其 Python 实现方法，最后以案例形式完成 PCA 建模应用。

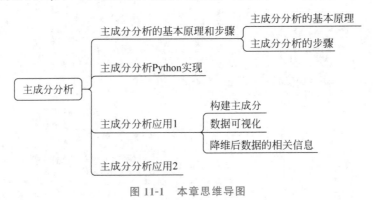

图 11-1   本章思维导图

11.1   主成分分析的基本原理和步骤

PCA 是考察多个变量间相关性的一种多元统计方法，研究如何通过少数几个主成分揭示多个变量间的内部结构，即从原始变量中导出少数几个主成分，使它们尽可能多地保留原始变量的信息,且彼此间互不相关。通常,其在数学上的处理就是将原来 P 个指标的线性组合作为新的综合指标。

11.1.1 主成分分析的基本原理

在对某一事物进行研究时,为了更全面、准确地反映出事物的特征及其发展规律,人们往往要考虑与其有关系的多个指标,这些指标在多元统计中也称为变量。这样就产生了以下问题:一方面,人们为了避免遗漏重要的信息而考虑尽可能多的指标;另一方面,随着考虑指标的增多而增加了问题的复杂性。同时由于各指标均是对同一事物的反映,不可避免地造成信息的大量重叠,这种信息的重叠有时甚至会抹杀事物的真正特征与内在规律。基于上述问题,人们希望在定量研究中涉及的变量更少,而得到的信息量更多。PCA 正是研究如何通过原来变量的少数几个线性组合来解释原来变量绝大多数信息的一种多元统计方法。

既然研究某一问题涉及的众多变量之间有一定的相关性,就必然存在着起支配作用的共同因素。基于此,通过对原始变量相关矩阵或协方差矩阵内部结构关系的研究,利用原始变量的线性组合形成几个综合指标(主成分),在保留原始变量主要信息的前提下降低维度并简化问题,这样在研究复杂问题时更容易抓住主要矛盾。一般来说,利用 PCA 得到的主成分与原始变量之间有以下基本关系。

(1) 每一个主成分都是各原始变量的线性组合。

(2) 主成分的数量远少于原始变量的数量。

(3) 主成分保留了原始变量绝大多数信息。

(4) 各主成分之间互不相关。

通过 PCA,可以从事物之间错综复杂的关系中找出一些主要成分,从而能有效地利用大量统计数据进行定量分析,揭示变量之间的内在关系,得到对事物特征及其发展规律的一些深层次的启发,把研究工作引向深入。

设对某一事物的研究涉及 p 个指标,分别用 $X_1, X_2, \cdots, X_p$ 表示,这 p 个指标构成的 p 维随机向量为 $\boldsymbol{X} = (X_1, X_2, \cdots, X_p)'$。设随机向量 $\boldsymbol{X}$ 的均值为 $\boldsymbol{\mu}$,协方差矩阵为 $\boldsymbol{\Sigma}$。

对 $\boldsymbol{X}$ 进行线性变化,可以形成新的综合变量,用 $\boldsymbol{Y}$ 表示,也就是说,新的综合变量可以由原来的变量线性表示,即满足下式:

$$\begin{cases} Y_1 = u_{11}X_1 + u_{21}X_2 + \cdots + u_{p1}X_p \\ Y_2 = u_{12}X_1 + u_{22}X_2 + \cdots + u_{p2}X_p \\ \vdots \\ Y_p = u_{1p}X_1 + u_{2p}X_2 + \cdots + u_{pp}X_p \end{cases} \tag{11-1}$$

由于可以任意地对原始变量进行上述线性变换,由不同的线性变换得到的综合变量 $\boldsymbol{Y}$ 的统计特性也不尽相同。因此为了获得较好的效果,我们希望 $Y_i = \boldsymbol{u}_i'\boldsymbol{X}$ 的方差尽可能大,各 Y_i 之间相互独立,由于

$$\mathrm{var}(Y_i) = \mathrm{var}(\boldsymbol{u}_i'\boldsymbol{X}) = \boldsymbol{u}_i'\boldsymbol{\Sigma}\boldsymbol{u}_i \tag{11-2}$$

而对任给的常数 c,有

$$\mathrm{var}(c\boldsymbol{u}_i'X) = c^2\boldsymbol{u}_i'\boldsymbol{\Sigma}\boldsymbol{u}_i \tag{11-3}$$

因此对 $\boldsymbol{u}_i$ 不加限制时,可使 $\mathrm{var}(Y_i)$ 任意增大,问题将变得没有意义。故我们将线性变换约束在下面的原则之下。

（1）$u_i'u_i = 1(i = 1,2,\cdots,p)$。

（2）Y_i 与 Y_j 相互无关（$i \neq j$；$i,j = 1,2,\cdots,p$）。

（3）Y_1 是 $X_1, X_2, \cdots, X_p$ 所有满足原则 1 的线性组合中的方差最大者；Y_2 是与 Y_1 不相关的 $X_1, X_2, \cdots, X_p$ 所有线性组合中方差最大者……；Y_p 是与 $Y_1, Y_2, \cdots, Y_{p-1}$ 都不相关的 $X_1, X_2, \cdots, X_p$ 所有线性组合中方差最大者。

基于以上 3 条原则决定的综合变量 $Y_1, Y_2, \cdots, Y_p$ 分别称为原始变量的第 1 个、第 2 个、…、第 p 个主成分。其中，各综合变量在总方差中占的比重依次递减。在实际研究工作中，通常只挑选前几个方差最大的主成分，从而达到简化系统结构，抓住问题实质的目的。

11.1.2 主成分分析的步骤

1. 主成分的计算步骤

（1）设有 n 个样品，p 个指标，将原始数据标准化，得到标准化数据矩阵。

$$\boldsymbol{X} = \begin{bmatrix} x_{11} & x_{12} & \cdots & x_{1p} \\ x_{21} & x_{22} & \cdots & x_{2p} \\ \vdots & \vdots & & \vdots \\ x_{n1} & x_{n2} & \cdots & x_{np} \end{bmatrix}$$

（2）建立变量相关系数阵。

$$\boldsymbol{R} = (r_{ij})_{p \times p} = \boldsymbol{X}'\boldsymbol{X}$$

（3）求 $\boldsymbol{R}$ 的特征值 $\lambda_1 \geqslant \lambda_2 \geqslant \cdots \geqslant \lambda_p > 0$ 及相应的单位特征向量。

$$\boldsymbol{u}_1 = \begin{bmatrix} u_{11} \\ u_{21} \\ \vdots \\ u_{p1} \end{bmatrix}, \quad \boldsymbol{u}_2 = \begin{bmatrix} u_{12} \\ u_{22} \\ \vdots \\ u_{p2} \end{bmatrix}, \quad \cdots, \quad \boldsymbol{u}_p = \begin{bmatrix} u_{1p} \\ u_{2p} \\ \vdots \\ u_{pp} \end{bmatrix}$$

（4）写出主成分：$y_i = u_{i1}x_1 + u_{i2}x_2 + \cdots + u_{ip}x_p, i = 1,2,\cdots,p$。

2. 主成分的分析过程

（1）将原始数据标准化，以消除变量之间在数量级和量纲上的不同。

（2）求标准化数据的相关矩阵。

（3）求相关矩阵的特征值和特征向量。

（4）计算方差贡献率与累积方差贡献率。每个主成分的贡献率代表原数据总信息量的百分比。

（5）确定主成分。设 $C_1, C_2, \cdots, C_p$ 为 p 个主成分，其中前 m 个主成分包含的数据信息总量（即累积方差贡献率）不低于 80% 时，可取前 m 个主成分反映原评价对象。

（6）用原指标的线性组合计算各主成分得分。以各主成分对原指标的相关系数（即载荷系数）为权，将各主成分表示为原指标的线性组合，而主成分的经济意义则由各线性组合中权重系数较大的指标的综合意义来确定，即

$$C_j = a_{j1}x_1 + a_{j2}x_2 + \cdots + a_{jp}x_p, \quad j = 1,2,\cdots,m$$

（7）综合得分。以各主成分的方差贡献率为权，将其进行线性组合，得到综合评价函数：

$$C = \frac{\lambda_1 C_1 + \lambda_2 C_2 + \cdots + \lambda_m C_m}{\lambda_1 + \lambda_2 + \cdots + \lambda_m} = \sum_{i=1}^{m} \omega_i C_i$$

(8) 得分排序。利用总得分可以得到得分名次。

11.2 主成分分析的 Python 实现

PCA 的 Python 实现可以借助 Python 的 sklearn 库对数据进行操作,调用 decomposition 模块中的 PCA 函数实现降维。

用 Python 实现 PCA 的主要流程是导入相关模块→为函数或模型设置参数。其具体实现如下:

```
from sklearn.decomposition import PCA
PCA (n_components = None, copy = True, whiten = False, svd_solver = 'auto', tol = 0.0, iterated_
power = 'auto', random_state = None)
```

PCA 函数中主要涉及 n_components、copy、whiten、svd_solver 等参数,参数说明如表 11-1 所示。

表 11-1 PCA()函数重要参数说明

参　　数	说　　明
n_components	降维后需要的维度,即降维后需要保留的特征数量,一般输入[0, min(X. shape)]范围中的整数
copy	bool、True 或者 False,默认为 True。如果设为 False,原输入数据会被新结果覆盖。该参数不用过多关注,使用默认的 True 即可
whiten	bool,默认为 False。白化,使每个特征具有相同的方差
svb_solver	奇异值分解(SVD)所采用的方法,默认为 auto

11.3 主成分分析应用 1

沿用第 10 章的鸢尾花数据进行 PCA 降维。数据集内包含 3 类共 150 条记录,每类各 50 个数据,每条记录都有花萼长度、花萼宽度、花瓣长度、花瓣宽度 4 项特征,可以通过这 4 个特征预测鸢尾花属于(iris-setosa, iris-versicolour, iris-virginica)中的哪一个品种。

11.3.1 构建主成分

鸢尾花数据为 Python 自带数据集,可直接导入数据集,代码如下:

```
import numpy as np
from sklearn.datasets import load_iris
from sklearn.preprocessing import StandardScaler
from sklearn.decomposition import PCA
import matplotlib.pyplot as plt
```

导入数据后,需要对数据进行标准化处理。执行 PCA 函数,其中主要是对 n_components

参数进行设置，可以将 n_components 设置为正整数 N，意味着降维到 N 个主成分；当 $0<$ n_components<1 时，所选择主成分的数量使得需要解释的方差量大于 n_components 指定的百分比。

```
iris = load_iris()
iris.y = iris.target
iris.x = iris.data                                    #x 为一个数组
x_scaled = StandardScaler().fit_transform(iris_x)     #对鸢尾花的特征数据进行标准化
pca = PCA(n_components = 2,random_state = 123)        #实例化 n_components = 2,降到二维
```

11.3.2 数据可视化

为了将数据降维结果更直观地表达出来，下面对结果进行可视化。

```
pca = pca.fit(x_scaled)                               #拟合模型
x_dr = pca.transform(x_scaled)                        #获取新矩阵,即降维后的特征矩阵
x_dr[y == 0,0]                                        #返回 x_dr 中 y = 0 的第 0 列(第 1 列)
plt.figure()                                          #设置一个画布
plt.scatter(x_dr[y == 0,0],x_dr[y == 0,1],color = 'red',label = iris.target_names[0])
plt.scatter(x_dr[y == 1,0],x_dr[y == 1,1],c = 'black',label = iris.target_names[1])
plt.scatter(x_dr[y == 2,0],x_dr[y == 2,1],c = 'orange',label = iris.target_names[2])
plt.legend()                                          #显示图例
plt.xlabel('First principal component')
plt.ylabel('Second principal component')
plt.title('PCA of IRIS datasets')                     #加上标题
plt.show()                                            #绘图
```

结果如图 11-2 所示。

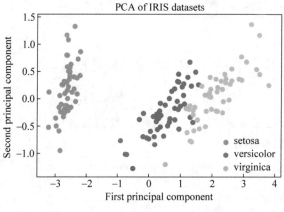

图 11-2　主成分降维后的分类结果

图 11-2 为主成分降维后的分类结果，降维后可以更加清晰明了地把鸢尾花数据分为 3 类：颜色由深至浅依次为 setosa、versicolor 和 virginca。

11.3.3 降维后数据的相关信息

探索降维后数据的相关信息，如可解释方差、贡献率和信息量求和等，分别用 pca. explained_variance_、pca. explained_variance_ratio_ 和 pca. explained_variance_ratio_. sum() 表示。

```
# 查看降维后每个新特征向量上所带的信息量大小,即可解释方差
pca.explained_variance_
# 查看降维后的每个新特征向量所占的信息量占原始数据总信息量的百分比,即可解释方差贡献率
pca.explained_variance_ratio_
# 信息量求和
pca.explained_variance_ratio_.sum()
# 累计可解释方差贡献率曲线
pca_line = PCA().fit(x)                              # PCA 降维到和原始数据相同的维数
pca_line.explained_variance_ratio_
np.cumsum(pca_line.explained_variance_ratio_)        # 贡献率依次累加
# 贡献率可视化
plt.plot([1,2,3,4],np.cumsum(pca_line.explained_variance_ratio_))
plt.xticks([1,2,3,4])                               # 限制坐标轴显示整数
plt.xlabel('number of components after dimension reduction')
plt.ylabel('cumulative explained variance')
plt.show()
```

结果如图 11-3 所示。

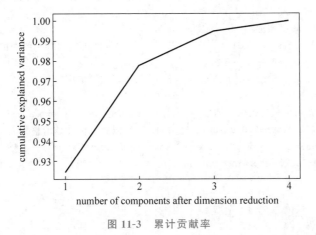

图 11-3　累计贡献率

图 11-3 为主成分累计贡献率,从图中可以看出,降至二维时累计贡献率已经达到了 98％以上,所以降到二维或三维都可以。

11.4　主成分分析应用 2

对葡萄酒数据进行 PCA 降维,数据集内包含 3 类共 178 条记录,每条记录都有 13 项特征,分别为:'alcohol'、'malic_acid'、'ash'、'alcalinity_of _ash'、'magnesium'、'total_phenols'、'flavanoids'、'nonflavanoid_phenols'、'proanthocyanins'、'color_intensity'、'hue'、'od280/od315_of_diluted_wines'、'proline',通过这 13 个特征预测葡萄酒的质量等级。

葡萄酒数据为 Python 自带数据集,可直接导入数据集,并导入相关模块,其代码如下:

```
import numpy as np
from sklearn.datasets import load_wine
```

```
from sklearn.preprocessing import StandardScaler
from sklearn.decomposition import PCA
import matplotlib.pyplot as plt
from mpl_toolkits.mplot3d import Axes3D
```

导入数据后,需要对数据进行预处理。执行 PCA 函数,参数设置及解释同例 11-1。

```
wine = load_wine()
wine_y = wine.target
wine_x = wine.data
# 对葡萄酒的特征数据进行标准化
x_scaled = StandardScaler().fit_transform(wine_x)
pca = PCA(n_components = 5, random_state = 123)
# 可根据需要设置 n_components 的值
pca.fit(x_scaled)                                      # 拟合模型
pca.explained_variance_
# 查看降维后每个新特征向量上所带的信息量大小,即可解释方差
pca.explained_variance_ratio_
# 查看降维后的每个新特征向量所占的信息量占原始数据总信息量的百分比,即可解释方差贡献率
pca.explained_variance_ratio_.sum()                    # 信息量求和
# 累计可解释方差贡献率曲线
pca_line = PCA().fit(x_scaled)                         # PCA 降维到和原始数据相同的维数
pca_line.explained_variance_ratio_
np.cumsum(pca_line.explained_variance_ratio_)          # 贡献率依次累加
# 贡献率可视化
plt.plot([1,2,3,4,5,6,7,8,9,10,11,12,13],np.cumsum(pca_line.explained_variance_ratio_))
plt.xticks([1,2,3,4,5,6,7,8,9,10,11,12,13])            # 限制坐标轴显示整数
plt.xlabel('number of components after dimension reduction')
plt.ylabel('cumulative explained variance')
plt.yticks()
plt.xticks()
plt.show()
```

结果如图 11-4 所示。

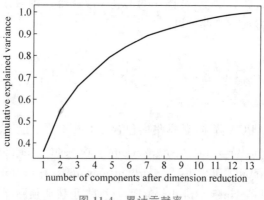

图 11-4　累计贡献率

图 11-4 所示为主成分累计贡献率,降至五维时累计贡献率已经达到了 80%,降至八维时累计贡献率已经达到了 92%,下面对降维后的数据进行可视化。

```
pca_x_scaled = pca.transform(x_scaled)[:,0:3]
plt.rcParams['axes.unicode_minus'] = False          #用于正常显示负号
colors = ["red","blue","green"]
shapes = ["o","s","*"]
fig = plt.figure(figsize = (8,6))                    #设置画布大小
#在3D空间中可视化主成分分析后的数据空间分布
ax1 = fig.add_subplot(111,projection = "3d")
for ii,y in enumerate(wine_y):
ax1.scatter(pca_x_scaled[ii,0],pca_x_scaled[ii,1],pca_x_scaled[ii,2],s = 40,c = colors[y],
marker = shapes[y])
ax1.set_xlabel("Principal component 1",rotation = 20)
ax1.set_ylabel("Principal component 2",rotation = -20)
ax1.set_zlabel("Principal component 3",rotation = 90)
ax1.azim = 290
ax1.set_title("Principal Component Feature Space Visualization")
plt.show()
```

结果如图11-5所示。

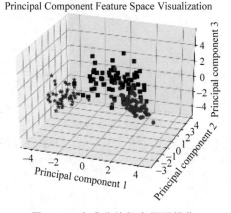

图 11-5　主成分特征空间可视化

本 章 小 结

主成分分析是一种重要的降维技术,它是通过将原来众多具有相关性的指标转化为少数几个相互独立的综合指标的一种统计方法。通过对主成分的求解和解释,可以简化数据分析过程,提高模型的预测精度和可解释性。本章介绍了主成分分析的基本原理和步骤,以及主成分分析的 Python 实现,并通过具体案例介绍了分析方法与应用。在实际应用中,主成分分析被广泛应用于各个领域。

习　题

1. 对以下样本数据进行主成分分析:

$$\boldsymbol{X} = \begin{bmatrix} 2 & 3 & 3 & 4 & 5 & 7 \\ 2 & 4 & 5 & 5 & 6 & 8 \end{bmatrix}$$

2. 在 UCI 机器学习数据库中查找可用数据集,并用 PCA 实现对数据的降维,实现在二维平面上的可视化。

3. 某面馆有各种汤面,评分表如表 11-2 所示。为了了解各种汤面的受欢迎程度,在面、配料、汤 3 个维度进行了打分。利用 PCA 对数据进行挖掘。

表 11-2　面、配料和汤评分表

序号	面	配料	汤
0	2	4	5
1	1	5	1
2	5	3	4
3	2	2	3
4	3	5	5
5	4	3	2
6	4	4	3
7	1	2	1
8	3	3	2
9	5	5	3

4. 对表 11-3 中的 16 名学生成绩进行主成分分析,选择几个综合变量代表这些学生的 6 门成绩。

表 11-3　学生成绩表　　　　　　　　　单位:分

学生代码	数学	物理	化学	语文	历史	英语
1	71	64	94	52	61	52
2	78	96	81	80	89	76
3	69	56	67	75	94	80
4	77	90	80	68	66	60
5	84	67	75	60	70	63
6	62	67	83	71	85	77
7	74	65	75	72	90	73
8	91	74	97	62	71	66
9	72	87	72	79	83	76
10	82	70	83	68	77	85
11	63	70	60	91	85	82
12	74	79	59	59	74	59
13	66	61	77	62	73	64
14	90	82	98	47	71	60
15	70	90	85	68	73	76
16	91	82	84	54	62	60

第12章 模拟退火算法

重点内容
◇ 模拟退火算法的基本原理及具体步骤；
◇ 模拟退火算法的实现流程；
◇ 模拟退火算法的改进方法。

难点内容
◇ Metropolis 算法的原理及步骤；
◇ 模拟退火算法的 Python 实现及应用。

模拟退火算法(Simulated Annealing,SA)最早的思想是梅特罗波利斯(Metropolis)等人于 1953 年提出的。1983 年,柯克帕特里克(Kirkpatrick)等人成功将退火思想引入组合优化问题。它是基于蒙特卡罗迭代求解策略的一种随机寻优算法,其出发点基于物理中固体物质的退火过程与一般组合优化问题之间的相似性。其基本思想是从某一较高温度出发,随着温度不断下降,结合概率突跳特性,在解空间中随机寻找目标函数的最优解。模拟退火算法是一种通用的全局优化算法,广泛应用于生产调度、控制工程、模式识别及图像处理等领域。本章思维导图如图 12-1 所示。

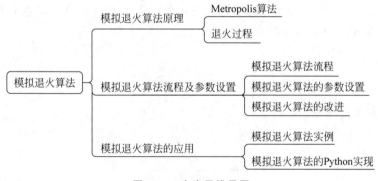

图 12-1 本章思维导图

12.1 模拟退火算法原理

模拟退火算法的灵感来源于材料统计力学的固体退火原理。固体在加热过程中,随着温度的逐渐升高,固体粒子的热运动不断增强,能量不断提高,于是粒子偏离平衡位置越来越大。当加热至一定的温度后,固体溶解为液体,粒子排列从较有序的结晶态转变为无序的液态,这一过程称为熔化。熔化的目的是消除系统内可能存在的非均匀状态,使随后进行的冷却过程以某一平衡态为起始点。熔化过程系统能量随温度升高而增大。冷却时,随着温度徐徐降低,液体粒子的热运动逐渐减弱并趋于有序。当温度降至结晶温度后,粒子运动变为围绕晶体格子的微小振动,由液态凝固成晶态,这一过程称为退火。为了使系统在每一温度下都达到平衡态,最终达到固体的基态,退火过程必须徐徐进行,这样才能保证系统能量随着温度降低而趋于最小值。

模拟退火算法是一种用于求解大规模组合优化问题的随机搜索算法,利用问题的求解过程与熔化固体退火过程的相似性,采用随机模拟固体退火过程完成问题的求解,即在控制参数(温度)的作用下对参数的值进行调整,直至所选取的参数值最终使能量函数达到全局最小值。

模拟退火算法包含两部分,即 Metropolis 算法和退火过程。Metropolis 算法就是求解如何在局部最优解的情况下让其跳出来,是退火过程的基础。

12.1.1　Metropolis 算法

1953 年,Metropolis 提出重要性采样方法,即以概率接受新状态,而不是使用完全确定的规则,称为 Metropolis 准则。此准则的优点是计算量较低。

通过用粒子的能量定义材料的状态,Metropolis 算法用一个简单的数学模型描述了退火过程。假设材料在状态 i 下的能量为 $E(i)$,那么材料在温度 T 时从状态 i 进入状态 j 就遵循以下规律。

(1) 如果 $E(j) \leqslant E(i)$,接受该状态转移。

(2) 如果 $E(j) > E(i)$,则状态转移以以下概率被接受:

$$P_r = e^{\frac{E(i)-E(j)}{KT}} \tag{12-1}$$

式中,P_r 为转移概率;K 为物理学中的波尔兹曼常数;T 为材料温度。

在某一个特定温度下,如果进行了充分的状态转移之后,材料达到了热平衡。这时材料处于状态 i 的概率满足波尔兹曼分布:

$$P_T(X=i) = \frac{e^{-\frac{E(i)}{KT}}}{\sum\limits_{j \in S} e^{-\frac{E(j)}{KT}}} \tag{12-2}$$

式中,X 为材料当前状态的随机变量;S 为状态空间集合。

当温度升高时,有

$$\lim_{T \to \infty} \frac{e^{-\frac{E(i)}{KT}}}{\sum\limits_{j \in S} e^{-\frac{E(j)}{KT}}} = \frac{1}{|S|} \tag{12-3}$$

式中,$|S|$ 为集合 S 中状态的数量。

这表明所有状态在高温下具有相同的概率。

当温度下降时,有

$$\lim_{T \to 0} \frac{e^{-\frac{E(i)-E_{min}}{KT}}}{\sum\limits_{j \in S} e^{-\frac{E(j)-E_{min}}{KT}}} = \lim_{T \to 0} \frac{e^{-\frac{E(i)-E_{min}}{KT}}}{\sum\limits_{j \in S_{min}} e^{-\frac{E(j)-E_{min}}{KT}} + \sum\limits_{j \notin S_{min}} e^{-\frac{E(j)-E_{min}}{KT}}}$$

$$\lim_{T \to 0} \frac{\mathrm{e}^{-\frac{E(i)-E_{\min}}{KT}}}{\sum_{j \in S_{\min}} \mathrm{e}^{-\frac{E(j)-E_{\min}}{KT}}} = \begin{cases} \dfrac{1}{|S_{\min}|}, & i \in S_{\min} \\ 0, & \text{其他} \end{cases} \tag{12-4}$$

式中，$E_{\min} = \min_{j \in S} E(j)$；$S_{\min} = \{i \mid E(i) = E_{\min}\}$。

式(12-4)表明，当温度降至很低时，材料会有较大概率进入最小能量状态。

如果温度下降十分缓慢，而在每个温度都有足够多次的状态转移，使之在每一个温度下都能达到热平衡，则全局最优解将以概率 1 被找到，因此模拟退火算法可以找到全局最优解。

12.1.2 退火过程

在冶金退火过程中，退火(Annealing)是指物体逐渐降温的物理现象，温度越低，物体的能量状态越低，系统内部分子的平均动能逐渐降低，分子在自身位置附近的扰动能力也随之下降，即分子自身的搜索范围随着温度的下降而下降。当温度降到足够低时，液体开始冷凝结晶，在结晶状态时，系统的能量状态最低。但是，如果降温过程过急、过快，会产生不是最低能态的非晶体。

我们可以对给定状态空间(待求解空间)内的某个状态产生函数(待求解函数)的最值进行求解。在高温状态下，由于分子的扰动能力较强，对较差状态(远离最值对应的状态)的容忍度较高，因此可以在给定状态空间内进行全局随机搜索，从而有较高概率跳出局部极值。随着温度逐渐下降，分子的扰动能力减弱，对较差状态的容忍度随之降低，导致此时的全局随机搜索能力下降，相应地对局部极值的搜索能力上升。综合整个退火过程，在理想情况下，最终解应该对应给定状态空间内的最值。

模拟退火过程首先需要选定一个初始状态 s_0 作为初始解 $s(0) = s_0$，并设初值温度为 T_0；然后以温度和初始解调用 Metropolis 采样算法，返回新解；按一定方式进行降温后，如果退火过程没有结束，则返回继续调用 Metropolis 采样算法产生新解并降温，否则，当前解作为最优解输出。

12.2 模拟退火算法流程及参数设置

12.2.1 模拟退火算法流程

模拟退火算法可以分解为解空间、目标函数和初始解三部分。

模拟退火的基本思想如下。

(1) 初始化：输入当前解 s 和温度 T，令 $k=0$ 时的当前解为 $s(0) = s$。

(2) 在温度 T 下按某一规定方式，根据当前解 $s(k)$ 所处的状态 s 产生一个邻近子集 $N(s(k))$。由子集 $N(s(k))$ 随机产生一个新的状态 s' 作为当前解的候选解，取评价函数 $C(\cdot)$，计算

$$\Delta C' = C(s') - C[s(k)]$$

若 $\Delta C' \leqslant 0$，则接受 s' 作为下一个当前解；若 $\Delta C' > 0$，则按概率 $\mathrm{e}^{-\frac{\Delta C'}{T}}$ 接受 s' 作为下一个当前解。

（3）若接受 s'，则令 $s(k+1)=s'$，否则令 $s(k+1)=s(k)$。

（4）令 $k=k+1$，判断是否满足收敛准则，不满足则转移到步骤（2），否则转移到步骤（5）。

（5）返回当前解 $s(k)$。

模拟退火算法新解的产生和接受可分为以下 4 个步骤。

（1）由一个状态产生函数从当前解产生一个位于解空间的新解。为便于后续计算，减少算法耗时，通常选择由当前新解经过简单变换即可产生新解的方法，如对构成新解的全部或部分元素进行置换、互换等。由于产生新解的变换方法决定了当前新解的邻域结构，因此其对冷却进度表的选取有一定的影响。

（2）计算与新解对应的目标函数差。因为目标函数差仅由变换部分产生，所以目标函数差最好按增量计算。事实表明，对于大多数应用而言，这是计算目标函数差的最快方法。

（3）判断新解是否被接受，判断的依据是某一个接受准则。其中，最常用的是 Metropolis 准则：若 $\Delta C' \leqslant 0$，则接受 s' 作为新的当前解；若 $\Delta C' > 0$，则按概率 $e^{-\frac{\Delta C'}{T}}$ 接受 s' 作为新的当前解。

（4）当接受新解时，用新解代替当前解。这只需将当前解中对应产生新解时的变换部分予以实现，同时修正目标函数值即可。此时，当前解实现了一次迭代，可在此基础上开始下一轮迭代。当舍弃新解时，则在原当前解的基础上继续下一轮迭代。

模拟退火算法与初始值无关，算法求得的解与初始解状态无关。模拟退火算法具有渐近收敛性，已在理论上被证明是一种以概率 P 收敛于全局最优解的全局优化算法。模拟退火算法具有并行性，其流程如图 12-2 所示。

模拟退火算法能够有效解决 NP（Nondeterministic Polynomially，非确定性多项式）问题，避免陷入局部最优解；计算过程简单、通用、鲁棒性强，适用于并行处理，可用于求解复杂的非线性优化问题。

但是，不可忽略的是模拟退火算法具有收敛速度慢、执行时间长、算法性能与初始值有关、参数敏感等缺点。由于要求较高的初始温度、较慢的降温速率、较低的终止温度，以及各温度下足够多次的抽样，因此优化过程较长。如果降温过程足够缓慢，得到的解性能会比较好，但与此相对的是收敛速度太慢；如果降温过程过快，则很有可能得不到全局最优解。

在模拟退火算法中应注意以下问题。

（1）理论上，降温过程要足够缓慢，要使在每一温度下都能达到热平衡。在计算机实现中，如果降温速度过缓，所得到的解的性能通常较好，但是算法速度太慢，相对于简单的搜索算法不具有明显优势；如果降温速度过快，很可能最终得不到全局最优解。因此，使用模拟退火算法时要综合考虑解的性能和算法速度，在两者之间进行折中。

（2）要确定在每一温度下状态转移的结束准则。实际操作中，当连续 m 次的迭代过程都没有使状态发生变化时即结束该温度下的状态转移。最终温度的确定可以提前定为一个较小的值 T_e，或连续几个温度下转移过程没有使状态发生变化算法就结束。

（3）选择合适的初始温度，确定某个可行解的邻域的方法也要恰当。

12.2.2 模拟退火算法的参数设置

模拟退火算法的应用非常广泛，可以求解 NP 完全问题，但其参数难以控制。其主要问

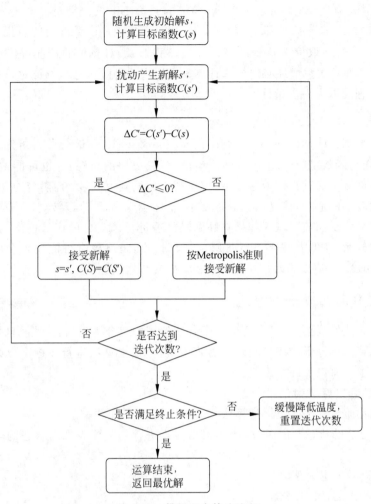

图 12-2 模拟退火算法流程

题有以下 4 点。

1. 控制参数 T 的初始值 T_0（冷却开始的温度）

求解全局最优问题的随机搜索算法一般采用大范围的粗略搜索与局部的精细搜索相结合的搜索策略。只有在初始的大范围搜索阶段找到全局最优解的区域,才能逐步缩小搜索范围,最终求出全局最优解。模拟退火算法通过控制参数 T 的初值 T_0 和其衰减变化过程实现大范围的粗略搜索与局部精细搜索。在问题规模较大时,较小的 T_0 往往导致算法难以跳出局部极小而达不到全局最优,一般为 100℃。在实际应用时,初始温度 T_0 通常需要根据试验结果进行若干次调整。

2. 控制参数 T 的衰减函数

由于计算机能够处理的都是离散数据,因此需要把连续的降温过程离散化成降温过程中的一系列温度点。衰减函数,即计算这一系列温度的表达式可以有多种形式,最常用的衰减函数是 $T_{k+1}=\alpha T_k(k=0,1,2,\cdots)$。其中,$k$ 为降温次数;$\alpha \in (0,1)$ 是一个常数,它的取值决定了降温过程的快慢。为了保证较大的搜索空间,α 一般取接近 1 的值,如 0.95、0.99。

3. 控制退火速度:马尔可夫(Markov)链的长度 L_k(任一温度 T 的迭代次数)

Markov 链长度的选取原则:在控制参数 T 的衰减函数已经选定的前提下,L_k 应能使在控制参数 T 的每一取值上达到准平衡。从经验上说,对简单的情况可以令 $L_k = 100n$,n 为问题规模。循环次数增加必定带来计算量的增大,实际应用中,要针对具体问题的性质和特征设置合理的退火平衡条件。

4. 控制参数 T 的终值(停止准则)

算法停止准则:对 Metropolis 准则中的接受函数 $e^{\frac{E(i)-E(j)}{KT}}$ 进行分析可知,在温度 T 比较大时,整个接受函数可能会趋于 1,即比当前解 x_i 更差的新解 x_j 也可能被接受,因此就有可能跳出局部极小而进行广域搜索,去搜索解空间的其他区域;而随着冷却的进行,当 T 减小到一个比较小的值时,接受函数分母变小,整体也变小,即难以接受比当前解更差的解,此时就不太容易跳出当前区域。如果在高温时已经进行了充分的广域搜索,找到了可能存在的最优解的区域,在低温时再进行足够的局部搜索,最终极有可能找到全局最优解。因此,一般终止温度 T_j 应设为足够小的正数,如 0.01~5。

12.2.3 模拟退火算法的改进

模拟退火算法发展至今,已广泛应用于各个领域的组合优化问题。随着时代的发展,传统的模拟退火算法已经不能满足问题的需要,对模拟退火算法进行改进十分必要。模拟退火算法的改进主要有以下两个思路。

1. 对模拟退火算法内部进行改进

在保证优化质量的基础上提高算法效率,可以尝试以下思路。

(1)设计合适的状态产生函数,使其根据搜索进程的需要表现出状态的全空间分散性或局部区域性。

(2)设计高效的退火策略。

(3)避免状态的迂回搜索。

(4)采用并行搜索结构。

(5)为避免陷入局部极小,改进对温度的控制方法。

(6)选择合适的初始状态。

(7)设计合适的算法终止准则。

2. 通过增加策略实现改进

通过增加某些环节实现模拟退火算法的改进,具体如下。

(1)提高升温或重升温过程。在算法进程的适当时机将温度适当提高,从而激活各状态的接受概率,以调整搜索进程中的当前状态,避免算法在局部极小值处停滞不前。

(2)增加记忆功能。为避免搜索过程中由于执行概率接受环节而遗失当前遇到的最优解,可增加存储环节,将到当前最好的状态保存下来。

(3)补充搜索过程。在退火过程结束后,以搜索到的最优解为初始状态,再次进行模拟退火或局部性搜索。

(4)对每一当前状态采用多次搜索策略,以概率 P_r 接受区域内的最优状态,而非标准模拟退火的单次比较方式。

(5)结合其他的搜索算法,如遗传算法、混沌搜索等。

12.3 模拟退火算法的应用

12.3.1 模拟退火算法实例

例 12-1 已知 100 个目标的经度、纬度，如表 12-1 所示。某基地经度和纬度为(70°，40°)。假设飞机的速度为 100km/h。一架飞机从基地出发，侦察完所有目标后返回原来的基地。在每一目标点的侦察时间不计，求该架飞机花费的时间(假设飞机巡航时间可以充分长)。

表 12-1 经度和纬度数据

经度/(°)	纬度/(°)	经度/(°)	纬度/(°)	经度/(°)	纬度/(°)	经度/(°)	纬度/(°)
53.7121	15.3046	51.1758	0.0322	46.3253	28.2753	30.3313	6.9348
56.5432	21.4188	10.8198	16.2529	22.7891	23.1045	10.1584	12.4819
20.1050	15.4562	1.9451	0.2057	26.4951	22.1221	31.4847	8.9640
26.2418	18.1760	44.0356	13.5401	28.9836	25.9879	38.4722	20.1731
28.2694	29.0011	32.1910	5.8699	36.4863	29.7284	0.9718	28.1477
8.9586	24.6635	16.5618	23.6143	10.5597	15.1178	50.2111	10.2944
8.1519	9.5325	22.1075	18.5569	0.1215	18.8726	48.2077	16.8889
31.9499	17.6309	0.7732	0.4656	47.4134	23.7783	41.8671	3.5667
43.5474	3.9061	53.3524	26.7256	30.8165	13.4595	27.7133	5.0706
23.9222	7.6306	51.9612	22.8511	12.7938	15.7307	4.9568	8.3669
21.5051	24.0909	15.2548	27.2111	6.2070	5.1442	49.2430	16.7044
17.1168	20.0354	34.1688	22.7571	9.4402	3.9200	11.5812	14.5677
52.1181	0.4088	9.5559	11.4219	24.4509	6.5634	26.7213	28.5667
37.5848	16.8474	35.6619	9.9333	24.4654	3.1644	0.7775	6.9576
14.4703	13.6368	19.8660	15.1224	3.1616	4.2428	18.5245	14.3598
58.6849	27.1485	39.5168	16.9371	56.5089	13.7090	52.5211	15.7957
38.4300	8.4648	51.8181	23.0159	8.9983	23.6440	50.1156	23.7816
13.7909	1.9510	34.0574	23.3960	23.0624	8.4319	19.9857	5.7902
40.8801	14.2978	58.8289	14.5229	18.6635	6.7436	52.8423	27.2880
39.9494	29.5114	47.5099	24.0664	10.1121	27.2662	28.7812	27.6659
8.0831	27.6705	9.1556	14.1304	53.7989	0.2199	33.6490	0.3980
1.3496	16.8359	49.9816	6.0828	19.3635	17.6622	36.9545	23.0265
15.7320	19.5697	11.5118	17.3884	44.0398	16.2635	39.7139	28.4203
6.9909	23.1804	38.3392	19.9950	24.6543	19.6057	36.9980	24.3992
4.1591	3.1853	40.1400	20.3030	23.9876	9.4030	41.1084	27.7149

解 这是一个旅行商问题。给基地编号为 0，目标依次编号为 1，2，…，100，最后基地再重复编号为 101(这样便于在程序中计算)。距离矩阵 $\boldsymbol{D} = (d_{ij})_{102 \times 102}$，其中，$d_{ij}$ 表示 i、j 两点的距离($i,j = 0,1,\cdots,101$)；$\boldsymbol{D}$ 为实对称矩阵。因此，该问题是求一个从点 0 出发，走遍所有中间点，到达点 101 的一个最短路径。

上述问题中给定的是大地坐标(经度和纬度)，必须求两点间的实际距离。设 A、B 两点的大地坐标分别为(x_1,y_1)、(x_2,y_2)(其中,x_1、x_2为经度;y_1、y_2为纬度),过A、B两点的大圆的劣弧长即为两点的实际距离。以地心为坐标原点O,以赤道平面为XOY平面,以零度经线圈所在的平面为XOZ平面,建立三维直角坐标系,则A、B两点的直角坐标分别为

$$\begin{cases} A(R\cos x_1\cos y_1, R\sin x_1\cos y_1, R\sin y_1) \\ B(R\cos x_2\cos y_2, R\sin x_2\cos y_2, R\sin y_2) \end{cases} \tag{12-5}$$

式中,$R=6371\mathrm{km}$为地球半径。

可得A、B两点的实际距离为

$$d=R\arccos\left(\frac{\overrightarrow{OA}\cdot\overrightarrow{OB}}{|\overrightarrow{OA}|\cdot|\overrightarrow{OB}|}\right) \tag{12-6}$$

化简得

$$d=R\arccos\left[\cos(x_1-x_2)\cos y_1\cos y_2+\sin y_1\sin y_2\right] \tag{12-7}$$

求解的模拟退火算法描述如下。

(1) 解空间。解空间S可表示为$\{0,1,\cdots,101\}$的所有固定起点和终点的循环序列排列集合,即$S=\{(\pi_0,\pi_1,\cdots,\pi_{101})|\pi_0=1,(\pi_1,\cdots,\pi_{100})$为$\{1,2,\cdots,100\}$的循环序列,$\pi_{101}=101\}$。其中,每一个循环排列表示侦察100个目标的一个回路,$\pi_i=j$表示第i次侦察目标j,初始解可选为$(0,1,\cdots,101)$。本节先使用蒙特卡罗方法求得一个较好的初始解。

(2) 目标函数。目标函数(或称代价函数)为侦察所有目标的路径长度。要求

$$\min f(\pi_0,\pi_1,\cdots,\pi_{101})=\sum_{i=0}^{100}d_{\pi_i\pi_{i+1}} \tag{12-8}$$

而一次迭代由(3)、(4)、(5)构成。

(3) 新解的产生。设上一步迭代的解为

$$\pi_0\cdots\pi_{u-1}\pi_u\pi_{u+1}\cdots\pi_{v-1}\pi_v\pi_{v+1}\cdots\pi_{w-1}\pi_w\pi_{w+1}\cdots\pi_{101}$$

有以下两种产生新路径的变换法。

① 2变换法:任选序号u、v,交换u与v之间的顺序,变成逆序,此时的新路径为

$$\pi_0\cdots\pi_{u-1}\pi_v\pi_{v-1}\cdots\pi_{u+1}\pi_u\pi_{v+1}\cdots\pi_{101}$$

② 3变换法:任选序号u、v和w,将u和v之间的路径插入w之后,对应的新路径为

$$\pi_0\cdots\pi_{u-1}\pi_{v+1}\cdots\pi_w\pi_u\cdots\pi_v\pi_{w+1}\cdots\pi_{101}$$

(4) 代价函数差。对于2变换法,路径差可表示为

$$\Delta f=(d_{\pi_{u-1}\pi_v}+d_{\pi_u\pi_{v+1}})-(d_{\pi_{u-1}\pi_u}+d_{\pi_v\pi_{v+1}}) \tag{12-9}$$

(5) 接受准则:

$$P=\begin{cases} 1, & \Delta f<0 \\ e^{-\frac{\Delta f}{T}}, & \Delta f\geqslant 0 \end{cases} \tag{12-10}$$

如果$\Delta f<0$,则接受新的路径,否则以概率$e^{-\frac{\Delta f}{T}}$接受新的路径,即用计算机产生一个$[0,1]$区间上均匀分布的随机数rand,若$\mathrm{rand}\leqslant e^{-\frac{\Delta f}{T}}$则接受。

(6) 降温。利用选定的降温系数α进行降温,取新的温度T为αT(T为上一步迭代的温度),这里选定$\alpha=0.999$。

(7) 结束条件。用选定的终止温度$e=10^{-30}$判断退火过程是否结束。若$T<e$,则算法

结束,输出当前状态。

12.3.2 模拟退火算法的 Python 实现

例 12-2 利用 Python 求解下式最小值。

$$f(\boldsymbol{x}) = 3x_1^2 - 2.1x_1^4 + \frac{x_1^6}{3} + x_1 x_2 - 3x_2^2 + 3x_2^4, \quad |x_i| \leqslant 5$$

解 Python 程序如下:

```python
import math
from random import random
import matplotlib.pyplot as plt
def func(x, y):                                    # 函数优化问题
    res = 3 * x ** 2 - 2.1 * x ** 4 + x ** 6 / 3 + x * y - 3 * y ** 2 + 3 * y ** 4
    return res
# x 为公式中的 x1, y 为公式中的 x2
class SA:
    def __init__(self, func, iter = 100, T0 = 100, Tf = 0.01, alpha = 0.99):
        self.func = func
        self.iter = iter                           # 内循环迭代次数, L = 100
        self.alpha = alpha                         # 降温系数, alpha = 0.99
        self.T0 = T0                               # 初始温度 T0 为 100
        self.Tf = Tf                               # 温度终值 Tf 为 0.01
        self.T = T0                                # 当前温度
        self.x = [random() * 11 - 5 for i in range(iter)]   # 随机生成 100 个 x 的值
        self.y = [random() * 11 - 5 for i in range(iter)]   # 随机生成 100 个 y 的值
        self.most_best = []
        self.history = {'f': [], 'T': []}
    def generate_new(self, x, y):                  # 扰动产生新解的过程
        while True:
            x_new = x + self.T * (random() - random())
            y_new = y + self.T * (random() - random())
            if (-5 <= x_new <= 5) & (-5 <= y_new <= 5):
                break                              # 重复得到新解, 直到产生的新解满足约束条件
        return x_new, y_new
    def Metrospolis(self, f, f_new):               # Metropolis 准则
        if f_new <= f:
            return 1
        else:
            p = math.exp((f - f_new) / self.T)
            if random() < p:
                return 1
            else:
                return 0
    def best(self):                                # 获取最优目标函数值
        f_list = []                                # f_list 数组保存每次迭代之后的值
        for i in range(self.iter):
            f = self.func(self.x[i], self.y[i])
            f_list.append(f)
        f_best = min(f_list)
```

```
        idx = f_list.index(f_best)
        return f_best, idx
                #f_best、idx 分别为在该温度下,迭代 L 次后目标函数的最优解和最优解的下标
    def run(self):
        count = 0
        #外循环迭代,直至当前温度小于终止温度的阈值
        while self.T > self.Tf:
            #内循环迭代 100 次
            for i in range(self.iter):
                f = self.func(self.x[i], self.y[i])              #f 为迭代一次后的值
                x_new, y_new = self.generate_new(self.x[i], self.y[i])  #产生新解
                f_new = self.func(x_new, y_new)                  #产生新值
                if self.Metrospolis(f, f_new):                   #判断是否接受新值
                    #如果接受新值,则把新值的 x、y 存入 x 数组和 y 数组
                    self.x[i] = x_new
                    self.y[i] = y_new
            #迭代第 L 次,记录在该温度下的最优解
            ft, _ = self.best()
            self.history['f'].append(ft)
            self.history['T'].append(self.T)
            #温度按照一定的比例下降(冷却)
            self.T = self.T * self.alpha
            count += 1
            #得到最优解
        f_best, idx = self.best()
        print(f"F = {f_best}, x = {self.x[idx]}, y = {self.y[idx]}")
sa = SA(func)
sa.run()
plt.plot(sa.history['T'], sa.history['f'])
plt.title('SA')
plt.xlabel('T')
plt.ylabel('f')
plt.gca().invert_xaxis()
plt.show()
plt.savefig("C:/Users/14272/Desktop/模拟退火算法 7.png",dpi = 800,)
```

最终得到的 Python 运行结果如图 12-3 所示,当 $x_1 = -1.8396, x_2 = 0.8264$ 时得到公式的最小值,为 $f(\boldsymbol{x}) = -3.1486$。

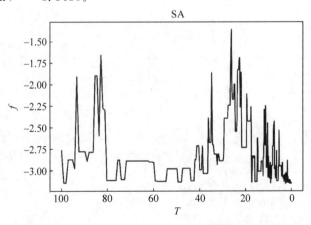

图 12-3   Python 运行结果

本 章 小 结

本章系统梳理了模拟退火算法的基本理论,包括 Metropolis 接受准则和退火过程、模拟退火算法的改进,详细整理了模拟退火算法的流程及参数选择,利用旅行商数据集讲解模拟退火算法的流程并利用 Python 求解在一定条件下函数的最小值。整体来看,模拟退火算法作为一种通用的随机搜索算法,可以用来在一个大的搜索空间内寻找问题的最优解。由于它能够有效解决 NP 问题、避免陷入局部最优解等优点,现已广泛应用于超大规模集成电路(Very Large Scale Integration Circuit,VLSI)的最优设计、生产调度、机器学习、图像识别、神经网络的研究及各种组合优化问题。希望读者可以熟练掌握模拟退火算法原理,能够利用 Python 编程实现模拟退火算法。

习　　题

1. 利用模拟退火算法计算函数

$$f(\boldsymbol{x}) = \sum_{i=1}^{n} x_i^2, \quad -20 \leqslant x_i \leqslant 20$$

的最小值,其中个体 $\boldsymbol{x}$ 的维数 $n=10$。

2. 利用模拟退火算法求解函数

$$f(x) = (x^2 - 5x)\sin(x^2)$$

的最优解。

3. 平面坐标系中存在 15 个点,各点的坐标如表 12-2 所示。现求到其他各点直线距离之和最短的点,并输出该点的坐标和该点到其他各点的距离之和。

表 12-2　各点的坐标

X	0	1.5	1.5	−2	−4	−5	2	4	5	−2	−3	3	−1.5	−2.5	0.1
Y	0	10	12	11	−8	2	−1.5	−2.5	1	−2	8	6	0	0	0.2

4. 假设有 10 件物品,其质量(kg)分别为 8、12、24、16、6、9、35、21、18、19,其价值(元)分别为 34、32、56、67、54、32、45、56、46、70,背包能承受的最大质量为 50kg。试采用模拟退火算法求在背包承重能力内,怎样装包能使包内物品的总价值最高。

5. 一位商品推销员要去 30 个城市推销商品,30 个城市的坐标如表 12-3 所示。该推销员从一个城市出发,需要经过所有城市后回到出发地。应如何选择行进路线,以使总的行程最短?

表 12-3 30 个城市的坐标

x	y	x	y	x	y
1304	2312	3639	1315	4177	2244
3712	1399	3488	1535	3326	1556
3238	1229	3715	1678	3918	2179
4061	2370	3780	2212	3676	2578
4029	2838	4263	2931	3429	1908
3507	2367	3394	2643	3439	3201
2935	3240	3140	3550	2545	2357
2778	2826	2370	2975	4196	1004
4312	790	4386	570	3007	1970
2562	1756	2788	1491	2381	1676

第13章 遗传算法

重点内容

◇ 遗传算法的原理;

◇ 遗传算法的选择、交叉、变异操作;

◇ 遗传算法的适应度函数设定。

难点内容

◇ 遗传算法的参数调优;

◇ 遗传算法的具体应用及 Python 实现。

遗传算法(Genetic Algorithm,GA)是模拟达尔文的遗传选择和自然淘汰的生物进化过程的计算模型,其由美国密歇根大学的霍兰德(Holland)教授于 1975 年首先提出。遗传算法作为一种新的全局优化搜索算法,以其简单通用、稳健性强、适用于并行处理及应用范围广等显著特点奠定了它作为 21 世纪智能计算算法之一的地位。本章思维导图如图 13-1 所示,首先介绍遗传算法的基本原理,然后通过例题介绍遗传算法的应用,最后介绍遗传算法的 4 种改进。

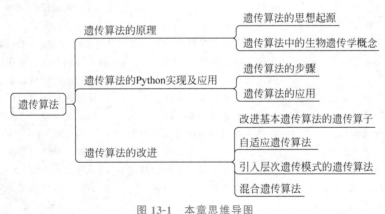

图 13-1　本章思维导图

13.1　遗传算法的原理

13.1.1　遗传算法的思想起源

遗传算法的基本思想是基于模仿生物界的遗传过程,把问题的参数用基因代表,把问题的解用染色体代表,从而得到一个由具有不同染色体的个体组成的群体。该群体在问题特定的环境里生存竞争,适者有极佳的机会生存和产生后代。后代随机继承了父代的极优特征,并在生存环境的控制支配下继续这一过程,群体的染色体都将逐渐适应环境,不断进化,最后收敛到最适应环境的类似个体,即得到问题最优解。

遗传算法的实质是通过群体搜索技术,根据适者生存的原则逐代进化,最终得到最优解或准最优解。它必须做以下操作:产生初始群体,求每一个体的适应度,根据适者生存的原则选择优良个体,被选出的优良个体两两配对,随机交叉其染色体的基因并随机变异某些染色体的基因后生成下一代群体。按此方法使群体逐代进化,直到满足进化终止条件。其实现方法如下。

(1)根据具体问题确定可行解域,确定一种编码方法,能用数值串或字符串表示可行解域的每一解。

(2)对每一解应有一个度量好坏的依据,其用一个函数表示,称为适应度函数。

(3)确定进化参数群体规模 M、交叉概率 P_c、变异概率 P_m、进化终止条件。

13.1.2 遗传算法中的生物遗传学概念

遗传算法是由进化论和遗传学机理产生的直接搜索优化方法,故该算法中要用到各种进化和遗传学的概念。表 13-1 给出了遗传学概念、遗传算法概念和数学概念三者之间的对应关系,这对理解遗传算法至关重要。

遗传学相关概念

表 13-1　遗传学概念、遗传算法概念和数学概念三者之间的对应关系

序号	遗传学概念	遗传算法概念	数 学 概 念
1	个体	要处理的基本对象	可行解
2	群体	个体的集合	被选定的组可行解
3	染色体	个体的表现形式	可行解的编码
4	基因	染色体中的元素	编码中的元素
5	基因位	某一基因在染色体中的位置	元素在编码中的位置
6	适应值	个体对环境的适应程度	可行解对应的适应函数值
7	种群	选定的一组染色体或个体	选定的一组可行解
8	选择	从群体中选择优胜个体	保留或复制适应值大的个体
9	交叉	一组染色体对应基因段的交换	根据交叉原则产生一组新解
10	交叉概率	染色体对应基因段交换的概率	一般为 0.65~0.90
11	变异	染色体水平上基因变化	编码的某些元素被改变
12	变异概率	染色体水平上基因变化的概率	一般为 0.001~0.01
13	进化、适者生存	个体进行优胜劣汰的进化	适应度函数值优的可行解

13.2　遗传算法的 Python 实现及应用

13.2.1 遗传算法的相关运算

遗传算法计算优化的操作过程如同生物学上生物遗传进化的过程,其主要有 3 个基本操作(或称为算子):选择(Selection)、交叉(Crossover)、变异(Mutation)。

简单遗传算法由编解码、个体适应度评估和遗传运算三大模块构成,而遗传运算又包括染色体复制、交叉、变异等。在遗传算法中,定义种群或群体为所有编码后的染色体集合,表征每个个体的是其相应的染色体。

1. 编码

遗传算法的编码有浮点编码和二进制编码两种,这里只介绍二进制编码规则。二进制编码既符合计算机处理信息的原理,也方便了对染色体进行遗传、编译和突变等操作。设某一参数的取值范围为 (L, U),使用长度为 k 的二进制编码表示该参数,则它共有 2^k 种不同的编码。该参数编码时的对应关系为

$$000000000000000000 = 0 \rightarrow L$$
$$000000000000000001 = 1 \rightarrow L + \delta$$
$$000000000000000010 = 2 \rightarrow L + 2\delta$$
$$000000000000000011 = 3 \rightarrow L + 3\delta$$
$$\vdots$$
$$111111111111111111 = 2^k - 1 \rightarrow U$$

式中,$\delta = (U - L)/(2^k - 1)$。

2. 解码

解码是为了将不直观的二进制数据串还原成十进制。设某一个体的二进制编码为 $b_k b_{k-1} b_{k-2} \cdots b_3 b_2 b_1$,则对应的解码公式为 $x = L + \left(\sum_{i=1}^{k} b_i 2^{i-1} \right) \delta$。遗传算法的编码和解码在宏观上可以对应生物的基因型和表现型,在微观上可以对应 DNA 的转录和翻译两个过程。

3. 交配

交配运算是使用单点或多点进行交叉的算子。首先用随机数产生一个或多个交配点位置,然后两个个体在交配点位置互换部分基因码,形成两个子个体。

4. 突变

突变运算是使用基本位进行基因突变。为了避免在算法迭代后期出现种群过早收敛,对于二进制的基因码组成的个体种群,实行基因码的小概率翻转,对于三进制编码即 0 变为 1,而 1 变为 0。

5. 倒位

除了交配和突变之外,对于复杂的问题可能还需要用到“倒位”,其对应的运算也被称为“倒位运算”。倒位是指一个染色体某区段正常排列顺序发生 $180°$ 的颠倒,造成染色体内的 DNA 序列重新排列,它包括臂内倒位和臂间倒位。倒位纯合体不影响个体的生活力,只是改变子染色体上的相邻基因位置,从而某些表现型发生位置效应,同时也改变了与相邻基因的交换值。倒位杂合体则不然,其生育力降低。染色体上的区段可能发生倒位且通过自交出现不同的倒位纯合体,致使它们与其原来的物种不能交配,形成生殖隔离,结果产生新族群或变种。

6. 个体适应度评估

自然界中能够适应环境的生物有更多的机会存活下来,这种筛选机制如下,由正六边形搭建的三角形区域的顶部投掷一些光滑的木块,这些木块经由白色的缝隙坠落底部,显然落

在底部中间的木块要比落在两端的木块多,因为木块有更多的路径坠落在底部的中间区域,所以有更大的概率落在中间。落在各个区域的概率对应遗传算法中各条染色体被遗传到下一代的概率,其坠落的位置对应自变量取值。遗传算法依照与个体适应度成正比的概率决定当前种群中各个个体遗传到下一代群体中的机会。个体适应度大的个体更容易被遗传到下一代。通常,求目标函数最大值的问题可以直接把目标函数作为检测个体适应度大小的函数。

7. 复制

复制运算是根据个体适应度大小决定其下一代遗传的可能性。当个体复制的概率决定后,再产生[0,1]内的均匀随机数来决定哪些个体参加复制。若个体适应度高,则被选取的概率就大,则可能被多次选中,它的遗传基因就会在种群中扩散;若个体的复制概率小,则会被逐渐淘汰。

13.2.2　遗传算法的步骤

遗传算法的基本步骤:首先,把问题的解表示成"染色体",即以二进制或十进制编码,在执行遗传算法之前给出一群"染色体",即假设的可行解;然后,把这些假设的可行解置于问题的"环境"中,并按适者生存原则选择出较适应环境的"染色体"进行复制,再通过交叉、变异过程产生更适应环境的新一代"染色体"群;经过这样一代一代的进化,最后收敛到最适应环境的"染色体"上,它就是问题的最优解。

遗传算法的具体步骤如下。

(1) 选择编码策略,把可行解集合转换为染色体结构空间。

(2) 定义适应度函数,便于计算适应值。

(3) 确定遗传策略,包括选择群体大小,选择、交叉、变异的方法,以及确定交叉概率、变异概率等遗传参数。

(4) 随机或用某种特殊方法产生初始化群体。

(5) 按照遗传策略,将选择、交叉和变异算子作用于群体,根据适应度函数值,选择形成下一代群体。

(6) 判断群体性能是否满足某一指标,或者是否已经完成预定的迭代次数,不满足则返回第(5)步。

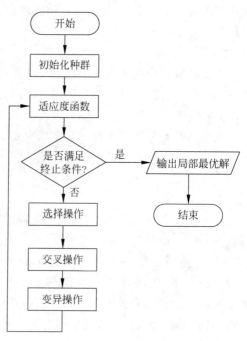

遗传算法有很多具体的不同的实现过程,以上介绍的是标准遗传算法的主要步骤,此算法一直运行到找到满足条件的最优解为止。遗传算法的流程如图 13-2 所示。

图 13-2　遗传算法的流程

13.2.3　遗传算法的应用

遗传算法有 4 个运行参数需要提前设定:①种群大小 M,即群体中所含个体的数量,一般取 20~100;②遗传运算的终止进化代数 T,一般取 100~1000;③交叉概率 P_c,一般取

$0.4 \sim 0.99$；④交叉概率 P_m，一般取 $0.0001 \sim 0.1$。

例 13-1 （续例 12-1）用遗传算法求解例 12-1。

解 遗传算法求解的参数设定如下：种群大小 $M=50$，最大代数 $T=10$，交叉概率 $P_c=1$，变异概率 $P_m=0.1$。一般而言，交叉概率为 1 能保证种群充分进化；变异发生的可能性较小，故设定较小的变异概率。

（1）编码策略。采用十进制编码，用随机序列 $\omega_0, \omega_1, \cdots, \omega_{101}$ 作为染色体，其中 $0 < \omega_i < 1, i=1,2,\cdots,100, \omega_0=0, \omega_{101}=1$，每一个随机序列都与种群中的每一个个体相对应。例如，9 个目标问题的一个染色体为

$$[0.23, 0.82, 0.45, 0.74, 0.87, 0.11, 0.56, 0.69, 0.78]$$

式中，编码位置 i 代表目标 i，位置 i 的随机数表示目标 i 在巡回中的顺序。将这些随机数按升序排列，得到如下巡回：

$$6—1—3—7—8—4—9—2—5$$

（2）初始种群。先利用经典的近似算法——改良圈算法求得一个较好的初始种群，对于随机产生的初始圈：

$$C=\pi_0 \cdots \pi_{u-1} \pi_u \pi_{u+1} \cdots \pi_{v-1} \pi_v \pi_{v+1} \cdots \pi_{101}$$

$$1 \leqslant u < v \leqslant 100, \quad 1 \leqslant \pi_u < \pi_v \leqslant 100$$

交换 u 与 v 之间的顺序，此时的新路径为

$$\pi_0 \cdots \pi_{u-1} \pi_v \pi_{v-1} \cdots \pi_{u+1} \pi_u \pi_{v+1} \cdots \pi_{101}$$

记 $\Delta f = (d_{\pi_{u-1}\pi_v} + d_{\pi_u\pi_{v+1}}) - (d_{\pi_{u-1}\pi_u} + d_{\pi_v\pi_{v+1}})$，若 $\Delta f < 0$，则以新路径修改路径，直到不能修改为止，就得到一个比较好的可行解。重复上述过程，直到产生 M 个可行解，并把这 M 个可行解转换成染色体编码。

（3）目标函数。目标函数为侦察所有目标的路径长度，适应度函数就取为目标函数：

$$\min f(\pi_0, \pi_1, \cdots, \pi_{101}) = \sum_{i=0}^{100} d_{\pi_i \pi_{i+1}} \tag{13-1}$$

（4）交叉操作。交叉操作采用单点交叉，设计如下：对选定的两个父代个体 $f_1 = \omega_0 \omega_1 \cdots \omega_{101}, f_2 = \omega_0' \omega_1' \cdots \omega_{101}'$，随机选取第 t 个基因处为交叉点，则经过交叉运算后得到的子代个体为 s_1 和 s_2。s_1 的基因由 f_1 的前 t 个基因和 f_2 的后 $102-t$ 个基因构成，s_2 的基因由 f_2 的前 t 个基因和 f_1 的后 $102-t$ 个基因构成。例如：

$$f_1 = [0, 0.14, 0.25, 0.27, 0.29, 0.54, \cdots, 0.19, 1]$$
$$f_2 = [0, 0.23, 0.44, 0.56, 0.74, 0.21, \cdots, 0.24, 1]$$

设交叉点为第 4 个基因处，则

$$s_1 = [0, 0.14, 0.25, 0.27, 0.74, 0.21, \cdots, 0.24, 1]$$
$$s_2 = [0, 0.23, 0.44, 0.56, 0.29, 0.54, \cdots, 0.19, 1]$$

交叉操作的方式有多种选择，应该尽可能选取好的交叉方式，保证子代能继承父代的优良特性。

（5）变异操作。变异也是实现群体多样性的一种手段，同时也是全局寻优的保证。其具体设计如下：按照给定的变异概率，对选定变异的个体随机选取 3 个整数，满足 $1 \leqslant u < v < w \leqslant 100$，把 u、v 之间（包括 u 和 v）的基因段插到 w 后面。

（6）选择。采用确定性的选择策略，即在父代种群和子代种群中选择目标函数值最小的 M 个体进化到下一代，这样可以保证父代的优良特性被保存下来。

例 13-2　利用遗传算法求函数 $f(x)$ 在区间 $[-1,4]$ 的最大值。
$$f(x) = x\sin(10\pi x) + 2, \quad x \in [-1, 4]$$

解　（1）导入需要的一些基本模块。

```python
import matplotlib.pyplot as plt
import numpy as np
import random
```

（2）初始化种群。

```python
def ori_popular(num):                          # 初始化原始种群
    popular = []
    for i in range(num):
        x = random.uniform(-1, 4)              # 在[-1,4]范围内生成一个随机浮点数
        popular.append(x)
    return popular
```

（3）编码。

```python
def encode(popular):                           # 编码
    popular_gene = []
    for i in range(0, len(popular)):
        data = int((popular[i] - (-1)) / 3 * 2 ** 18)   # 染色体序列为18位
        bin_data = bin(data)                   # 将整型转换成二进制,其以字符串的形式存在
        for j in range(len(bin_data) - 2, 18):  # 如果序列长度不足则补0
            bin_data = bin_data[0:2] + '0' + bin_data[2:]
        popular_gene.append(bin_data)
    return popular_gene
def decode(popular_gene):          # 解码,即适应度函数。通过基因,即染色体得到个体的适应度值
    fitness = []
    for i in range(len(popular_gene)):
        x = (int(popular_gene[i], 2) / 2 ** 18) * 3 - 1
        value = x * np.sin(10 * np.pi * x) + 2
        fitness.append(value)
    return fitness
```

（4）选择和交叉。

```python
def choice_ex(popular_gene):                    # 选择和交叉。选择轮盘赌法,交叉概率是0.66
    fitness = decode(popular_gene)
    sum_fit_value = 0
    for i in range(len(fitness)):
        sum_fit_value += fitness[i]
    probability = []                            # 各个个体被选择的概率
    for i in range(len(fitness)):
        probability.append(fitness[i]/sum_fit_value)
    probability_sum = []                        # 概率分布
    for i in range(len(fitness)):
        if i == 0:
            probability_sum.append(probability[i])
        else:
            probability_sum.append(probability_sum[i-1] + probability[i])
    popular_new = []                            # 选择
```

```
        for i in range(int(len(fitness)/2)):
            temp = []
            for j in range(2):
                rand = random.uniform(0, 1)          # 在 0～1 随机生成一个浮点数
                for k in range(len(fitness)):
                    if k == 0:
                        if rand < probability_sum[k]:
                            temp.append(popular_gene[k])
                    else:
                        if (rand > probability_sum[k-1]) and (rand < probability_sum[k]):
                        temp.append(popular_gene[k])
            is_change = random.randint(0, 2)         # 交叉,交叉概率是 0.66
            if is_change:
                temps = temp[0][9:15]
                temp[0] = temp[0][0:9] + temp[1][9:15] + temp[0][15:]
                temp[1] = temp[1][0:9] + temp_s + temp[1][15:]
            popular_new.append(temp[0])
            popular_new.append(temp[1])
        return popular_new
```

（5）变异。

```
def variation(popular_new):                          # 变异,变异概率为 0.05
    for i in range(len(popular_new)):
        is_variation = random.uniform(0, 1)
        if is_variation < 0.02:
            rand = random.randint(2, 19)
            if popular_new[i][rand] == '0':
                popular_new[i] = popular_new[i][0:rand] + '1' + popular_new[i][rand+1:]
            else:
                popular_new[i] = popular_new[i][0:rand] + '0' + popular_new[i][rand+1:]
    return popular_new
```

（6）主程序。

```
if __name__ == '__main__':
    num = 100                                        # 初始化原始种群,100 个个体
    ori_popular = ori_popular(num)
    ori_popular_gene = encode(ori_popular)           # 得到原始种群的基因,18 位基因
    new_popular_gene = ori_popular_gene
    y = []
    for i in range(1000):                            # 迭代次数,繁殖 1000 代
        new_popular_gene = choice_ex(new_popular_gene)   # 选择和交叉
        new_popular_gene = variation(new_popular_gene)   # 变异
        new_fitness = decode(new_popular_gene)       # 取当代所有个体适应度平均值
        sum_new_fitness = 0
        for j in new_fitness:
            sum_new_fitness += j
        y.append(sum_new_fitness/len(new_fitness))
    x = np.linspace(0, 1000, 1000)
    fig = plt.figure()
    axis = fig.add_subplot(111)
    axis.plot(x, y)
```

```
plt.xlabel('number of iterations')
plt.ylabel('fitness')
plt.show()
```

运行结果如图 13-3 所示。

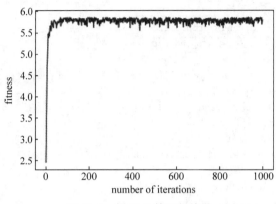

图 13-3　例 13-2 的运行结果

由图 13-3 可以看到,经过遗传算法循环多次选择交叉变异的过程,函数越来越接近最优解。

例 **13-3**　利用遗传算法求函数 $f(x,y)=x^2+\sin(2y)$ 在区域 $[-5,5]\times[-5,5]$ 的最大值。

解　(1)定义初始参数,代码如下:

```
import numpy as np
DNA_size = 24                              # 个体编码长度
POPULATION_size = 200                      # 种群大小
GENERATION_NUMBER = 50                     # 世代数目
CROSS_RATE = 0.8                           # 交叉概率
VARIATION_RATE = 0.01                      # 变异概率
X_range = [-5,5]                           # X 范围
Y_range = [-5,5]                           # Y 范围
```

(2)定义目标函数,代码如下:

```
# 目标函数
def problem_function(x, y):
    return x ** 2 + np.sin(2 * y)
```

(3)编码和解码,代码如下:

```
# 编码和解码
def decoding_DNA(population_matrix):
    x_matrix = population_matrix[:, 1::2]
    y_matrix = population_matrix[:, 0::2]
    decoding_vector = 2 ** np.arange(DNA_size)[::-1]
    population_x_vector = x_matrix.dot(decoding_vector) / (2 ** DNA_size - 1) * (X_range[1] -
X_range[0]) + X_range[0]
    population_y_vector = y_matrix.dot(decoding_vector) / (2 ** DNA_size - 1) * (Y_range[1] -
Y_range[0]) + Y_range[0]
    return population_x_vector, population_y_vector
```

（4）交叉，代码如下：

```
# 交叉
def DNA_cross(child_DNA, population_matrix):
    if np.random.rand() < CROSS_RATE:
        # 种群中随机选择一个个体作为母亲
        mother_DNA = population_matrix[np.random.randint(POPULATION_size)]
        cross_position = np.random.randint(DNA_size * 2)        # 随机选取交叉位置
# 孩子获得交叉位置处母亲基因
child_DNA[cross_position:] = mother_DNA[cross_position:]
```

（5）变异，代码如下：

```
# 变异
def DNA_variation(child_DNA):
    if np.random.rand() < VARIATION_RATE:
        variation_position = np.random.randint(DNA_size * 2)      # 随机选取变异位置
        # 异或门反转二进制位
        child_DNA[variation_position] = child_DNA[variation_position] ^ 1
```

（6）更新种群，代码如下：

```
# 更新种群
def update_population(population_matrix):
    new_population_matrix = []
    # 遍历种群所有个体
    for father_DNA in population_matrix:
        child_DNA = father_DNA                                   # 孩子先得到父亲的全部染色体
        DNA_cross(child_DNA, population_matrix)                  # 交叉
        DNA_variation(child_DNA)                                 # 变异
        new_population_matrix.append(child_DNA)                  # 添加到新种群中
    new_population_matrix = np.array(new_population_matrix)      # 转换数组
    return new_population_matrix
# 获取适应度向量
def get_fitness_vector(population_matrix):
    # 获取种群 x 和 y 向量
    population_x_vector, population_y_vector = decoding_DNA(population_matrix)
    # 获取适应度向量
    fitness_vector = problem_function(population_x_vector, population_y_vector)
    # 适应度修正，保证适应度大于 0
    fitness_vector = fitness_vector - np.min(fitness_vector) + 1e-3
    return fitness_vector
```

（7）自然选择，代码如下：

```
# 自然选择
def natural_selection(population_matrix, fitness_vector):
    index_array = np.random.choice(np.arange(POPULATION_size),  # 被选取的索引数组
                    size = POPULATION_size,                     # 选取数量
                    replace = True,                             # 允许重复选取
                    p = fitness_vector / fitness_vector.sum())  # 数组每个元素的获取概率
    return population_matrix[index_array]
```

（8）结果，代码如下：

```
#结果
def print_result(population_matrix):
    fitness_vector = get_fitness_vector(population_matrix)              #获取适应度向量
    optimal_fitness_index = np.argmax(fitness_vector)                  #获取最大适应度
    print('最佳适应度为: ', fitness_vector[optimal_fitness_index])
    print('最优基因型十进制表示为: ', (population_x_vector[optimal_fitness_index],
population_y_vector[optimal_fitness_index]))
if __name__ == '__main__':
    population_matrix = np.random.randint(2, size = (POPULATION_size, DNA_size * 2))
    for _ in range(GENERATION_NUMBER):
        #获取种群 x 和 y 向量
        population_x_vector, population_y_vector = decoding_DNA(population_matrix)
        population_matrix = update_population(population_matrix)        #更新种群
        fitness_vector = get_fitness_vector(population_matrix)         #获取适应度向量
        population_matrix = natural_selection(population_matrix, fitness_vector)   #自然选择
        print_result(population_matrix)                               #打印结果
```

输出结果如下：

最佳适应度为: 2.572651014361567
最优基因型十进制表示为: (−4.936736818357517, −2.5803183067034667)

13.3　遗传算法的改进

遗传算法在应用中也会出现一些不尽如人意的问题，这些问题容易导致早熟现象、局部寻优能力较差、运行效率较低等。在应用遗传算法解决各种实际问题时，遗传算法会由于各种原因过早地向目标函数的局部最优解收敛，从而难以找到全局最优解，该现象称为早熟现象。针对这些问题，已有的研究做了如下改进。

13.3.1　改进基本遗传算法的遗传算子

针对基本遗传算法的缺陷，最直接的方式就是在遗传算法的结构上进行改进，主要的改进点有改进初始种群、改进选择算子、改进交叉算子、改进变异算子。

1. 改进初始种群

改进初始种群是指以各种不同的局部最优个体构成初始种群后再进行遗传（二重演化）。例如，使用拟随机序列可以产生具有低差异度的个体，其以牺牲随机性为代价，换取均匀性的提高。目前已提出的拟随机序列主要有 VanderVorput 序列、Faure 序列、Sobol 序列、Halton 序列及 Niederreiter 的 (t, s) 序列。其中，Halton 序列是一个标准的低差异序列。与其他低差异序列相比，Halton 序列执行起来要简单得多，因为它对每一维利用基本的逆函数，而用逆函数产生小数比较容易实现。

2. 改进选择算子

为确保适应度比平均适应度大的一些个体一定能保留到下一代，选择误差比较小，有学者提出了无放回余数随机选择算子。也有人提出了最优选择和竞争选择的组合选择算法，

其基本思想为按概率随机选出一个集合,将个体按照适应度降序排序,依次选出适应度高的个体;或者将种群按照适应度降序排序,进行四等分,将适应度中等的 $\frac{2}{4}$ 等分复制直接作为下一代个体,适应度低的 $\frac{1}{4}$ 等分删除,适应度高的 $\frac{1}{4}$ 等分复制成两份作为下一代个体来改进选择算子。

3. 改进交叉算子

①避免近亲繁殖的交叉策略,即在交叉操作后仅保留产生的新个体中适应度值大的那一个,尽量避免下一代中出现近亲繁殖。②或者对交叉个体进行相似度评定,低于相似度阈值再给予交叉的机会,否则不执行交叉算子。③加入聚类的交叉算子,即对种群聚类,按概率随机选出一个个体,确定其类编号,选出该类中的最优个体与之交叉,再选与其所属类最远的类中的随机个体与之交叉,从两种交叉得到的个体中选出最优的个体作为下一代的个体。④还有小范围竞争择优的交叉变异操作,其基本思想为对父代进行 n 次交叉变异操作,生成 $2n$ 个不同个体,选出其中适应度最高的个体进入子代种群,反复随机选择父代,重复以上操作,直到生成设定个数的子代种群为止。

4. 改进变异算子

自适应变异概率是一种改进算法,其基本思想为劣势个体变异概率偏大,优秀个体变异概率偏小。与进化代数相关的交叉概率,即随着进化过程的推进,概率逐渐减小,趋于某一个稳定值,避免对算法后期的稳定性造成冲击而导致算法不能收敛,或者收敛时间变长;或者变异个体的适应度值若比种群的平均适应度值大,则给定较小的变异概率,否则给予较大的变异概率。

13.3.2 自适应遗传算法

自适应遗传算法旨在通过以不同的方式实现搜索和随机性之间的权衡,根据适应度值自适应地改变 P_c 和 P_m 的值。交叉概率 P_c 和变异概率 P_m 对遗传算法性能有很大的影响,直接影响算法的收敛性。虽然 P_c 较大的时候种群更容易产生新个体,但是当其变大时,优良个体在种群中的保留率相应降低。对 P_m 来说,若其过大,则本算法相当于普通的随机算法,会失去遗传算法的意义。本小节直接给出 Srinivas 提出的自适应遗传算法方法:

$$P_c = \begin{cases} P_{c1} - \dfrac{(P_{c1}-P_{c2})(f'-f_{avg})}{f_{max}-f_{avg}}, & f' \geqslant f_{avg} \\ P_{c1}, & f' < f_{avg} \end{cases} \tag{13-2}$$

$$P_m = \begin{cases} P_{m1} - \dfrac{(P_{m1}-P_{m2})(f_{max}-f)}{f_{max}-f_{avg}}, & f \geqslant f_{avg} \\ P_{m1}, & f < f_{avg} \end{cases} \tag{13-3}$$

式中,f_{max} 为群体中最大的适应度值;f_{avg} 为每代群体的平均适应度值;f 为要变异个体的适应度值;f' 为要交叉的两个个体中较大的适应度值;$P_{c1}=0.9$,$P_{c2}=0.6$,$P_{m1}=0.1$,$P_{m2}=0.001$。

13.3.3 引入层次遗传模式的遗传算法

双种群遗传算法是一种引入层次遗传模式的算法,其思路:先产生一个种群,然后将其分为大小相同的两个子种群,两个子种群采用一样的选择策略、交叉算子和变异算子,分别进化一定代以后,将两个子种群的最优个体进行交叉,再与各种群剩余的个体合并,在合并时,用两个子种群原有的最优个体代替适应度最低的个体。最后,新种群再进行遗传算法操作。通过这种操作,在逐渐单一的种群中注入了新的个体,而且这些新注入的个体是由已经经过一定进化选择得到的优秀个体交叉产生的,从而使新的种群更有效地向最优解收敛。

高层遗传算法:首先随机地产生样本,然后将它们分成若干个子种群,对每个子种群独立地运行各自的遗传算法,在每个子种群的遗传算法运行到一定代数后,将每个遗传算法的结果种群记录到二维数组,同时将每个结果种群的平均适应度值记录到数组。高层遗传算法与标准遗传算法的操作类似。算法进行到一定代数后,将结果传回高层遗传算法。每个子种群再次各自运行到一定代数后,再次更新数组,并开始高层遗传算法的第二轮运行。以此往复,直至得到满意的结果。

13.3.4 混合遗传算法

虽然上述算法对遗传算法做了一些改进,但仅从遗传算法自身进行改进并不能很好地消除某些缺点,如容易产生早熟现象、局部寻优能力较差、运行效率较低。梯度法、爬山法、模拟退火算法等一些优化算法具有很强的局部搜索能力。显然,在遗传算法的搜索过程中融合这些优化算法的思想,构成一种混合遗传算法,可以提高运行效率和求解的质量。混合遗传算法主要有以下两个特点。

(1) 引入了局部搜索过程。基于群体中各个个体对应的表现型进行局部搜索,从而找出各个个体在目前环境下对应的局部最优解,以便达到改善群体总体性能的目的。

(2) 增加了编码变换操作过程。对局部搜索过程得到的局部最优解,再通过编码过程将它们变换为新的个体,以便能够以一个性能较优的新群体为基础进行下一代的遗传进化操作。

用标准遗传算法和其他优化算法构成混合遗传算法应遵循下面3条基本原则。

(1) 尽量采用原有算法的编码。

(2) 利用原有算法的优点。

(3) 改进遗传算子。设计能适应新的编码方式的遗传算子,并在遗传算子中融入与问题相关的启发式知识,这样就可使混合遗传算法既能够保持遗传算法的全局寻优特点,又能够提高其运行效率。

下面在上述3条原则的基础上,将标准遗传算法和模拟退火算法混合构成混合遗传算法。遗传模拟退火算法与标准遗传算法的总体运行过程类似,也是从一组随机产生的初始群体开始全局最优解的搜索过程,先通过选择、交叉和变异等操作产生一组新的个体,然后独立地对产生的各个个体进行模拟退火过程,以其结果作为下一代群体中的个体。该运行过程反复迭代地进行,直到满足某个终止条件为止。

遗传模拟退火算法可描述如下。

(1) 进化代数计数器初始化 $t \leftarrow 0$。

(2) 随机产生初始群体 $p_0(t)$,并计算群体 $p_0(t)$ 的适应度。

(3) 对个体进行交叉、变异操作,得到 $p_1(t)$。

(4) 对个体进行模拟退火操作,得到 $p_0(t)$,并计算群体 $p_2(t)$ 的适应度。

（5）对 $p_0(t)$ 和 $p_2(t)$ 的个体进行选择、复制操作，得到下一代群体 $p_0(t+1)$。

（6）终止条件判断。若不满足终止条件，则 $t \leftarrow t+1$，转到（3）；若满足终止条件，则输出当前最优个体，算法结束。

本 章 小 结

本章首先介绍了遗传算法的生物学概念，讲解了遗传算法的基本理论，梳理了遗传算法的步骤；然后，引入了遗传算法求解函数极值的应用实例，并且基于第三方模块 Sklearn 介绍了遗传算法的 Python 实现；最后，介绍了遗传算法的 4 种改进：在遗传算法的结构上进行改进的遗传算法、自适应遗传算法、引入层次遗传模式的遗传算法和混合遗传算法。从整体来看，遗传算法是一种全局优化搜索算法，能够得到问题的最优解，在数学建模中使用广泛。希望读者可以熟悉掌握遗传算法原理，能够使用 Python 实现遗传算法，并用于解决建模问题。

习 题

1. 利用遗传算法求解下列非线性规划问题：

$$\min f(\boldsymbol{x}) = (x_1 - 2)^2 + (x_2 - 1)^2$$
$$\text{s. t. } x_1 - 2x_2 + 1 \geqslant 0$$
$$\frac{x_1^2}{4} - x_2^2 + 1 \geqslant 0$$

2. 利用遗传算法求解下列非线性规划问题：

$$\max z = x_1^2 + x_2^2 + 3x_3^2 + 4x_4^2 + 2x_5^2 - 8x_1 - 2x_2 - 3x_3 - x_4 - 2x_5$$
$$\begin{cases} 0 \leqslant x_i \leqslant 99, \quad i = 1, 2, \cdots, 5 \\ x_1 + x_2 + x_3 + x_4 + x_5 \leqslant 400 \\ x_1 + 2x_2 + 2x_3 + x_4 + 6x_5 \leqslant 800 \\ 2x_1 + x_2 + 6x_3 \leqslant 200 \\ x_3 + x_4 + 5x_5 \leqslant 200 \end{cases}$$

3. 利用遗传算法求解函数 $f(x) = x + 10\sin(5x) + 7\cos(4x)$ 在区间 $[0, 9]$ 的最大值。

4. 利用遗传算法求解下列二元函数的最大值：

$$\max f(x_1, x_2) = x_1^2 + x_2^2$$
$$\text{s. t. } x_1 \in \{1, 2, 3, 4, 5, 6, 7\}$$
$$x_2 \in \{1, 2, 3, 4, 5, 6, 7\}$$

5. 利用遗传算法求解 Rosenbrock 函数的极大值：

$$\begin{cases} f(x_1, x_2) = 100(x_1^2 - x_2)^2 + (1 - x_1)^2 \\ -2.048 \leqslant x_i \leqslant 2.048, \quad i = 1, 2 \end{cases}$$

第 14 章　粒子群优化算法

重点内容

◇ 粒子群优化算法的基本原理；

◇ 粒子群优化算法的参数选择；

◇ 粒子群优化算法的改进策略。

难点内容

◇ 粒子群优化算法的 Python 实现；

◇ 粒子群优化算法的参数设置。

粒子群优化算法（Particle Swarm Optimization，PSO）最早由美国电气工程师罗素·埃伯哈特（Russell Eberhart）和心理学家詹姆斯·肯尼迪（James Kennedy）于 1995 年提出，是一种基于迭代的优化方法，也是一种基于群智能（Swarm Intelligence）的随机优化算法。粒子群优化算法的基本概念源于对鸟群觅食行为的研究，在对动物集群活动行为观察的基础上，利用群体中的个体对信息的共享使整个群体的运动在问题求解空间中产生从无序到有序的演化过程，从而获得最优解。在粒子群优化算法中，每个优化问题的潜在解都是搜索空间内的"一只鸟"，称为粒子，解群相当于一个鸟群，从一地到另一地的迁徙相当于解群的进化，"好消息"相当于解群每代进化中的最优解，食物源相当于全局最优解。粒子群优化算法的优势在于简单容易实现，同时又有深刻的智能背景，既适合科学研究，又适合工程应用。本章思维导图如图 14-1 所示，首先介绍粒子群优化算法的基本原理，然后讲解其算法流程及应用实例，最后介绍粒子群优化算法的改进。

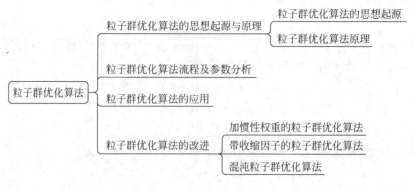

图 14-1　本章思维导图

14.1 粒子群优化算法的思想起源与原理

14.1.1 粒子群优化算法的思想起源

为了探索鸟类形为的奥妙,研究者通过对每个个体的行为建立简单的数学模型,在计算机上模拟和再现这些群体行为。社会生物学家威尔逊(Wilson)认为:"至少从理论上说,群体中的单个成员在搜寻食物的过程中能够利用其他成员曾经勘测和发现的关于食物位置的信息,在事先不确定食物的方位时,这种信息的利用是至关重要的,这种信息分享的机制远远超过了由于群体成员之间的竞争而导致的不利之处。"以上对于动物群体的观察说明,群体成员之间的信息分享非常重要,这一点也是粒子群优化算法得以建立的基本原理之一。研究者的另一个动机是希望模拟人的社会行为,即单个的人怎样通过调节个人的行为以便与其他社会成员和谐一致,并取得最有利于自己的位置。单个的人为了避免与其他社会成员发生冲突,通常利用自己以前的经验和其他社会成员的经验调整自己的行为,这是粒子群优化算法设计思想的另一个源泉。

简单的人工生命系统是 Boid(Bird-oid)模型,1987 年雷诺提出此模型,用以模拟鸟类聚集飞行的行为。在该模型中,每个个体的行为只与它周围邻近个体的行为有关,每个个体只需遵循以下 3 条规则。

(1)避免碰撞(Collision Avoidance):避免和邻近的个体相碰撞。

(2)速度一致(Velocity Matching):与邻近的个体的平均速度保持一致。

(3)向中心聚集(Flock Centering):向邻近个体的平均位置移动。

鸟群中的每只鸟在初始状态下是处于随机位置向各个随机方向飞行的,但是随着时间的推移,这些初始处于随机状态的鸟通过自组织(Self-organization)逐步聚集成一个个小的群落,并且以相同速度朝着相同的方向飞行。几个小的群落又聚集成大的群落,大的群落可能又分散为一个个小的群落。这些行为和现实中鸟类的飞行特性是一致的。这个早期的简单模型是这样设想的:每只鸟的个体用直角坐标系上的点表示,给它们随机地赋一个初速度和初位置,程序运行的每一步都按照"最近邻速度匹配"规则,使某个个体的最近邻点的速度变得与它一样,如此迭代计算下去,很快就会使所有点的速度变得一样。因为该模拟太简单而且远离真实情况,因此在速度项中加了一个随机变量,即迭代的每一步,除满足"最近邻速度匹配"规则外,每一步速度还要加一个随机变化的量,这样会使整个模拟看起来更真实。

粒子群优化算法起初只是设想模拟鸟群觅食的过程,但后来人们发现该算法是一种很好的优化工具。其基本思想源于对鸟类觅食过程中迁徙和聚集的模拟,通过鸟之间的集体协作和竞争达到目的。设想这样一个场景:一群鸟在随机搜索食物,在该区域里只有一块食物,所有的鸟都不知道食物在哪里,但是它们知道自己当前的位置距离食物还有多远。那么找到食物的最简单有效的策略是什么?最简单有效的策略就是搜寻目前鸟群中离食物最近的鸟的周围区域,根据自己的飞行经验判断食物所在。粒子群优化算法就从这种生物种群行为特性中得到启发并用于求解最优化问题的。

14.1.2　粒子群优化算法原理

粒子群优化算法的基本思想是通过群体中个体之间的协作和信息共享寻找最优解,通过设计一种无质量的粒子模拟鸟群中的鸟,首先随机初始化一群粒子(随机解),在每一次迭代中,粒子通过跟踪两个极值更新自己:一个是粒子本身所找到的最优解,称为个体极值点(用 pbest 表示其位置);另一个是整个种群目前找到的最优解,称为全局极值点(用 gbest 表示其位置)。粒子仅具有两个属性:速度和位置,速度代表移动的快慢,位置代表移动的方向。

每个粒子都被视为 D 维空间中的一个点,第 i 个粒子表示为

$$X_i = (x_{i1}, x_{i2}, \cdots, x_{iD}), \quad i = 1, 2, \cdots, N \tag{14-1}$$

第 i 个粒子的位置变化率(速度)记为

$$V_i = (v_{i1}, v_{i2}, \cdots, v_{iD}), \quad i = 1, 2, \cdots, N \tag{14-2}$$

第 i 个粒子目前为止搜索到的最优位置称为个体极值,记为

$$\text{pbest} = (p_{i1}, p_{i2}, \cdots, p_{iD}), \quad i = 1, 2, \cdots, N \tag{14-3}$$

整个粒子群目前为止搜索到的最优位置称为全局极值,记为

$$\text{gbest} = (g_{i1}, g_{i2}, \cdots, g_{iD}), \quad i = 1, 2, \cdots, N \tag{14-4}$$

每个粒子在搜索空间中单独搜寻最优解,并将其记为当前个体极值。个体极值与整个粒子群里的其他粒子共享,找到最优的那个个体极值作为整个粒子群优化的当前全局最优解,所有粒子都根据当前个体极值与全局最优解调整自己的速度和位置。粒子通过下面的公式更新自己的速度和位置:

$$v_{id}^{k+1} = v_{id}^k + c_1 \times r_1 \times (\text{pbest}_{id}^k - x_{id}^k) + c_2 \times r_2 \times (\text{gbest}_{id}^k - x_{id}^k) \tag{14-5}$$

$$x_{id}^{k+1} = x_{id}^k + v_{id}^{k+1} \tag{14-6}$$

式中,$i(i = 1, 2, \cdots, N)$ 为粒子种群的大小。种群大小的选择视具体情况而定,一般设置粒子数为 20~50,粒子的数目越多,算法的搜索范围越大,越容易找到全局最优解,同时算法的运行时间也越长。v_{id}^k 为粒子 i 在第 k 次迭代中第 d 维的飞行速度。x_{id}^k 为粒子 i 在第 k 次迭代中第 d 维的当前位置。r_1 和 r_2 为介于 $[0,1]$ 的随机数,可以增加粒子寻优过程的随机性。c_1 和 c_2 为加速系数(或称学习因子),通常 $c_1 = c_2 = 2$。这两项参数分别用于调整粒子的自身经验与社会经验在其运动中所起的作用,表示将每个粒子推向 pbest 和 gbest 位置的统计加速项的权重。粒子的每一维速度 v_d 的最大值为 $v_{d\max}(v_{id} > 0)$,如果 $v_{id} > v_{d\max}$,则令 $v_{id} = v_{d\max}$,可以根据实际问题需要自行设置粒子速度最大值。pbest_{id} 为粒子 i 在第 d 维的个体极值点的位置。gbest_{id} 为整个种群在第 d 维的全局极值点的位置。

以式(14-5)和式(14-6)为基础,形成了粒子群优化算法的基本形式。

粒子的速度更新公式包含 3 部分:第 1 部分称为"记忆"部分,表示粒子当前速度对粒子飞行行为的影响,提供了粒子在搜索空间飞行的动力;第 2 部分称为"个体认知"部分,代表粒子的个体经验,促使粒子朝着自身所经历过的最优位置移动;第 3 部分称为"群体认知"部分,代表群体经验对粒子飞行轨迹的影响,促使粒子朝着群体发现的最优位置移动。这 3 部分共同决定了粒子的空间搜索能力,其中第 1 部分起到了平衡全局和局部搜索的作用;第 2 部分使粒子有了足够强的全局搜索能力,避免局部极小;第 3 部分体现了粒子间的信息共享。在这 3 部分的共同作用下,粒子能有效地到达最优位置。

14.2　粒子群优化算法流程及参数分析

粒子群优化算法的流程如下(见图14-2)。

(1) 初始化粒子群优化体(群体规模为 N),设置最大的速度区间,位置信息即为整个搜索空间,在速度区间和搜索空间上随机初始化速度和位置。

(2) 根据适应度函数,得出每一个粒子的适应度值 $\mathrm{fit}(i)$,并得到粒子的历史最优位置(个体极值)和群体的全局最优位置(全局极值)。

(3) 对于群体中的每一个粒子,将其当前适应度值 $\mathrm{fit}(i)$ 与个体历史最优位置(个体极值)对应的适应度值做比较,如果 $\mathrm{fit}(i)<\mathrm{pbest}(i)$,则用 $\mathrm{fit}(i)$ 替换 $\mathrm{pbest}(i)$。

(4) 对于群体中的每一个粒子,将其当前适应度值 $\mathrm{fit}(i)$ 与全局最优位置(全局极值)对应的适应度值做比较,如果 $\mathrm{fit}(i)<\mathrm{gbest}$,则用 $\mathrm{fit}(i)$ 替换 gbest。

(5) 根据速度和位置的更新公式更新每个粒子的速度与位置。

(6) 如未满足结束条件,则返回第(2)步。通常算法达到最大迭代次数或最佳适应度值的增量小于某个给定的阈值时停止。

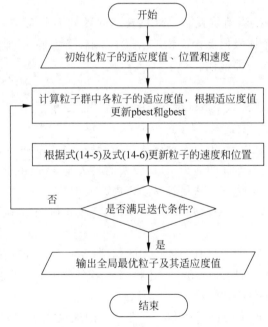

图 14-2　粒子群优化算法流程

每一维粒子的速度都会被限制在一个最大速度 $v_{d\max}$ 之内,如果某一维更新后的速度超过用户设定的 $v_{d\max}$,那么这一维的速度就被设定为 $v_{d\max}$。粒子群优化算法将每一个可能产生的解表述为群中的一个粒子,每个粒子都具有自己的位置向量和速度向量,每个位置都代表一个参数值。因此,对一个 N 维优化问题而言,在 N 维空间中的每一个位置的粒子都代表优化问题中的一个解,而位置就代表等待优化调整的参数。

经过一次循环之后,具有最优适应度值的位置可称为群体最优解。同时,每个粒子又都具有其自身的最优轨迹,保持这种方向的位置定位称为个体最优解。每个粒子的位置和速度都以随机方式进行初始化,而后粒子的速度就朝着全局最优和个体最优的方向靠近。位置的更新由粒子的速度和移动所花费的时间决定,在运动过程中,将对每个位置的适应度不断进行评价。如果某个粒子的适应度优于全局最优适应度,则该粒子所处位置就成为粒子群最优位置,这样全局最优解将不断更新为群最优位置。另外,在粒子群的运动过程中,每个粒子的自身适应度也可能出现更优值,此时可将个体最优解更新为该位置。粒子在向全局最优解转移的同时,也向个体最优解靠拢。

对于粒子群优化算法,控制参数是算法性能和效率的显著影响因素。一般来说,在实际的优化问题中,使用者会根据对问题的理解,利用经验来选择参数。粒子群算法的主要参数包括:种群中粒子的数量、最大速度 v_{max}、学习因子 c_1 和 c_2、停止准则、邻域结构的设定和边界条件处理策略等,本节主要介绍前三者。

1. 种群中粒子的数量

种群的大小是粒子群优化算法的关键参数之一。粒子数太少,容易使粒子陷入局部最小值;但粒子数到达一定数量后,再增加粒子,算法性能也不会有太大的改善,而且会增大算法的时间复杂度。大多数实验使用的粒子数为 20～40,粒子数的选择与具体问题有关,对于一些高维函数优化问题,粒子数也需相应增加。

2. 最大速度 v_{max}

最大速度 v_{max} 是决定当前位置与最优位置之间区域的分辨率(或精度),如果 v_{max} 较大,则粒子有可能飞过个体极值点;如果 v_{max} 较小,则粒子不能在个体极值点的范围内进行足够的探索,可能会陷入局部最优。

3. 学习因子 c_1 和 c_2

如果粒子的速度更新公式中认知部分只有"记忆"部分和"群体认知"部分,即 $c_1=0$。

$$v_{id}^{k+1} = v_{id}^k + c_2 \times r_2 \times (\text{gbest}_{id}^k - x_{id}^k) \tag{14-7}$$

则粒子会失去自我认知能力,变为只有群体认知的模型,此时称为全局粒子群优化算法。该算法中,粒子具有扩展搜索空间的能力,具有较快的收敛速度,但由于缺少局部搜索,对于复杂问题,其比标准的粒子群优化算法更容易陷入局部最优。

如果粒子的速度更新公式中认知部分只有"记忆"部分和"个体认知"部分,即 $c_2=0$。

$$v_{id}^{k+1} = v_{id}^k + c_1 \times r_1 \times (\text{pbest}_{id}^k - x_{id}^k) \tag{14-8}$$

则粒子之间没有信息共享,变为只有个体认知的模型,此时称为局部粒子群优化算法。该算法中,由于个体之间没有信息交流,整个群体相当于多个粒子进行盲目的随机搜索,收敛速度慢,因此得到最优解的可能性较小。

当 $c_1=c_2=0$ 时,种群中的粒子将会继承上一次的速度大小和方向飞行,直到边界,这时粒子群优化算法等价于随机搜索算法,很难找到全局最优解。

与遗传算法相比,粒子群优化算法没有交叉和变异运算,依靠粒子速度完成搜索,并且在迭代过程中只有最优粒子把信息传递给其他粒子,搜索速度快;此外,粒子群优化算法具有记忆性,粒子群体的历史最好位置可以记忆并传递给其他粒子;另外,此算法需要调整的参数较少,结构简单,易于编程实现。然而,粒子群优化算法缺少对粒子速度的动态调节,容易陷入局部最优,导致收敛精度低和不易收敛;在参数的控制方面,对于不同的情形,如何选择合适的参数以达到最优效果也是粒子群优化算法的一大难题。

14.3 粒子群优化算法的应用

例 14-1 已知函数 $y=f(x_1,x_2)=x_1^2+x_2^2$,其中 $-10 \leqslant x_1,x_2 \leqslant 10$,用粒子群优化算法求解 y 的最小值。

解 初始化:假设种群大小 $N=3$,在搜索空间中随机初始化每个粒子的速度和位置,计算适应度函数值,并得到粒子的历史最优位置和群体的全局最优位置。

$$p_1 = \begin{cases} V_1=(3,2) \\ X_1=(8,-5) \end{cases} \begin{cases} f_1=8^2+(-5)^2=64+25=89 \\ \text{pbest}_1=X_1=(8,-5) \end{cases}$$

$$p_2 = \begin{cases} V_2=(-3,-2) \\ X_2=(-5,9) \end{cases} \begin{cases} f_2=(-5)^2+9^2=25+81=106 \\ \text{pbest}_2=X_2=(-5,9) \end{cases}$$

$$p_3 = \begin{cases} V_3=(5,3) \\ X_3=(-7,-8) \end{cases} \begin{cases} f_3=(-7)^2+(-8)^2=49+64=113 \\ \text{pbest}_3=X_3=(-7,-8) \end{cases}$$

$$\text{gbest}=\text{pbest}_1=(8,-5)$$

根据自身的历史最优位置和全局最优位置,更新粒子的速度和位置。

$$p_1 = \begin{cases} V_1=\omega \times V_1+c_1 \times r_1 \times (\text{pbest}_1-X_1)+c_2 \times r_2 \times (\text{gbest}-X_1) \\ \rightarrow V_1 = \begin{cases} 0.5 \times 3+0+0=1.5 \\ 0.5 \times 2+0+0=1 \end{cases} =(1.5,1) \\ X_1=X_1+V_1=(8,-5)+(1.5,1)=(9.5,-4) \end{cases}$$

$$p_2 = \begin{cases} V_2=\omega \times V_2+c_1 \times r_1 \times (\text{pbest}_2-X_2)+c_2 \times r_2 \times (\text{gbest}-X_2) \\ \rightarrow V_2 = \begin{cases} 0.5 \times (-3)+0+2 \times 0.3 \times [8-(-5)]=6.3 \\ 0.5 \times (-2)+0+2 \times 0.1 \times [(-5)-9]=1.8 \end{cases} =(6.3,1.8) \\ X_1=X_1+V_1=(-5,9)+(6.3,1.8)=(1.3,10.8)=(1.3,10) \end{cases}$$

注意:对于越界的位置,需要进行合理性调整。

$$p_3 = \begin{cases} V_3=\omega \times V_3+c_1 \times r_1 \times (\text{pbest}_3-X_3)+c_2 \times r_2 \times (\text{gbest}-X_3) \\ \rightarrow V_2 = \begin{cases} 0.5 \times 5+0+2 \times 0.05 \times [8-(-7)]=4 \\ 0.5 \times 3+0+2 \times 0.8 \times [(-5)-(-8)]=6.3 \end{cases} =(4,6.3) \\ X_1=X_1+V_1=(-7,-8)+(4,6.3)=(-3,-1.7) \end{cases}$$

式中,ω 为惯性因子,这里假定为 0.5;c_1 和 c_2 为学习因子,通常取值为 2;r_1 和 r_2 为介于 $(0,1)$ 的随机数。

评估粒子的适应度值,更新粒子的历史最优位置和全局最优位置。

$$f_1^*=9.5^2+(-4)^2=90.25+16=106.25>f_1=89$$

$$\begin{cases} f_1=89 \\ \text{pbest}_1=(8,-5) \end{cases}$$

$$f_2^*=1.3^2+10^2=1.69+100=121.69<106=f_2$$

$$\begin{cases} f_2 = f_2^* = 121.69 \\ \text{pbest}_2 = X_2 = (1.3,10) \end{cases}$$

$$f_3^* = (-3)^2 + (-1.7)^2 = 9 + 2.89 = 11.89 < 113 = f_3$$

$$\begin{cases} f_3 = f_3^* = 11.89 \\ \text{pbest}_3 = X_3 = (-3, -1.7) \end{cases}$$

$$\text{gbest} = \text{pbest}_3 = (-3, -1.7)$$

若满足结束条件,则输出全局最优位置并结束,否则继续更新粒子的速度和位置,继续进行迭代,直至满足结束条件,输出全局最优位置。

例 14-2 已知函数 $y = x^2$,其中 $-10 \leqslant x \leqslant 10$,用粒子群优化算法求解 y 的最小值。

解 Python 程序如下:

```python
# 导入模块
import numpy as np
import random
import matplotlib.pyplot as plt
class PSO():
# 粒子群优化算法参数设置,初始化参数
    def __init__(self, pN, dim, max_iter):
        self.w = 0.5
        self.c1 = 2
        self.c2 = 2
        self.r1 = random.randint(0,1)
        self.r2 = random.randint(0,1)
        self.pN = pN                                    # 粒子数量
        self.dim = dim                                  # 搜索维度
        self.max_iter = max_iter                        # 迭代次数
        self.X = np.zeros((self.pN, self.dim))          # 所有粒子的位置
        self.V = np.zeros((self.pN, self.dim))          # 所有粒子的速度
        self.pbest = np.zeros((self.pN, self.dim))      # 个体经历的最佳位置和全局最佳位置
        self.gbest = np.zeros((1, self.dim))
        self.p_fit = np.zeros(self.pN)                  # 每个个体的历史最佳适应度值
        self.fit = 1e10                                 # 全局最佳适应度值


# 目标函数
def function(self, X):
    return X ** 2


# 初始化种群
def init_Population(self):
    for i in range(self.pN):                            # 因为要随机生成 pN 个数据,所以需要循环 pN 次
        for j in range(self.dim):                       # 每一个维度都需要生成速度和位置,故循环 dim 次
            self.X[i][j] = random.uniform(-10, 10)
            self.V[i][j] = random.uniform(-10, 10)
        self.pbest[i] = self.X[i]                       # 其实就是给 self.pbest 定值
        tmp = self.function(self.X[i])                  # 得到当前值
        self.p_fit[i] = tmp                             # 该个体历史最佳位置
        if tmp < self.fit:                              # 得到现在最优和历史最优并比较大小,如果
                                                        # 现在最优大于历史最优,则更新历史最优
```

```
                    self.fit = tmp
                    self.gbest = self.X[i]

        #更新粒子位置
        def iterator(self):
            fitness = []
            for t in range(self.max_iter):              #迭代次数
                for i in range(self.pN):                #更新 gbest/pbest
                    temp = self.function(self.X[i])
                    if temp < self.p_fit[i]:            #更新个体最优
                        self.p_fit[i] = temp
                        self.pbest[i] = self.X[i]
                        if self.p_fit[i] < self.fit:    #更新全局最优
                            self.gbest = self.X[i]
                            self.fit = self.p_fit[i]
                for i in range(self.pN):
                    self.V[i] = self.w * self.V[i] + self.c1 * self.r1 * (self.pbest[i] -
                            self.X[i]) + \
                            self.c2 * self.r2 * (self.gbest - self.X[i])
                    self.X[i] = self.X[i] + self.V[i]
                fitness.append(self.fit)
                print(self.X[0], end = " ")
                print(self.fit)                         #输出最优值
            return fitness

#函数原图像
X = np.arange(-10, 10, 0.001)
Y = X ** 2
plt.xlabel("X", size = 14)
plt.ylabel("Y", size = 14)
plt.plot(X, Y)
#主程序
my_pso = PSO(pN = 30, dim = 1, max_iter = 50)
my_pso.init_Population()
fitness = my_pso.iterator()
#画图
plt.figure(1)
plt.title("Figure1")
plt.xlabel("iterators", size = 14)
plt.ylabel("fitness", size = 14)
t = np.array([t for t in range(0, 50)])
fitness = np.array(fitness)
plt.plot(t, fitness, color = 'b', linewidth = 3)
plt.show()
```

结果如图 14-3 所示。

目标函数为二次曲线 $y=x^2$，在 $[-10,10]$ 区间内存在最小值，最小值为 0，函数图像如图 14-3(a)所示；粒子群优化算法寻找目标函数 $y=x^2$ 在 $[-10,10]$ 区间内最小值的收敛曲线，如图 14-3(b)所示。从图 14-3 中可以看出：

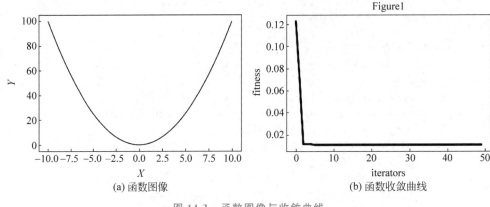

图 14-3　函数图像与收敛曲线

（1）粒子群优化算法的最优解能够无限接近目标函数最小值。

（2）粒子群优化算法能够快速收敛到目标函数最小值。

因此,粒子群优化算法是一种能够快速寻找目标函数最优解的群智能优化算法。

14.4　粒子群优化算法的改进

粒子群优化算法的改进包括两个方面：一方面是将其他先进理论引入粒子群优化算法中,提升其性能；另一方面是将其他智能优化算法与粒子群优化算法相结合,研究各种混合优化算法,达到取长补短、改善算法某方面性能的效果。近期粒子群优化算法的改进策略主要体现在粒子群优化算法的惯性权重模型、收缩因子应用于粒子群优化算法、混沌理论应用于粒子群优化算法及离散二进制粒子群优化算法。下面介绍其中 3 种改进的粒子群优化算法。

14.4.1　加惯性权重的粒子群优化算法

最早的粒子群优化算法设有惯性因子,为了使粒子保持运动惯性,且有扩展搜索空间的趋势,有能力探索新的区域,美国学者史玉回(Yuhui Shi)和罗素·埃伯哈特提出了带有惯性权重的粒子群优化算法,将惯性权重项引入原始基本粒子群优化算法中用于修正速度大小,称为标准粒子群优化算法,公式如下：

$$v_{id}^{k+1} = \omega \times v_{id}^{k} + c_1 \times r_1 \times (\text{pbest}_{id}^{k} - x_{id}^{k}) + c_2 \times r_2 \times (\text{gbest}_{id}^{k} - x_{id}^{k}) \qquad (14\text{-}9)$$

式中,ω 为惯性权重,其值非负。

如果 $\omega=0$,则速度本身没有记忆性,只取决于粒子当前位置与其历史最优位置 pbest 和 gbest,所以粒子群将收缩到当前的全局最优位置,更像一个局部算法；如果 $\omega \neq 0$,则粒子有扩展搜索空间的趋势,即有全局搜索能力。惯性权重 ω 会影响群体中粒子的局部搜索能力与全局搜索能力,若 ω 值较大,则算法全局寻优能力强,局部寻优能力弱；若 ω 值较小,则算法全局寻优能力弱,局部寻优能力强。动态的 ω 可以获得比固定值更好的寻优结果,动态的 ω 可在粒子群优化算法搜索过程中线性变化,也可以根据粒子群优化算法性能的某个测度函数动态变化。

权重变化方案不同,对应的粒子群优化算法就不同,比较常见的有线性递减权重法、自适应权重法和随机权重法等。

1. 线性递减权重法

线性调整 ω 的策略,也称为惯性权重线性递减(Linearly Decreasing Inertia Weight,LDIW)算法。在考虑实际优化问题时,往往希望先采用全局搜索,使搜索空间快速收敛于某一区域;然后采用局部精细搜索,以获得高精度的解。当权重因子较大时,有助于群体中的粒子跳出局部极值,便于全局搜索;当权重因子较小时,则有利于群体中粒子对自身周围区域进行精准局部搜索,有利于算法快速收敛到某一极值。针对粒子群优化算法前期易陷入局部极值及后期易在全局最优解附近产生振荡现象,可采用一种线性变化的权重改进粒子群优化算法,使惯性权重 ω 由最大值 ω_{max} 线性减小至最小值 ω_{min}。ω 随算法迭代次数的变化公式为

$$\omega = \omega_{max} - \frac{t \times (\omega_{max} - \omega_{min})}{t_{max}} \tag{14-10}$$

式中,ω_{max} 和 ω_{min} 分别为惯性权重的最大值和最小值,通常取 $\omega_{max}=0.9$,$\omega_{min}=0.4$;t 为当前迭代次数;t_{max} 为预先设定的最大迭代次数。

ω 的引入,使粒子群优化算法性能有了很大的提高,针对不同的搜索问题,可以调整全局和局部搜索能力,也使粒子群优化算法成功地应用于解决更多实际问题。

2. 自适应权重法

为了平衡粒子群优化算法的局部搜索能力和全局搜索能力,还可采用非线性的动态惯性权重。

ω 的计算公式如下:

$$\omega = \begin{cases} \omega_{min} - \dfrac{(\omega_{max} - \omega_{min}) \times (f - f_{min})}{f_{avg} - f_{min}}, & f \leqslant f_{min} \\ \omega_{max}, & f > f_{min} \end{cases} \tag{14-11}$$

式中,ω_{max} 和 ω_{min} 分别为惯性权重的最大值和最小值;f 为粒子当前的目标函数值;f_{avg} 和 f_{min} 分别为群体中所有粒子目标平均值和最小目标值。

因为惯性权重随着群体中粒子的目标函数值变化而变化,因此其称为自适应权重。在群体中,当粒子的目标函数值接近局部极值时,其惯性权重增加;而当许多粒子的目标函数值互不相同时,则使惯性权重减小。与此同时,当群体中粒子的目标函数值优于目标平均值时,将其对应的惯性权重减小,保持此粒子的位置不发生大的改变;当群体中的粒子目标函数值差于目标平均值时,粒子的惯性权重应相应增加,使粒子向其他较好的搜索区域靠拢。

3. 随机权重法

将粒子群优化算法中的 ω 设定为服从某种随机分布的随机数,使得群体中的粒子速度对目前粒子的速度影响是随机的,这样可在一定程度上从两方面克服 ω 线性递减带来的不足。如果在算法初期接近最优点,当随机生成的 ω 相对较小时,会加快算法的收敛速度;如果在算法初期找不到最优点,ω 的线性递减会使算法最终无法收敛到最优点,而 ω 的随机生成可以克服这种局限。

ω 的计算公式如下:

$$\begin{cases} \omega = \mu + \sigma \times N(0,1) \\ \mu = \mu_{\min} + (\mu_{\max} - \mu_{\min}) - \text{rand}(0,1) \end{cases} \tag{14-12}$$

式中,$N(0,1)$ 为标准正态分布函数产生的一个随机数;$\text{rand}(0,1)$ 为 $(0,1)$ 区间上的一个随机数;$\mu_{\min}$ 是随机惯性权重的最小值;$\mu_{\max}$ 是随机惯性权重的最大值。

14.4.2 带收缩因子的粒子群优化算法

在式(14-5)中,参数 c_1 和 c_2 分别控制种群中粒子的"个体认知"与"群体认知",反映出粒子之间交流信息的程度。如果设置 c_1 为相对较大的值,将会导致种群中的粒子不停地在个体极值范围内来回徘徊;如果设置 c_2 为相对较大的值,有可能会使粒子过早地收敛到个体极值处。

为了控制群体中的粒子飞行速度的大小和方向,使群体中的粒子在进行全局搜索和局部搜索时达到相对平衡,克莱克(Clerc)给出了一种带收缩因子的粒子群优化算法,巧妙地采用收缩因子并选择合适的参数,提升了粒子群优化算法的寻优能力。带收缩因子的粒子群优化算法的速度和位置的更新公式如下:

$$v_{id}^{k+1} = \varphi[v_{id}^{k} + c_1 \times r_1 \times (\text{pbest}_{id}^{k} - x_{id}^{k}) + c_2 \times r_2 \times (\text{gbest}_{id}^{k} - x_{id}^{k})] \tag{14-13}$$

$$x_{id}^{k+1} = x_{id}^{k} + v_{id}^{k+1} \tag{14-14}$$

式中,φ 为收缩因子,$\varphi = \dfrac{2}{|2 - c - \sqrt{c^2 - 4c}|}$,$c = c_1 + c_2$,且 $c > 4$。

式(14-13)中的 φ 与式(14-5)中速度 v 的最大值 $v_{\max}$ 作用相似,然而,相比 $v_{\max}$ 而言,φ 控制粒子速度的效果更好,而且还加强了算法自身的局部搜索能力。

14.4.3 混沌粒子群优化算法

混沌(Chaos)是自然界中一种常见的非线性现象,混沌变量看似杂乱的变化过程,实质上含有内在的规律性,因此利用混沌变量的随机性、遍历性及规律性可以进行优化搜索。在基本粒子群优化算法中,由于粒子初始化和进化过程的随机性,使得 pbest 和 gbest 的更新带有一定的盲目性,影响了进化过程的收敛。利用粒子群优化算法收敛速度较快及混沌运动遍历性的特点,人们提出了一种基于混沌优化思想的混沌粒子群优化(Chaotic Particle Swarm Optimization,CPSO)算法,该算法改善了粒子群优化算法跳出局部极值的能力,提高了算法的收敛速度和精度。

一般将由确定性方程得到的具有随机性的运动状态称为混沌,呈现混沌状态的变量称为混沌变量。如下的 Logistic 方程是一个典型的混沌系统:

$$z_{n+1} = \mu z_n (1 - z_n), \quad n = 0,1,2,\cdots \tag{14-15}$$

式中,μ 为控制参数,方程可以看作一个动力学系统。

μ 值确定后,由任意初始值 $z_0 \in [0.1]$ 可迭代出一个确定的时间序列 $z_1, z_2, z_3, \cdots$,这些序列也称为混沌变量。一个混沌变量在一定范围内有以下特点。

(1) 随机性:同随机变量一样杂乱无章。

(2) 遍历性:可以不重复地历经空间内的所有状态。

(3) 规律性:由确定的迭代方程导出。

混沌优化方法利用混沌系统特有的遍历性实现全局最优,而且不要求目标函数具有连续性和可微性。

混沌粒子群优化算法的基本思想主要体现在以下两个方面。

（1）采用混沌序列初始化粒子的位置和速度，既不改变粒子群优化算法初始时具有的随机性本质，又利用混沌体改变了种群多样性和粒子搜索的遍历性，在产生大量初始群体的基础上，从中择优选出初始群体。

（2）以整个粒子群到目前为止搜索到的最优位置为基础产生混沌序列，用产生的混沌序列中位置最优的粒子替代当前粒子群中一个粒子。引入混沌序列的搜索算法可在迭代中产生局部最优解的许多邻域点，以此帮助惰性粒子跳出局部极值，并快速搜寻到最优解。

混沌粒子群优化算法的具体步骤如下。

（1）确定参数：种群中的两个学习因子 c_1 和 c_2、种群的总体规模 N、进化次数、混沌寻优次数。

（2）随机产生一个包含 N 个粒子的种群。

（3）利用粒子群优化算法的速度和位置更新公式对粒子的速度和位置进行更新：

$$v_{id}^{k+1} = v_{id}^k + c_1 \times r_1 \times (\text{pbest}_{id}^k - x_{id}^k) + c_2 \times r_2 \times (\text{gbest}_{id}^k - x_{id}^k)$$

$$x_{id}^{k+1} = x_{id}^k + v_{id}^{k+1}$$

（4）对最优位置 $\text{gbest} = (g_1, g_2, \cdots, g_n)$ 进行混沌优化，$g_i (i=1,2,\cdots,n)$ 映射到 Logistic 方程的定义域区间 $[0,1]$，$z_i = \dfrac{g_i - a_i}{b_i - a_i} (i=1,2,\cdots,n)$。利用 Logistic 方程进行迭代产生混沌变量序列 $z_i^{(m)} (m=1,2,\cdots)$，再把产生的混沌变量序列 $z_i^{(m)} (m=1,2,\cdots)$ 通过逆映射 $g_i^{(m)} = a_i + (b_i - a_i) z_i^{(m)} (m=1,2,\cdots)$ 返回原解空间，得到

$$\text{gbest}^{(m)} = (g_1^{(m)}, g_2^{(m)}, \cdots, g_n^{(m)}), \quad m=1,2,\cdots$$

在原解空间对混沌变量经历的每一个可行解 $\text{gbest}^{(m)} (m=1,2,\cdots)$ 计算其适应度值，保留性能最好的可行解 p^*。

（5）随机从当前群体中选择一个粒子，用 p^* 替代。

（6）如果达到最大迭代次数或者得到满意解，则程序优化结束，输出全局最优值；否则返回步骤（3）。

本 章 小 结

粒子群优化算法是一种基于群体智能的优化算法，它通过模拟鸟群、鱼群等动物群体的行为来寻找问题的最优解。本章主要介绍了粒子群优化算法的基本原理、算法流程、参数分析以及应用实例，利用 Python 实现粒子群优化算法。在此基础上还介绍了基于惯性权重的粒子群优化算法、带收缩因子的粒子群优化算法、混沌粒子群优化算法三种方法。但是，粒子群优化算法也存在着局部最优解问题、参数设置问题以及无法保证收敛问题等难点。未来研究可以将针对这些问题展开深入探讨，寻求更好的解决方案，提升粒子群优化算法的性能和实用性。

习　题

1. 已知函数 $y=(x^2-5x)\sin(x^2)$，其中，x 的取值范围为 $-10\leqslant x\leqslant 10$，用粒子群优化算法求解 y 的最小值。

2. 已知函数 $y=f(x_1,x_2,x_3)=x_1^2+x_2^2-x_3^2+3\sin(x_1x_2x_3)$，其中，$x_1$、$x_2$、$x_3$ 的取值范围分别为 $-10\leqslant x_1\leqslant 10$、$-10\leqslant x_2\leqslant 10$、$-10\leqslant x_3\leqslant 10$，试用粒子群优化算法求解 y 的最大值。

3. 用线性递减权重的粒子群优化算法求函数 $f(x)=100(x_1^2-x_2^2)+(1-x_1)^2$ 的最小值，其中，粒子数取 40，学习因子都取 2，最大权重为 0.9，最小权重为 0.4，迭代次数取 1000。

4. 以函数 $\mathrm{Ras}(x)=20+x_1^2+x_2^2-10(\cos2\pi x_1+\cos2\pi x_2)$ 为目标函数，求其在 x_1，$x_2\in[-5,5]$ 上的最小值。

第 *15* 章　支持向量机

重点内容

◇ 支持向量机的基本原理；

◇ 核函数的选择；

◇ 支持向量机的应用。

难点内容

◇ 支持向量机的参数调优；

◇ 支持向量机的 Python 实现。

支持向量机（Support Vector Machine，SVM）是在统计学习理论的基础上，以结构风险最小化为原则建立起来的机器学习算法，在解决小样本、高维问题和非线性问题等方面表现出良好的泛化能力和预测性能。目前，支持向量机在数据挖掘、图像处理、语音识别、故障诊断和模式识别等诸多领域得到了广泛应用。

本章思维导图如图 15-1 所示，首先介绍支持向量机的基本原理，其次阐述 Python 实现过程，最后举例介绍支持向量机建模应用。

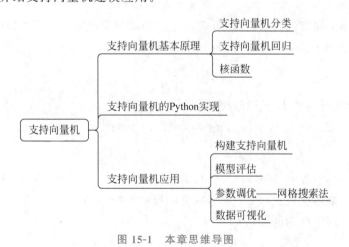

图 15-1　本章思维导图

15.1　支持向量机基本原理

一般来说，支持向量机根据完成的预测任务，可以分为支持向量机分类和支持向量机回归。它们最大的不同在于输出变量的类型不同，当输出变量为类别时为支持向量机分类，当输出变量为数值型变量时为支持向量机回归。

作为一种二类分类模型,支持向量机的基本模型有别于感知机,它是定义在特征空间上的间隔最大的线性分类器。换言之,支持向量机的学习策略就是间隔最大化,其主要思想为找到一个超平面,能够正确划分数据集,即以充分大的确信度对数据集进行分类。这样不仅可以将正负点分开,而且可以对离超平面最近的点也有足够大的确信度将其分开。为了求解支持向量机的最优化问题,应用拉格朗日对偶性,通过求解对偶问题得到原始问题的最优解。

支持向量机包括核方法,其实质就是在解决的分类问题是非线性时,使用的是非线性支持向量机。其基本思想就是,当输入空间为欧氏空间或离散集合,特征空间为希尔伯特空间时,通过一个非线性变换将输入空间对应于一个特征空间,使得在输入空间的超曲面模型对应于特征空间的超曲面模型。核函数(Kernel Function)表示将输入从输入空间映射到特征空间得到的特征向量之间内积。这样,分类问题的学习任务通过在特征空间中求解线性支持向量机就可以完成。

15.1.1 支持向量机分类

对于给定的样本集 $D=\{(x_1,y_1),(x_2,y_2),\cdots,(x_m,y_m)\}$,其中,$y_i\in\{-1,1\}$,$x_i\in\Omega=R^n$,$i=1,\cdots,m$,$\Omega$ 是输入空间,输入空间中的每一个点 x_i 由 m 个属性特征组成。在训练集 D 上,如果 $\exists w\in R^n$,$b\in R$ 和正数 ε,使得对所有 $y_i=1$ 的 x_i 有 $w^T x+b\geqslant\varepsilon$,而对 $y_i=-1$ 的 x_i 有 $w^T x+b\leqslant\varepsilon$,那么训练集 D 是线性可分的,支持向量机算法需要寻找一个能够划分训练集 D 样本空间的超平面,将样本划分为不同的类别。对于样本空间的超平面,可以使用如下线性方程刻画:

$$w^T x + b = 0 \qquad (15\text{-}1)$$

式中,w 为决定超平面方向的法向量;b 为决定超平面与原点之间距离的位移项。

因此,样本空间中任意一点到超平面的距离为

$$d = \frac{w^T x + b}{\|w\|} \qquad (15\text{-}2)$$

若超平面能将样本集 D 正确分类,则有

$$\begin{cases} w^T x_i + b \geqslant 1, & y_i = 1 \\ w^T x_i + b \leqslant 1, & y_i = -1 \end{cases} \qquad (15\text{-}3)$$

即有 $y_i(w^T x_i - b)\geqslant 1(i=1,\cdots,m)$,其中,满足 $w^T x_i+b=\pm 1$ 的样本为支持向量。定义距离超平面最近的,能够使得式(15-3)等号成立的样本为"支持向量",则两类支持向量距离超平面距离的总和(通常称为间隔)为

$$\gamma = \frac{1}{\|w\|} \qquad (15\text{-}4)$$

因此,支持向量机的目的是寻找具有"最大间隔"的超平面,即

$$\begin{cases} \max\limits_{w,b} \dfrac{2}{\|w\|} \\ \text{s.t. } y_i(w^T x_i + b) \geqslant 1, \quad i=1,2,\cdots,m \end{cases} \qquad (15\text{-}5)$$

式(15-5)可等价为

$$\begin{cases} \min\limits_{\boldsymbol{w},b} \dfrac{1}{2}\parallel \boldsymbol{w} \parallel^2 \\ \text{s. t. } y_i(\boldsymbol{w}^{\mathrm{T}}x_i + b) \geqslant 1, \quad i=1,2,\cdots,m \end{cases} \tag{15-6}$$

为了将式(15-6)转化为无约束目标,引入拉格朗日乘子 α,则对应目标函数为

$$J(\boldsymbol{w},b,\boldsymbol{\alpha}) = \frac{1}{2}\parallel \boldsymbol{w} \parallel^2 + \sum_{i=1}^{m} \alpha_i[1 - y_i(\boldsymbol{w}^{\mathrm{T}}x_i + b)] \tag{15-7}$$

式中,$\boldsymbol{\alpha} = (\alpha_1, \alpha_2, \cdots, \alpha_m)^{\mathrm{T}} \in R^n$。

对上述目标函数取偏导数并令其为 0,得

$$\begin{cases} \dfrac{\partial J}{\partial \boldsymbol{w}} = \boldsymbol{w} - \sum\limits_{i=1}^{m} \alpha_i y_i x_i = 0 \\ \dfrac{\partial J}{\partial b} = \sum\limits_{i=1}^{m} \alpha_i y_i = 0 \end{cases} \tag{15-8}$$

得到 $\boldsymbol{w} = \sum\limits_{i=1}^{m} \alpha_i y_i x_i$,$\sum\limits_{i=1}^{m} \alpha_i y_i = 0$,将式(15-8)代入式(15-7)得到式(15-6)的对偶问题:

$$\begin{cases} J = \sum\limits_{i=1}^{m} \alpha_i - \dfrac{1}{2} \sum\limits_{i=1}^{m} \sum\limits_{j=1}^{m} \alpha_i \alpha_j y_i y_j x_i^{\mathrm{T}} x_j \\ \qquad\qquad \Downarrow \\ \max\limits_{\alpha} \sum\limits_{i=1}^{m} \alpha_i - \dfrac{1}{2} \sum\limits_{i=1}^{m} \sum\limits_{j=1}^{m} \alpha_i \alpha_j y_i y_j x_i^{\mathrm{T}} x_j \\ \text{s. t. } \begin{cases} \sum\limits_{i=1}^{m} \alpha_i y_i = 0 \\ \alpha_i \geqslant 0, \quad i=1,2,\cdots,m \end{cases} \end{cases} \tag{15-9}$$

解出 $\boldsymbol{\alpha}$ 后,求得 $\boldsymbol{w}$ 和 b,即可得到模型:

$$f(\boldsymbol{x}) = \boldsymbol{w}^{\mathrm{T}}\boldsymbol{x} + b = \sum_{i=1}^{m} \alpha_i y_i x_i^{\mathrm{T}} x + b \tag{15-10}$$

15.1.2 支持向量机回归

回归预测问题通常通过模型预测值与真实值之间的差别来衡量模型预测的性能。对于支持向量机回归来说,采用 ε 为不敏感损失函数,即模型输出与真实输出之间的偏差,将误差小于 ε 的观测判定为"损失",则此观测可被忽略,定义为

$$\ell_{\varepsilon}(\boldsymbol{z}) = \begin{cases} 0, & |\boldsymbol{z}| \leqslant \varepsilon \\ |\boldsymbol{z}| - \varepsilon, & |\boldsymbol{z}| > \varepsilon \end{cases} \tag{15-11}$$

支持向量机回归问题数学形式为

$$\min_{\boldsymbol{w},b} \frac{1}{2}\parallel \boldsymbol{w} \parallel^2 + C\sum_{i=1}^{m} \ell_{\varepsilon}[f(x_i) - y_i] \tag{15-12}$$

式中,C 为正则化系数。

在式(15-12)中引入松弛变量 ξ_i 和 ζ_i,则其等价于

$$\begin{cases} \min_{w,b,\xi_i,\zeta_i} \dfrac{1}{2} \parallel w \parallel^2 + C \sum_{i=1}^{m} (\xi_i + \zeta_i) \\ \text{s. t.} \begin{cases} f(x_i) - y_i \leqslant \varepsilon + \xi_i \\ y_i - f(x_i) \leqslant \varepsilon + \zeta_i \\ \xi_i \geqslant 0, \zeta_i \geqslant 0, \quad i = 1, 2, \cdots, m \end{cases} \end{cases} \tag{15-13}$$

随后,引入拉格朗日乘子 μ_i、ν_i、α_i、β_i,则式(15-13)可以转为拉格朗日函数:

$$L(w, b, \boldsymbol{\alpha}, \beta, \xi, \zeta, \mu, \nu)$$

$$= \frac{1}{2} \parallel w \parallel^2 + C \sum_{i=1}^{m} (\xi_i + \zeta_i) - \sum_{i=1}^{m} (\mu_i \xi_i) - \sum_{i=1}^{m} (\nu_i \zeta_i)$$

$$+ \sum_{i=1}^{m} \alpha_i [f(x_i) - y_i - \varepsilon - \xi_i] + \sum_{i=1}^{m} \beta_i [y_i - f(x_i) - \varepsilon - \zeta_i] \tag{15-14}$$

类似于式(15-8)与式(15-9),将式(15-14)的偏导数取零和对偶化,在 KKT(Karush-Kuhn-Tucker)条件下求得支持向量机回归的解为

$$f(x) = \sum_{i=1}^{m} (\beta_i - \alpha_i) x_i^{\mathrm{T}} x + b \tag{15-15}$$

15.1.3　核函数

在求解线性可分的问题上,线性分类支持向量机是十分有效的,但在真实任务中,有些问题是非线性的,因此线性分类支持向量机就不适用了,那么就需要使用非线性支持向量机。非线性问题通常不好求解,所以考虑将非线性问题变换为线性问题,通过运用解线性问题的方法解非线性问题。主要分为两步:第一步是将原空间映射到新空间;第二步是在新空间里用线性分类学习方法从训练数据中学习分类模型,这个方法会运用到核函数。将核函数应用到支持向量机中,分类问题的学习任务就可以通过在特征空间中求解线性支持向量机来完成。对以上问题的求解均在线性可分的假设条件下,但在真实任务中,原始样本空间并非总能存在一个能够划分类别的超平面,在数学上可以通过空间映射方式映射到更高维的空间,使得特征空间能够线性可分。因此,对于式(15-10)和式(15-15),分别重写为

$$f(x) = w^{\mathrm{T}} \phi(x) + b$$

$$= \sum_{i=1}^{m} \alpha_i y_i \phi(x_i^{\mathrm{T}}) \phi(x) + b$$

$$= \sum_{i=1}^{m} \alpha_i y_i k(x, x_i) + b \tag{15-16}$$

$$f(x) = \sum_{i=1}^{m} (\beta_i - \alpha_i) x_i^{\mathrm{T}} x + b$$

$$= \sum_{i=1}^{m} (\beta_i - \alpha_i) k(x, x_i) + b \tag{15-17}$$

式中,$k(x, x_i)$ 为核函数,定义如下。

设 Ω 是输入空间,又设 H 为特征空间,如果存在一个从 Ω 到 H 的映射 $\phi(x): \Omega \rightarrow H$,使得对所有 $x_i, x_j \in \Omega$ 有

$$k(\boldsymbol{x}_i, \boldsymbol{x}_j) = \langle \phi(\boldsymbol{x}_i), \phi(\boldsymbol{x}_j) \rangle = \phi(\boldsymbol{x}_i)^{\mathrm{T}} \phi(\boldsymbol{x}_j) \tag{15-18}$$

则称 $k(\boldsymbol{x}_i,\boldsymbol{x}_j)$ 为核函数，$\phi(\boldsymbol{x})$ 为映射函数。通常所说的核函数就是正定核函数，即在 $\Omega\subset R^n$，$k(\boldsymbol{x}_i,\boldsymbol{x}_j)$ 是定义在 $\Omega\times\Omega$ 上的对称函数，如果 $x_i\in\Omega$，$i=1,\cdots,n$，$k(\boldsymbol{x}_i,\boldsymbol{x}_j)$ 对应的 Gram 矩阵是半正定矩阵，则 $k(\boldsymbol{x}_i,\boldsymbol{x}_j)$ 是正定核函数。

常用的核函数有线性核、多项式核、高斯核、拉普拉斯核及 Sigmoid 核（见表 15-1），并且对核函数进行线性组合后其也是核函数。

表 15-1 常用核函数

名 称	表 达 式	参 数
线性核	$k(\boldsymbol{x}_i,\boldsymbol{x}_j)=\boldsymbol{x}_i^{\mathrm{T}}\boldsymbol{x}_j$	—
多项式核	$k(\boldsymbol{x}_i,\boldsymbol{x}_j)=(\boldsymbol{x}_i^{\mathrm{T}}\boldsymbol{x}_j)^d$	$d\geqslant1$
高斯核	$k(\boldsymbol{x}_i,\boldsymbol{x}_j)=\mathrm{e}^{-\frac{\|\vec{x}_i-\vec{x}_j\|^2}{2\sigma^2}}$	$\sigma>0$
拉普拉斯核	$k(\boldsymbol{x}_i,\boldsymbol{x}_j)=\mathrm{e}^{-\frac{\|\vec{x}_i-\vec{x}_j\|}{\sigma}}$	$\sigma>0$
Sigmoid 核	$k(\boldsymbol{x}_i,\boldsymbol{x}_j)=\tanh(\beta\boldsymbol{x}_i^{\mathrm{T}}\boldsymbol{x}_j+\theta)$	$\beta>0,\theta<0$

15.2 支持向量机的 Python 实现

支持向量机的分类与回归预测可以借助 Python 的第三方 Sklearn 库实现。导入 Sklearn 库里的 svm 包，通过调用 svm 包里的 SVC 和 SVR 方法可分别构建支持向量机分类和支持向量机回归。

使用 Python 实现支持向量机时，主要流程是导入相关函数、为函数或模型设置参数、使用数据拟合模型（fit()函数）和新样本预测（predict()函数）。其具体 Python 实现如下：

```
from sklearn.svm import SVC              # 导入 SVC 函数进行支持向量机分类
clf = SVC( * , kernel = 'rbf', gamma = 'scale', ,tol = 0.001, C = 1.0, epsilon = 0.1, shrinking =
    True, cache_size = 200, verbose = False, max_iter = − 1)
clf.fit(x_train, y_train.ravel())        # 拟合模型
y_predict = clf.predict(x_test)          # 预测
```

随机生成的正态分布 X 和 y 分别作为特征和预测值，调用支持向量机建模的完整代码示例如下：

```
from sklearn.svm import SVR              # 导入 SVR 函数做支持向量机分类
from sklearn.pipeline import make_pipeline   # 导入 make_pipeline 函数,用于使用提供
                                             # 的估计器创建管道
# 导入 StandardScaler 函数,通过删除平均值并缩放到单位方差来标准化特征
from sklearn.preprocessing import StandardScaler
import numpy as np                       # 导入 NumPy 模块
n_samples, n_features = 10, 5            # 给出样本数和特征数
rng = np.random.RandomState(0)           # 生成随机数
y = rng.randn(n_samples)                 # 随机数生成函数生成随机数
```

```
X = rng.randn(n_samples, n_features)
regr = make_pipeline(StandardScaler(), SVR(C = 1.0, epsilon = 0.2))   #创建管道
regr.fit(X, y)                                              #用数据拟合分类器模型
```

机器学习方法中，参数的设置影响整个算法的性能。SVC()或 SVR()函数中主要涉及 kernel、gamma、C 和 epsilon 等参数，参数说明如表 15-2 所示。

表 15-2　重要参数说明

参　数	说　明
kernel	核函数的选择，参数值可在{'linear', 'poly', 'rbf', 'sigmoid', 'precomputed'}中选择，默认参数值为 rbf
degree	多项式核函数的阶数，默认值取 3，其余核函数不设置此参数
gamma	rbf、poly 和 sigmoid 的内核系数，取值为{'scale', 'auto'}或者浮点数，默认参数为 scale。如果取 scale，gamma 值为 $1/(n\_features * X.var())$；如果取 auto，gamma 值为 $1/n\_features$
coef0	kernel 函数的常数项，仅对 kernel 为 poly 或 sigmoid 有意义，默认参数值为 0.0
tol	误差项达到指定值时则停止训练，默认是 0.0001
C	误差项的惩罚参数，一般取值为 10 的 n 次幂，C 值越大，相当于希望松弛变量接近 0，即对误差分类的惩罚增大，趋向于对训练集全分对的情况，这样会出现训练集测试时准确率很高，但泛化能力弱的现象。C 值小，对误差分类的惩罚减小，容错能力增强，泛化能力强。默认参数取值为 1.0
epsilon	在 epsilon-SVR 模型中，它指定了 epsilon-tube，其中训练损失函数中没有惩罚与在实际值的距离 epsilon 内预测的点
shrink	指定是否使用缩小启发式
cache_size	指定内核缓存的大小（以 MB 为单位）
verbose	指定是否启用详细输出
max_iter	对求解器内的迭代进行硬性限制，或者为−1（无限制）

在构建 SVM 模型时，通常还涉及其他的相关函数，包括 fit()、predict()和 score()，具体说明和代码如下：

```
fit(X, y[, sample_weight])          #根据给定的训练集拟合支持向量机模型
get_params([deep])                  #获取模型参数
predict(X)                          #预测新样本
score(X, y[, sample_weight])        #预测评价值 R²
set_params(**params)                #设置模型参数
```

15.3　支持向量机应用

支持向量机方法建立在统计学理论的 VC 维理论和结构风险最小原理基础之上，根据有限样本在模型的复杂性和学习能力之间寻求最佳折中，以期获得最好的推广能力。其中，模型的复杂性是指对特定训练样本的学习精度，学习能力是指无错误地识别任意样本的能力。支持向量机可以完成分类和回归预测。为降低行文冗余性，本节通过支持向量机分类预测案例介绍如何使用支持向量机完成建模。本案例沿用第 10 章聚类分析中使用的鸢尾

花数据集,根据鸢尾花的花萼和花瓣的长度与宽度确定鸢尾花的类别,此数据集共包含 150 个样本及 4 个样本特征:setosa、versicolor、virginica 是鸢尾花属的三种花的类别;花萼的长度、花萼的宽度、花瓣的长度以及花瓣的宽度是四项基本特征。

15.3.1 构建支持向量机

利用 Python 软件分析 iris 数据集,实现支持向量机模型。如 15.2 节所述,首先需要导入相关模块,设置支持向量机的参数,并拟合模型。需要注意的是,鸢尾花分类问题是多分类问题,因此 decision_function_shape 参数应设置为 ovr(即 one-vs-rest,一对剩余)。其具体代码如下:

```
from sklearn import datasets,svm
import pandas as pd
from sklearn import metrics
from sklearn.model_selection import train_test_split
iris = datasets.load_iris()                          #从数据库中导出鸢尾花数据
iris_data = iris['data']                             #设置变量名称
iris_target = iris['target']                         #设置标签
X_train, X_test, y_train, y_test = train_test_split(iris_data, iris_target, test_size = 0.2,
random_state = 0)                                    #划分数据集
clf = svm.SVC(C = 0.8, kernel = 'rbf', gamma = 20,decision_function_shape = 'ovr')
                                                     #建立支持向量机分类模型
model = clf.fit(X_train, y_train)                    #训练模型
y_pred = model.predict(X_test)                       #测试集进行预测
#输出分类模型预测的准确度
print ('ACC: %.4f' % metrics.accuracy_score(y_test,y_pred))
#输出评价指标的混淆矩阵
print(metrics.classification_report(y_test,y_pred))
```

15.3.2 模型评估

对于机器学习算法来说,为了评价模型的泛化性能,通常使用拟合测试集数据检验建立模型的性能。分类问题中包括准确率(Accuracy)、召回率(Recall)和精确率(Precision)指标,回归问题中包括 R^2、RMSE 和 MAE 等指标。本案例为多分类问题,因此可以通过调用 sklearn 库中的 metrics 包得到模型的混淆矩阵。模型评价如表 15-3 所示。

```
from sklearn import metrics                          #导入包含数据验证方法的包
import matplotlib.pyplot as plt                      #导入绘图模块
y_predict = clf.predict(X_test)                      #预测
print("SVM(C = 0.8,kernel = 'rbf'):")               #输出 SVM 分类结果
print(metrics.classification_report(y_test, y_predict))   #输出对模型性能的评估
print('Accuracy = ', metrics.accuracy_score(y_test, y_predict))   #输出准确率
```

表 15-3 模型评价

项 目	Precision	Recall	F1-score	Support
0	1.00	0.55	0.71	11
1	1.00	0.77	0.87	13
2	0.43	1.00	0.60	6
Accuracy		0.73		30

续表

项　目	Precision	Recall	F1-score	Support
Macro avg	0.81	0.77	0.73	30
Weighted avg	0.89	0.73	0.76	30

其中,0、1、2 代表类别标签,Precision 为查准率,Recall 为查全率,F1-score 是查全率和查准率的调和平均,Support 为每个类别在测试集中出现的次数,Accuracy 为分类准确率,Macro avg 表示宏平均,即所有类别对应指标的平均值,Weighted avg 表示带权重平均,即类别样本占总样本的比重与对应指标乘积的累加和。从表 15-3 中可以看出,支持向量机的 Accuracy 指标仅为 0.73,拟合效果一般。对于该问题,可以尝试改变模型的参数,寻找能够精确区分鸢尾花类别的参数,即参数调优或者参数寻优。

15.3.3　参数调优——网格搜索法

网格搜索法类似于穷举法,在给定的参数组合中寻找最优参数,可以通过调用 Sklearn 库中的 GridSearchCV()函数实现。其具体的实现代码如下:

```
from sklearn.svm import SVC                          ♯导入 SVC 函数做支持向量机回归
from sklearn.model_selection import GridSearchCV     ♯导入网格搜索和交叉验证模块
♯参数说明: 采用线性核、径向基核函数、sigmoid核函数; 正则化,C越大,拟合非线性的能力越强
tuned_parameters = [{'kernel': ('linear', 'rbf', 'sigmoid'), 'C': np.logspace( - 3, 3, 13),
'gamma': np.logspace( - 3, 3, 13)}]
opt_clf = GridSearchCV(SVC(), tuned_parameters)      ♯网格搜索法获得的最优参数
opt_clf.fit(x_train, y_train.ravel())                ♯训练模型
print(opt_clf.best_params_)                          ♯输出最好的参数
```

使用网格搜索法获得的最优参数为{'C': 0.31622776601683795,'gamma': 0.001,'kernel': 'linear'},将其代入模型中得到最优模型。

```
final_clf = svm.SVC(C = 0.316, kernel = 'linear', gamma = 0.001,
                    decision_function_shape = 'ovr')     ♯使用最优参数建模
final_clf.fit(X_train, y_train.ravel())                  ♯训练模型
final_y_predict = final_clf.predict(X_test)              ♯在测试集上预测
print("SVM(C = 3.16,kernel = 'sigmoid'):")
print(metrics.classification_report(y_test, final_y_predict))
print('Accuracy = ', metrics.accuracy_score(y_test, final_y_predict))
```

从拟合测试集的泛化性能来看,通过网格搜索法,支持向量机能够精确区分出各类鸢尾花,性能得到了很大的提升。模型评价如表 15-4 所示。

表 15-4　模型评价

项　目	Precision	Recall	F1-score	Support
0	1.00	1.00	1.00	11
1	1.00	1.00	1.00	13
2	1.00	1.00	1.00	6
Accuracy		1.00		30
Macro avg	1.00	1.00	1.00	30
Weighted avg	1.00	1.00	1.00	30

15.3.4　数据可视化

为了更为直观和美观地展示出模型泛化性能,可以调用 seaborn 包绘制混淆矩阵热力图,下面分别展示参数调优前后的输出,代码和可视化图如图 15-2 和图 15-3 所示。

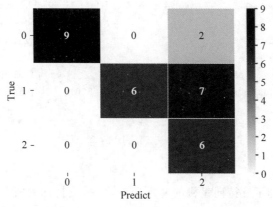

图 15-2　参数优化前混淆矩阵热力图

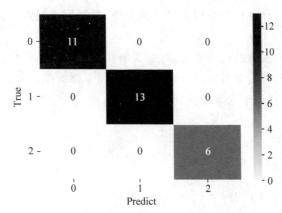

图 15-3　参数优化后混淆矩阵热力图

（1）参数优化前,代码如下：

```
import seaborn as sns
import matplotlib.pyplot as plt
colorMetrics = metrics.confusion_matrix(y_test, y_predict)
ax = sns.heatmap(colorMetrics, annot = True, fmt = 'd',
            linewidths = 0.5, cmap = "Purples")
ax.set_xlabel('Predict')
ax.set_ylabel('True')
ax.set_title('Confusion matrix heat map')
plt.savefig('1_Confusion matrix heat map.jpg', dpi = 500)
plt.show()
```

（2）参数优化后，代码如下：

```
import seaborn as sns                                    # 导入可视化库
import matplotlib.pyplot as plt                          # 导入绘图模块
# 混淆矩阵：得出在测试集上分类器的准确性
colorMetrics = metrics.confusion_matrix(y_test, y_predict)
ax = sns.heatmap(colorMetrics, annot = True, fmt = 'd', linewidths = .5, cmap = "Purples")
                                                         # 绘制热力图，在每个热力图单元格中写入数据值
ax.set_xlabel('Predict')                                 # 设置 x 轴标题
ax.set_ylabel('True')                                    # 设置 y 轴标题
ax.set_title('Confusion matrix heat map')                # 设置图题目
plt.savefig('1_Confusion matrix heat map.jpg', dpi = 500) # 保存图像
```

本 章 小 结

本章首先系统梳理了支持向量机的基本理论，包括支持向量机分类和支持向量机回归理论，以及在线性不可分情境下的核函数策略；然后基于第三方库 Sklearn 介绍了支持向量机的 Python 实现方法，重点讲解了 SVC() 和 SVR() 函数的重要参数、预测和评估函数；最后使用鸢尾花数据集设计支持向量机分类预测案例，通过网格搜索法完成参数寻优，并对模型预测效果可视化。

支持向量机是一种重要的机器学习算法，具有广泛的应用场景和良好的性能表现，能够完成分类和回归任务的机器学习算法。希望读者可以掌握支持向量机原理，能够用 Python 实现支持向量机算法，并用于求解建模问题。

习　　题

1. 预测阿尔及利亚森林火灾。

数据选取来源于 UCI 网站公开的阿尔及利亚森林火灾数据集，构建分类预测模型。该数据集包含 244 个实例，重新组合了阿尔及利亚两个地区的数据，即位于阿尔及利亚东北部的 Bejaia 地区和位于阿尔及利亚西北部的 Sidi Bel-abbes 地区，每个地区各 122 个实例。数据取自 2012 年 6 月至 2012 年 9 月期间，有 13 个特征、1 个类别输出属性，如表 15-5 所示。

表 15-5　阿尔及利亚森林火灾数据集特征

类　　别	属　　性	含　　义	备　　注
日期	day	日	（DD/MM/YYYY）日、月（6—9 月）、年（2012 年）
	month	月	
	year	年	
天气数据预测	Temperature	中午最高温度/℃	22～42
	RH	相对湿度/%	21～90
	Ws	风速/(km/h)	6～29
	Rain	降雨量/mm	0～16.8

续表

类　　别	属　　性	含　　义	备　　注
	FFMC	FWI 系统精细燃料水分指数	28.6～92.5
	DMC	FWI 系统达夫水分指数	1.1～65.9
FWI 指数	DC	FWI 系统干旱代码指数	7～220.4
	ISI	FWI 系统初始蔓延指数	0～18.5
	BUI	FWI 系统累积指数	1.1～68
	FWI	火灾天气指数	0～31.1
输出特征	Classes	类别	"火"和"不是火"

请通过日期、天气和 FWI 指数构建支持向量机模型，对该区域是否发生火灾进行分类预测。

2. 葡萄酒质量等级预测。

数据选取来源于 UCI 网站公开的葡萄酒质量数据集，该数据集包括两个数据子集，与来自葡萄牙北部的红色和白色 vinho verde 葡萄酒样本相关，基于物理、化学测试对葡萄酒质量进行建模，构建支持向量机分类预测模型。其具体的数据特征请自行下载并完成建模。

3. 北京 PM2.5 浓度预测。

数据选取来源于 UCI 网站公开的北京 PM2.5 数据集，该数据集包含美国驻北京大使馆的 PM2.5 数据，还包括北京首都国际机场的气象数据。数据时间段为 2010 年 1 月 1 日—2014 年 12 月 31 日。缺失的数据表示为"NA"，因此在建模时需要对数据进行插值填补。数据包含年、月、日、小时、PM2.5 浓度、DEWP（露点温度）、TEMP（温度）、PRES（压力）等 13 个属性特征，请构建支持向量回归模型对北京 PM2.5 浓度进行预测。

4. 乳腺癌诊断预测。

数据选取 Python 的 Sklearn 库自带的乳腺癌威斯康星（诊断）数据集，构建支持向量分类机。数据的调用方式如下：

```
from sklearn.datasets import load_breast_cancer
A = load_breast_cancer()
X = A['data']
Y = A['target']
```

该数据集是根据乳房肿块的细针穿刺（Fine-needle Aspiration，FNA）的数字化图像计算得出的，描述了图像中存在的细胞核的特征，包含 569 个样本、30 个特征及 2 个类别。请根据图像特征和类别标签，构建能够诊断病人乳腺癌是良性还是恶性的支持向量分类机，以辅助医生进行疾病诊断。

第16章 决策树

重点内容
◇ 决策树的基本原理；
◇ 决策树的主要参数及其含义。

难点内容
◇ 基尼指数的含义；
◇ 利用 Python 编程实现决策树算法。

决策树(Decision Tree)是一种基本的分类与回归方法,决策树学习的思想主要来源于昆兰(Quinlan)在 1986 年提出的 ID3 算法和 1993 年提出的 C4.5 算法,以及由布赖曼(Breiman)等人在 1984 年提出的 CART 算法。本章主要讨论用于分类的决策树,决策树模型呈树形结构,表示基于特征对实例进行分类的过程。它可以认为是 if-then 规则的集合,也可以认为是定义在特征空间与类空间上的条件概率分布,其主要优点是模型具有可读性,预测速度快。本章思维导图如图 16-1 所示。

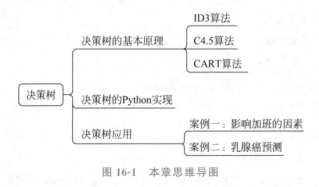

图 16-1　本章思维导图

16.1　决策树的基本原理

决策树模型包括 ID3 算法、C4.5 算法和 CART 算法,它们进行特征选择时的标准不同。ID3 算法是应用信息增益准则选择特征,C4.5 算法是应用信息增益率准则选择特征,CART 算法是应用基尼指数准则选择特征。决策树是一种非参数的有监督学习方法,它能够从一系列有特征和标签的数据中总结出决策规则。决策树构造的输入是一组带有类别标记的例子,构造的结果是一棵二叉树或多叉树。二叉树的内部节点一般表示为一个逻辑判断,树的边是逻辑判断的分支结果。多叉树的内部节点是属性,边是该属性的所有取值,有几个属性值就有几条边。树的叶子节点都是类别标记。其主要优点是模型具有可读性,分类速度快。学习时,利用训练数据,根据损失函数最小化原则建立决策树模型;预测时,对新的数据利用决策树模型进行分类。

16.1.1 ID3 算法

ID3 相当于用极大似然方法进行概率模型的选择,它的核心是在决策树的各个节点上应用信息增益准则选择特征,递归地构建决策树。ID3 算法只有树的生成,所以该算法生成的树容易产生过拟合。

在信息论和概率统计中,熵是代表随机变量不确定性的度量,是用来衡量一个随机变量出现的期望值。如果信息的不确定性越大,熵的值就越大,出现的各种情况也就越多。信息熵可以理解为某种特定信息出现的概率。设 X 是一个取有限个值的离散随机变量,其概率分布为

$$P(X = x_k) = p_k, \quad k = 1, 2, \cdots, n \tag{16-1}$$

则随机变量 X 的信息熵定义为

$$\text{Ent}(X) = \sum_{k=1}^{n} p_k \log_2 p_k \tag{16-2}$$

条件熵 $\text{Ent}(Y|X)$ 表示在已知随机变量 X 的条件下随机变量 Y 的不确定性。随机变量 X 给定的条件下随机变量 Y 的条件熵定义为

$$\text{Ent}(Y|X) = \sum_{k=1}^{n} p_k \text{Ent}(Y|X = x_k) \tag{16-3}$$

信息增益表示得知特征 X 的信息而使类 Y 的信息的不确定性减少的程度。特征 A 对训练数据集 D 的信息增益为 $K(D, A)$,定义为集合 D 的经验熵 $\text{Ent}(D)$ 与特征 A 给定条件下 D 的条件熵 $\text{Ent}(D|A)$ 之差,即

$$K(D, A) = \text{Ent}(D) - \text{Ent}(D|A) \tag{16-4}$$

下面介绍基于信息增益的 ID3 算法的流程。

输入:训练数据集 D、特征集 A、阈值 ε。

输出:决策树 T。

(1) 若 D 中所有实例属于同一类 C_k,则 T 为单节点树,并将类 C_k 作为该节点的类标记,返回 T。

(2) 若 A 为一个空集,则 T 为单节点树,并将 D 中实例数最大的类 C_k 作为该节点的类标记,返回 T。

(3) 若 A 非空,则计算 A 中各特征对 D 的信息增益,选择信息增益最大的特征 A_g。

(4) 如果 A_g 的信息增益小于阈值 ε,则置 T 为单节点树,并将 D 中实例数最大的类 C_k 作为该节点的类标记,返回 T。

(5) 如果 A_g 的信息增益大于或等于阈值 ε,则对 A_g 的每一可能值 a_i,依 $A_g = a_i$ 将 D 分割为若干非空子集 D_i,将 D_i 中实例数最大的类作为标记,构建子节点,由节点及其子节点构成树 T,返回 T。

(6) 对第 i 个子节点,以 D_i 为训练集,以 $A - \{A_g\}$ 为特征集,递归调用(1)~(5)步,得到树 T_i,返回 T_i。

16.1.2 C4.5 算法

C4.5 算法与 ID3 算法相似,C4.5 算法对 ID3 算法进行了改进,C4.5 在生成决策树的过程中,用信息增益比来选择特征。

假设选取的属性 a 有 V 个取值,$\{a^1,a^2,\cdots,a^V\}$,用属性 a 将 D 划分为 V 个不同的节点数据集,D^v 代表其中第 v 个节点,获得的信息增益为

$$\mathrm{Gain}(D,a)=\mathrm{Ent}(D)-\sum_{v=1}^{V}\frac{|D^v|}{|D|}\mathrm{Ent}(D^v) \tag{16-5}$$

式中,$\dfrac{|D^v|}{|D|}$ 为分支节点所占的比例大小。

C4.5 算法不直接使用信息增益,而是应用信息增益率准则选择特征,这里我们定义分裂信息,该分裂信息用来衡量属性分裂数据的广度和均匀,公式如下:

$$\mathrm{IV}(a)=\sum_{v=1}^{V}\frac{|D^v|}{|D|}\log_2^{\frac{|D^v|}{|D|}} \tag{16-6}$$

信息增益率定义为

$$\mathrm{Gainratio}(D,a)=\frac{\mathrm{Gain}(D,a)}{\mathrm{IV}(a)} \tag{16-7}$$

下面介绍基于信息增益率的 C4.5 算法的流程。

输入:训练数据集 D、特征集 A、阈值 ε。

输出:决策树 T。

(1) 如果 D 中所有实例属于同一类 C_k,则置 T 为单节点树,并将 C_k 作为该节点的类,返回 T。

(2) 如果 A 为空集,则置 T 为单节点树,并将 D 中实例数最大的类 C_k 作为该节点的类,返回 T。

(3) 如果 A 非空,则计算 A 中各特征对 D 的信息增益比,选择信息增益比最大的特征 A_g。

(4) 如果 A_g 的信息增益比小于阈值 ε,则置 T 为单节点树,并将 D 中实例数最大的类 C_k 作为该节点的类,返回 T。

(5) 如果 A_g 的信息增益比大于或等于阈值 ε,则对 A_g 的每一可能值 a_i,依 $A_g=a_i$ 将 D 分割为若干非空子集 D_i,将 D_i 中实例数最大的类作为标记,构建子节点,由节点及其子节点构成树 T,返回 T。

(6) 对第 i 个子节点,以 D_i 为训练集,以 $A-\{A_g\}$ 为特征集,递归地调用(1)~(5)步,得到树 T_i,返回 T_i。

16.1.3 CART 算法

CART 是应用广泛的决策树学习方法。CART 同样由特征选择、树的生成及剪枝组成,既可以用于分类,也可以用于回归。本小节主要介绍如何对分类树用基尼指数最小化准则进行特征选择,生成二叉树。定义数据集 D 的基尼指数:

$$\mathrm{Gini}(D)=1-\sum_{k=1}^{K}p_k^2 \tag{16-8}$$

式中,K 为数据集 D 中属性的 K 个不同取值。

属性 a 的基尼指数定义为

$$\text{Gini}(D,a) = \sum_{v=1}^{V} \frac{|D^v|}{|D|} \text{Gini}(D^v) \tag{16-9}$$

基尼指数 $\text{Gini}(D)$ 表示集合 D 的不确定性,基尼指数 $\text{Gini}(D,a)$ 表示用属性 a 划分后集合 D 的不确定性。基尼指数越大,样本集合的不确定性也就越大,这一点与熵相似。

CART 算法由以下两步组成。

(1)决策树生成:基于训练数据集生成决策树,生成的决策树要尽量大。

(2)决策树剪枝:用验证数据集对已生成的树进行剪枝并选择最优子树,这时用损失函数最小作为剪枝标准。

决策树生成算法递归地产生决策树,直到不能继续下去为止。这样产生的树往往对训练数据的分类很准确,但对未知的测试数据的分类却没有那么准确,即出现过拟合现象。过拟合的原因在于学习时过多地考虑如何提高训练数据的正确分类,从而构建出过于复杂的决策树。解决这一问题的办法是考虑决策树的复杂度,对已生成的决策树进行简化。

在决策树学习中,对已生成的决策树进行简化的过程称为剪枝。决策树的剪枝往往通过极小化决策树整体的损失函数或代价函数实现。设树 T 的叶节点个数为 $|T|$,t 是树 T 的叶节点,该叶节点有 N_t 个样本点,其中 k 类的样本点有 N_{tk} 个,$k=1,2,\cdots,K$,$H_t(T)$ 为叶节点 t 上的经验熵,$\alpha \geqslant 0$ 为参数,则决策树学习的损失函数可以定义为

$$C_\alpha(T) = \sum_{t=1}^{|T|} N_t H_t(T) + \alpha |T| \tag{16-10}$$

剪枝,就是当 α 确定时,选择损失函数最小的模型,即损失函数最小的子树。当 α 值确定时,子树越大,往往对训练数据的拟合就越好,但是模型的复杂度就越高;子树越小,模型的复杂度就越低,但是往往对训练数据的拟合不好。损失函数正好表示了对两者的平衡。

决策树生成只考虑了通过提高信息增益(信息增益比)对训练数据进行更好的拟合,而决策树剪枝通过优化损失函数还考虑了减小模型的复杂度。决策树生成学习局部的模型,而决策树剪枝学习整体的模型。

下面介绍基于基尼指数的 CART 算法的流程。

输入:训练数据集 D、停止计算的条件。

输出:CART 决策树。

根据训练数据集,从根节点开始,递归地对每个节点进行以下操作,构建二叉决策树。

(1)计算现有特征对数据集 D 的基尼指数。对每一个特征 A,对其可能取的每个值 a,根据样本点对 $A=a$ 的测试为"是"或"否",将 D 分割为 D_1 和 D_2 两部分,计算 $A=a$ 时的基尼指数。

(2)在所有可能的特征 A 及它们所有可能的切分点 a 中,选择基尼指数最小的特征及其对应的切分点作为最优特征与最优切分点。依最优特征与最优切分点,从现节点生成两个子节点,将训练数据集依特征分配到两个子节点中。

(3)对两个子节点递归地调用(1)和(2)步,直至满足停止条件。

(4)生成 CART 决策树。

算法停止计算的条件是节点中的样本个数小于预定阈值,或样本集的基尼指数小于预

定阈值,或者没有更多特征。

16.2 决策树的 Python 实现

本节使用 Sklearn 库实现决策树。Sklearn 库中决策树的类都在 tree 模块下,该模块总共包含 5 个类别,如表 16-1 所示。本节主要讲解分类树。

表 16-1 决策树模块及作用

模 块	作 用
tree. DecisionTreeClassifier	分类树
tree. DecisionTreeRegressor	回归树
tree. export_graphviz	将生成的树导出为 DOT 格式,画图专用
tree. ExtraTreeClassifier	高随机版本的分类树
tree. ExtraTreeRegressor	高随机版本的回归树

DecisionTreeClassifier 函数的调用格式如下:

```
DecisionTreeClassifier(criterion = 'gini',
                       random_state = 30,
                       splitter = 'random',
                       max_depth = 3,
                       min_samples_leaf = 10,
                       min_samples_split = 10,
                       max_features = 10,
                       min_impurity_decrease = 1 )
```

Sklearn 建模的基本流程如下。

(1) 实例化,建立评估模型对象。

(2) 通过模型接口训练模型。

(3) 通过模型接口提取重要的信息。

在该流程下,分类树对应的代码如下:

```
from sklearn import tree
#实例化
clf = tree.DecisionTreeClassifier()
#用训练数据集训练模型
clf = clf.fit(x_train,y_train)
#导入测试集,从接口中调用需要的信息
result = clf.score(x_test,y_test)
```

为了将数据转化为一棵树,决策树需要找出最佳节点和最佳分枝方法。对分类树来说,这一最佳指标称为不纯度。通常来说,不纯度越低,决策树对训练集的拟合越好。不纯度基于节点计算,树中的每个节点都会有一个不纯度,并且子节点的不纯度一定低于父节点,即在同一棵决策树上,叶子节点的不纯度一定是最低的。

决策树的主要参数说明如表 16-2 所示。

表 16-2 决策树的主要参数说明

参　　数	说　　明
criterion	表示特征选择的标准,可设置为 entropy 或 gini,前者代表信息增益,后者代表基尼准则,默认为 gini,即 CART 算法
splitter	表示特征划分标准,可不填,默认最佳分枝(best)。best 在特征的所有划分点中找到最优的划分点,random 随机在部分划分点中找局部最优的划分点。默认的 best 适合样本量不大的数据,对于样本量大的数据推荐使用 random
max_depth	表示树的最大深度,可不填,默认为 None。如果是 None 则树会持续生长到所有叶子节点的不纯度为 0,或者直到每个叶节点所包含的样本量都小于参数 min_samples_split
min_samples_split	表示一个中间节点要分枝所需要的最小样本量,可不填,默认为 2。如果一个节点包含的样本量小于 min_samples_split,这个节点的分枝就不会产生,即这个节点会成为一个叶节点
min_samples_leaf	表示一个叶节点要存在所需要的最小样本量,可不填,默认为 1。一个节点在分枝后的每个子节点中,必须包含至少 min_samples_leaf 个训练样本,否则分枝就不会发生
max_features	表示在做最佳分枝的时候,考虑的特征个数,可不填,默认为 None
random_state	表示在 sklearn 中设定好的 RandomState 实例,可不填,默认为 None。若设置为整数,random_state 是由随机数生成器生成的随机数种子;若设置为 RandomState 实例,则 random_state 是一个随机数生成器;若设置为 None,则随机数生成器会是 np.random 模块中的一个 RandomState 实例

16.3　决策树应用

16.3.1　案例一：影响加班的因素

假设是否上班只与天气的好坏、是否是周末、是否加班这 3 个因素有关,并且它们之间的关系如表 16-3 所示,其中 1 代表肯定状态,0 代表否定状态。

表 16-3　决策树案例数据

是否是好天气	是否是周末	是否加班	是否上班
1	1	0	0
1	1	1	1
1	0	0	1
1	0	1	1
0	1	1	1
0	1	0	0
0	0	0	0
0	0	1	1

显然该数据集 D 包含 8 个样本,类别为二分类,其中正例(上班)所占的比例为 $p_1 = \dfrac{5}{8}$,反

例(不上班)所占的比例为 $p_2 = \dfrac{3}{8}$。根据信息熵的公式,能够计算出数据集的信息熵为

$$\text{Ent}(D) = -\sum_{k=1}^{|\mathfrak{Z}|} p_k \log_2 p_k = -\left(\frac{5}{8}\log_2\frac{5}{8} + \frac{3}{8}\log_2\frac{3}{8}\right) = 0.954 \tag{16-11}$$

从数据中能够看出特征集为{是不是好天气、是不是周末、是否加班}。接下来计算每个特征的信息增益。

先看本数据集的"是不是好天气"特征,若通过该特征对数据集 D 进行划分,则可以得到两个子集,分别是 D^1(是不是好天气=1)、D^2(是不是好天气=0)。D^1 包含 4 个样本,其中正例 $p_1 = \dfrac{3}{4}$,反例 $p_2 = \dfrac{1}{4}$。D^2 包含 4 个样本,其中正例 $p_1 = \dfrac{1}{2}$,反例 $p_2 = \dfrac{1}{2}$。因此,可以计算出用"是不是好天气"划分数据集 D 后所获得的 2 个分支节点的信息熵为

$$\begin{aligned}
\text{Ent}(D^1) &= -\left(\frac{3}{4}\log_2\frac{3}{4} + \frac{1}{4}\log_2\frac{1}{4}\right) = 0.811 \\
\text{Ent}(D^2) &= -\left(\frac{1}{2}\log_2\frac{1}{2} + \frac{1}{2}\log_2\frac{1}{2}\right) = 1
\end{aligned} \tag{16-12}$$

因此,特征"是不是好天气"的信息增益为

$$\begin{aligned}
\text{Gain}(D, \text{是不是好天气}) &= \text{Ent}(D) - \sum_{v=1}^{2}\frac{|D^v|}{|D|}\text{Ent}(D^v) \\
&= 0.954 - \left(\frac{1}{2}\times 0.811 + \frac{1}{2}\times 1\right) \\
&= 0.0485
\end{aligned} \tag{16-13}$$

同理,可以计算出其他特征的信息增益为

$$\text{Gain}(D, \text{是不是周末}) = 0.0485 \tag{16-14}$$

$$\text{Gain}(D, \text{是否加班}) = 0.5485 \tag{16-15}$$

通过比较,可以发现特征"是否加班"的信息增益最大,于是它被选为划分属性。

确定了划分属性后,接下来用 Python 建立一棵决策树。

(1) 导入需要的算法和模块。

```
from sklearn import tree
import graphviz
import pandas as pd
from sklearn.model_selection import train_test_split
```

(2) 导入数据。

```
data = pd.read_csv('D:/Python/Decision tree case.csv', encoding = 'utf-8')
data
y = data['Work']
# print(y)
x = data[['Weather', 'Weekend', 'Work overtime']]
# print(x)
```

(3) 建立模型。

```
clf = tree.DecisionTreeClassifier(criterion = 'entropy')
clf = clf.fit(x,y)
score = clf.score(x,y)
score
```

（4）绘制一棵决策树。

```
dot_data = tree.export_graphviz(clf,
                                out_file = None,
                                feature_names = x.columns.values,
                                filled = True,
                                rounded = True,
                                )
graph = graphviz.Source(dot_data)
graph
```

可视化结果如图 16-2 所示。

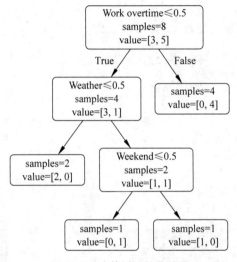

图 16-2 决策树可视化结果

从上述决策树的分类结果可以看出，是否加班作为决策树的第 1 个节点，天气好坏作为决策树的第 2 个节点，是不是周末作为决策树的第 3 个节点。

16.3.2 案例二：乳腺癌预测

本案例采用 Python 中 sklearn.datasets 模块中自带的乳腺癌数据，该数据集共包含 569 个样本，30 个自变量，我们利用这 30 个自变量来预测病人是否患有恶性肿瘤。

下面利用 Python 建立决策树模型，完成是否患乳腺癌的预测。

（1）导入需要的算法和模块。

```
from sklearn import datasets
from sklearn.tree import DecisionTreeClassifier
from sklearn.model_selection import train_test_split
from sklearn.metrics import confusion_matrix
import numpy as np
import pandas as pd
from collections import OrderedDict
import matplotlib as plt
import seaborn as sns
```

（2）导入数据，划分训练集与测试集。

```
biopsy = datasets.load_breast_cancer()
X = biopsy['data']
Y = biopsy['target']
X_train,X_test,y_train,y_test = train_test_split(X,Y,random_state = 21)
```

（3）建立决策树分类模型。

```
clf = DecisionTreeClassifier(random_state = 21)
clf.fit(x_train,y_train)
y_test_pred = clf.predict(x_test)
accuracy = np.mean(y_test_pred == y_test)
print(accuracy)
```

（4）混淆矩阵预测结果可视化。

```
colorMetrics = confusion_matrix(y_test, y_test_pred)
ax = sns.heatmap(colorMetrics, annot = True, fmt = 'd',
        linewidths = .5, cmap = "Purples")        # annot = True 在格子上显示数字
ax.set_xlabel('Predict')                          # 增加 x 轴标题
ax.set_ylabel('True')                             # 增加 y 轴标题
ax.set_title('混淆矩阵')                           # 增加图标题
plt.savefig('1_Confusion matrix heat map.jpg', dpi = 1000)
plt.show()
```

可视化结果如图 16-3 所示。

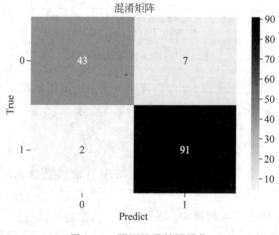

图 16-3　预测结果的可视化

　　案例二是使用决策树模型进行分类预测的典型案例，由图 16-3 可以看出，决策树分类模型应用于乳腺癌的预测具有良好的效果，其分类的准确度在默认参数下可达 93.7%。

本 章 小 结

　　决策树是一种重要的机器学习方法，可以较好地解决分类和回归问题。本章介绍了 ID3 算法、C4.5 算法和 CART 算法的算法原理与算法流程。同时，介绍了决策树的 Python

实现及参数说明,并通过具体案例介绍决策树方法。在实际应用中,决策树具有易于理解和解释的优点,但同时也容易受到噪声数据和过拟合的影响。因此,后续将讨论如何使用随机森林方法来改进决策树的性能。

习　　题

1. 试分析使用"最小训练误差"作为决策树划分选择的缺陷。
2. 西瓜的好坏分类。

根据表 16-4 给出的训练数据集,利用信息增益率生成决策树。

表 16-4　西瓜数据

颜色	大小	口感	是否为好瓜
0	1	0	0
1	1	1	1
0	0	0	0
1	0	1	1
1	1	1	1
1	0	0	0

3. 贷款是否批准。

根据表 16-5 所给的训练数据集,利用基尼指数生成决策树。

表 16-5　贷款申请样本数据

ID	年龄	是否有工作	是否有房子	信誉情况	是否批准
1	青年	否	否	一般	否
2	青年	否	否	好	否
3	青年	是	否	好	是
4	青年	是	是	一般	是
5	中年	否	否	一般	否
6	中年	否	否	好	否
7	中年	是	是	非常好	是
8	老年	否	是	非常好	是
9	老年	否	是	好	是
10	老年	是	否	一般	是

第 17 章 随机森林

重点内容

◇ 随机森林的基本原理；

◇ 随机森林的特征选择；

◇ 随机森林的应用。

难点内容

◇ 随机森林的构建；

◇ 利用 Python 实现随机森林。

随机森林是由利奥·布赖曼（Leo Breiman）于 2001 年提出的一种算法，它使用决策树的集合完成各种任务（对样本进行训练、分类和预测），以获得更好的结果。随机森林是一种流行的机器学习方法，主要用于回归和分类场景。随机森林可以对数据进行分类，同时还能够给出每个变量的重要度评分，并以此评估每个变量在分类中的作用。

随机森林是一种集成学习方法，集成学习的基本思想是将多个弱学习器集成一个强学习器，以提高模型的预测准确性。正是因为这种优势，它可以并行计算，所以随机森林通常是一些竞赛中的首选模型。本章思维导图如图 17-1 所示。

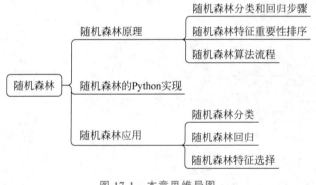

图 17-1　本章思维导图

17.1　随机森林原理

随机森林算法是基于 Bagging 思想的一种集成学习方法，是一种基于决策树的集成学习算法，它通过构建多棵决策树来实现对数据分类或者回归。随机森林的核心思想是通过构建多棵决策树模型，随机选择特征和样本来减小决策树之间的相关性，并对它们的结果进行投票(分类问题)或者平均(回归问题),以得到较为稳定和可靠的预测结果,从而提高模型的泛化能力和精度。

随机森林的核心就是随机,即利用随机选择样本和特征,减少决策树之间的关联性。随机森林的随机可以理解为两层含义:一是将相同数量的数据以随机有放回的方式从原始训练数据中选出,组成训练集;二是选择一些随机的特征构建决策树。这两种随机可以让每棵决策树之间的关联性很小,进一步提高了模型的精确性。

17.1.1 随机森林分类和回归步骤

随机森林分类和回归的步骤如下。

(1)收集数据集:随机森林分类需要一个训练数据集,该数据集由一些已知分类的样本组成。每个样本由一组特征和对应的分类标签组成。

(2)随机选择样本和特征:对于每棵决策树,从训练数据集中随机抽取一定数量的样本和特征。这些样本和特征将用于构建当前决策树。

(3)构建决策树:基于抽取的样本和特征,构建一棵决策树。这棵决策树的节点上的决策是基于选定特征分割样本的结果。根据分割结果,可以将样本划分为不同的类别。

(4)重复步骤(2)和(3):重复这两个步骤,直到达到指定的决策树数量。

(5)对新样本进行预测:对于一个新的样本,用每个决策树对它进行分类。通过对所有决策树的分类结果进行投票,得到最终的分类结果。

随机森林的回归和分类类似,不同之处在于随机森林分类输出的是类别(离散值),而随机森林回归输出的是数值(连续值)。随机森林回归与随机森林分类的主要区别在于最终预测结果的计算方式。

在随机森林回归中,每棵子树的预测结果是一个实数,最终的随机森林回归预测结果是取所有子树预测结果的平均值。可以使用随机森林回归来预测实数输出变量,如预测房价、股票价格等连续变量,此外它也可以预测某个群体的平均收入等。

与随机森林分类类似,随机森林回归的核心思想是通过构建多颗决策树模型并集成结果,从而得到更加稳定的预测结果。具体地,随机森林回归也采用了随机采样和随机特征选择等方法来增加模型的多样性,从而提高预测结果的可靠性和鲁棒性。与随机森林分类类似,随机森林回归的优点也包括能够有效地处理高维数据、避免过拟合等。

17.1.2 随机森林特征重要性排序

随机森林在特征选择方面具有很好的表现。在构建随机森林时,每个决策树都会使用不同的特征子集来进行训练。通过评估每个特征在构建决策树时的重要性,可以对所有特征进行排名。在训练完成之后,可以根据这个排名来选择最重要的特征,从而用于后续的建模或特征工程任务。要进行特征选择,需要先有一个对特征好坏的度量。本小节首先介绍随机森林是如何度量一个特征的好坏的,然后介绍如何进行特征选择。

对每一棵决策树,选择相应的袋外数据(Out-of-Bag,OOB)计算袋外错误率(Out-of-Bag Error),记为ooberror。每次建立决策树时,有放回的重复抽取样本,对于每棵树而言(假设对于第 k 棵树),大约有 $\frac{1}{3}$ 的样本没有参与决策树的建立,它们称为第 k 棵树的OOB

样本。这部分数据可以用于对决策树的性能进行评估,计算模型的预测错误率,即袋外错误率。这样的采样特点允许我们进行 OOB 估计,其计算方式如下。

(1) 对每个样本,计算它作为 OOB 样本的树的分类情况。

(2) 以多数结果作为该样本的分类结果。

(3) 用误分个数占样本总数的比例作为随机森林的 OOB 误分率。

OOB 误分率是随机森林泛化误差的一个无偏估计,其结果近似于需要大量计算的 k 折交叉验证的结果。

特征选择目前比较流行的方法是信息增益、增益率、基尼系数和卡方检验。这里主要介绍基于基尼系数的特征选择,因为随机森林采用的 CART 决策树是基于基尼系数选择特征的。基尼系数的选择标准是每个子节点达到最高的纯度,即落在子节点中的所有观察都属于同一个分类,此时基尼系数最小,纯度最高,不确定度最小。对于一般的决策树,假如总共有 K 类,样本属于第 k 类的概率为 p_k,则该概率分布的基尼指数为

$$\text{Gini}(p) = \sum_{k=1}^{K} p_k(1-p_k) = 1 - \sum_{k=1}^{K} p_k^2 \tag{17-1}$$

基尼指数越大,说明不确定性越大;基尼系数越小,说明不确定性越小,数据分割得越彻底。对于 CART 树而言,由于是二叉树,其可以通过如下公式表示。

$$\text{Gini}(p) = 2p(1-p) \tag{17-2}$$

当遍历每个特征的每个分割点时,若使用特征 $A=a$ 将 D 划分为两部分,即 D_1(满足 $A=a$ 的样本集合)、D_2(不满足 $A=a$ 的样本集合),则在特征 $A=a$ 的条件下 D 的基尼指数为

$$\text{Gini}(D,A) = \frac{|D_1|}{|D|}\text{Gini}(D_1) + \frac{|D_2|}{|D|}\text{Gini}(D_2) \tag{17-3}$$

式中,$\text{Gini}(D)$ 为集合 D 的不确定性;$\text{Gini}(D,A)$ 为经过 $A=a$ 分割后的集合 D 的不确定性。

随机森林中的每棵 CART 决策树都是通过不断遍历这棵树特征子集的所有可能的分割点,寻找基尼系数最小的特征的分割点,将数据集分成两个子集,并直至满足停止条件为止。

17.1.3 随机森林算法流程

随机森林算法流程如图 17-2 所示。

输入:样本集 $D=\{(x_1,y_1),(x_2,y_2),\cdots,(x_m,y_m)\}$、弱分类器迭代次数 T。

输出:最终的强分类器 $f(x)$。

(1) 对于 $t=1,2,\cdots,T$,对训练集进行第 t 次采样,共采集 m 个,得到包含 m 个样本的采样集 D_t。用采样集 D_t 训练第 t 个决策树模型 $G_t(x)$,在训练决策树模型的节点时,从节点上所有的样本特征中选择一部分样本特征,在这些随机选择的部分样本特征中选择一个最优的特征进行决策树的左、右子树划分。

(2) 对于分类算法,T 个弱学习器投出最多票数的类别或者类别之一为最终类别;对于回归算法,T 个弱学习器得到的回归结果进行算术平均得到的值为最终的模型输出。

随机森林的优点如下。

(1) 随机森林能够处理很高维的数据,并且不用降维,无须进行特征选择。

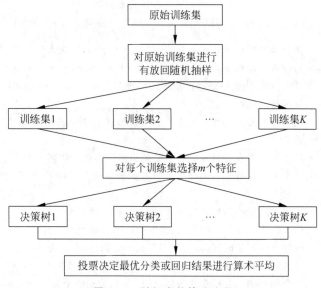

图 17-2 随机森林算法流程

(2) 训练速度较快,容易做成并行方法。

(3) 由于有袋外数据,因此可以在模型生成过程中取得真实误差的无偏估计。

(4) 可以判断特征的重要性。

随机森林的缺点如下。

(1) 随机森林在某些噪声较大和决策边界不规则的分类或回归问题上会出现过拟合。

(2) 当随机森林中决策树棵数很多时,训练时需要较多的时间和较大的空间。

17.2 随机森林的 Python 实现

随机森林的分类与回归算法可以借助 Python 的第三方库 Sklearn 实现,主要使用其中的 RandomForestClassifier(分类)和 RandomForestRegressor(回归)模块构建随机森林分类和随机森林回归。

使用 Python 实现随机森林分类和回归时,主要流程是导入相关的函数→为函数或模型设置参数→使用数据拟合模型(fit()函数)。其具体 Python 实现函数如下:

```
RandomForestClassifier(n_estimators = '10',criterion = 'gini',max_depth = None,min_samples_
split = 2,min_samples_leaf = 1,min_weight_fraction_leaf = 0.0,max_features = 'auto',max_leaf_
nodes = None,min_impurity_decrease = 0.0,min_impurity_split = None, bootstrap = True,oob_score =
False,n_jobs = None,random_state = None,verbose = 0,warm_start = False,class_weight = None)
RandomForestRegressor(n_estimators = 'warn',criterion = 'mse',max_depth = None,min_samples_
split = 2,min_samples_leaf = 1,min_weight_fraction_leaf = 0.0,max_features = 'auto',max_leaf_
nodes = None,min_impurity_decrease = 0.0,min_impurity_split = None,bootstrap = True,oob_score =
False,n_jobs = None,random_state = None, verbose = 0,warm_start = False)
```

在使用 RandomForestClassifier() 和 RandomForestRegressor() 函数时,主要涉及 criterion、max_depth 和 min_samples_leaf 等参数,参数说明如表 17-1 所示。

表 17-1 参数说明

参　数	说　明
n_estimators	随机森林中决策树的数量,数据类型为整型,默认为 10
criterion	特征选择的标准,不纯度的衡量指标,有 entropy 和 gini 两种选择,默认为 gini。其中,gini 代表特征选择使用的标准是 gini 指数;entropy 代表特征选择使用的标准是信息熵
max_depth	决策树的最大深度,数据类型为整型或者 None,超过最大深度的树枝都会被剪掉
min_samples_split	叶子节点上在进行划分时需要的最少样本数。数据类型为整型或者浮点型
min_samples_leaf	叶子节点在分支后的每个子节点都至少包含的样本数,数据类型为整型或者浮点型
min_weight_fraction_leaf	叶子节点最小的样本权重和,数据类型为浮点型
max_leaf_nodes	最大叶子节点数。限制最大叶子节点数,防止过拟合
bootstrap	构建决策树的时候,是否使用有放回的抽样,默认为 True,数据类型为布尔型
oob_score	是否使用袋外样本,默认为 False,数据类型为布尔型
n_jobs	拟合和预测的并行作业数量,默认为 1,数据类型为整型
random_state	随机种子的设置
verbose	控制决策树构建时的冗余度,默认为 0,数据类型为整型
warm_start	数据类型为布尔型,默认为 False,构建全新的随机森林;当是 True 时,调用之前的模型

随机森林分类和回归中所有的参数、属性与接口,基本上一致。仅有的不同是回归树与分类树不同,不纯度的指标参数 criterion 不一致。criterion 可以选择均方误差 mse、费尔德曼均方误差 friedman_mse、绝对平均误差 mae 等值。

17.3　随机森林应用

Python 实现随机森林分类过程如前所述,即导入相关模块、设置参数、划分训练集和测试集、拟合模型。为了查看模型的泛化能力,对模型进行交叉验证及交叉验证结果的可视化。下面选取两个数据集分别介绍随机森林分类和随机森林回归的 Python 实现过程。

17.3.1　随机森林分类

以红酒数据集为例进行随机森林分类。红酒数据集共 178 个样本,代表了红酒的 3 个档次(分别有 59、71、48 个样本),以及与之对应的 13 维属性数据。具体的代码实现如下:

```
# 导入需要的库
from sklearn.ensemble import RandomForestClassifier
from sklearn.datasets import load_wine
from sklearn.model_selection import train_test_split

# 导入需要的数据集
wine = load_wine()
# 划分数据集和训练集
```

```
X_train, X_test, y_train, y_test = train_test_split(wine.data, wine.target, test_size = 0.3)

#随机森林
rfc = RandomForestClassifier(random_state = 0)
rfc = rfc.fit(X_train, y_train)                    # 使用训练集对模型进行训练
score_r = rfc.score(X_test, y_test)                # 通过测试集计算模型的精确性

#交叉验证
from sklearn.model_selection import cross_val_score
rfc = RandomForestClassifier(n_estimators = 25)
rfc_s = cross_val_score(rfc, wine.data, wine.target, cv = 10)  # cv = 10,交叉验证的次数,特征矩阵
                                                              # 分为10份,包括9份训练集和1份
                                                              # 测试集

#绘制折线图
import matplotlib.pyplot as plt
plt.plot(range(1, 11), rfc_s, label = "RandomForest")
plt.legend()                                        # 显示图例
plt.show()                                          # 显示图像
```

交叉验证结果如图 17-3 所示。

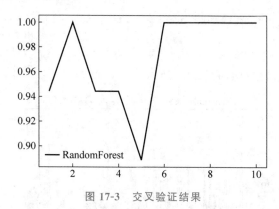

图 17-3 交叉验证结果

17.3.2 随机森林回归

下面以波士顿房价数据集为例进行随机森林回归。波士顿房价数据集统计了波士顿 506 处房屋的 13 种不同特征(CRIM：城镇人均犯罪率；ZN：住宅用地比例；INDUS：城镇非商业用地所占比例；CHAS：Charles River 虚拟变量；NOX：一氧化氮浓度；RM：平均房间数；AGE：1940 年前建成的自有单位比例；DIS：到 5 个波士顿就业中心的加权距离；RAD：距离高速公路的便利指数；LSTAT：地位较低的人所占百分比；PTRATIO：城镇中师生比例；B：城镇中黑人比例；TAX：不动产税)。

```
#导入需要的库
from sklearn.datasets import load_boston
from sklearn.model_selection import cross_val_score
from sklearn.ensemble import RandomForestRegressor
from sklearn.model_selection import train_test_split
#导入需要的数据集
boston = load_boston()
#划分训练集和测试集
```

```
X_train,X_test,y_train,y_test = train_test_split(boston.data,boston.target,test_size = 0.3)
                                                      #70%用于训练,30%用于测试
#随机森林
regressor = RandomForestRegressor(n_estimators = 100,random_state = 0)
#使用训练集对模型进行训练
rfr = rfr.fit(X_train,y_train)
#对测试集数据进行预测
result = rfr.predict(X_test)                     #通过测试集计算模型的准确性
score = rfr.score(X_test,y_test)
#可视化
import matplotlib.pyplot as plt
import numpy as np
plt.figure()
plt.plot(np.arange(len(result)),Ytest,"go-", label = "True value")
plt.plot(np.arange(len(result)), result,"ro-", label = "Predict value")
plt.title(f"RandomForest --- score:{score}")
plt.legend(loc = "best")
plt.show()
#交叉验证
cross_val_score(regressor, boston.data, boston.target, cv = 10, scoring = "neg_mean_squared_
error")                                            #输出10次负的均方误差结果
cross_val_score(rfr,boston.data,boston.target,cv = 10,scoring = "r2")    #输出 R^2
```

预测值与真实值结果对比如图 17-4 所示。

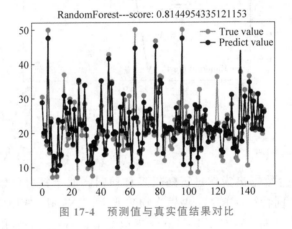

图 17-4　预测值与真实值结果对比

17.3.3　随机森林特征选择

随机森林通过计算每个特征的重要性评分来选择最重要的特征,从而提高模型的性能和可解释性。其基本思想:在随机森林中,每个决策树都会选取一部分特征进行训练,通过比较每个特征在不同决策树中的重要评分,确定每个特征的重要性。

随机森林通过随机抽取数据集和特征子集来构建多个决策树,随机森林可以有效地减少过拟合的风险,并且可以处理高维度和大规模数据,随机森林选择最重要的特征是提高模型的准确率和泛化能力。

下面继续用随机森林回归的数据,即波士顿房价数据集做特征选择,具体 Python 实现步骤如下:

```
#随机森林特征选择
import numpy as np
features = boston['feature_names']
importances = rfr.feature_importances_
indices = np.argsort(importance)[::-1]
array([12, 5, 7, 0, 4, 10, 6, 9, 11, 2, 8, 1, 3])

#可视化
import matplotlib.pyplot as plt
plt.title('Feature Importances')
plt.barh(range(len(indices)),importances[indices], color = 'b', align = 'center')
plt.yticks(range(len(indices)),[features[i] for i in indices])
plt.xlabel('Relative Importance')
plt.show()
```

特征重要性排序结果如图 17-5 所示。

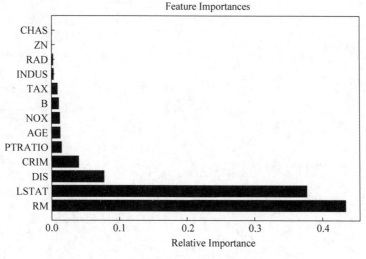

图 17-5 特征重要性排序结果

图 17-5 为随机森林回归的特征重要性排序结果,由图 17-5 可知,对于波士顿房价数据集来说,最重要的三个特征分别是 RM(平均房间数)、LSTAT(地位较低的人所占百分比)、DIS(到 5 个波士顿就业中心的加权距离)。

本 章 小 结

随机森林是一种用于分类、回归和特征选择的算法,是机器学习中一种重要的算法,在各个领域中具有广泛的应用,如在金融风险评估、精准医疗、故障诊断、图像识别等方面。

本章主要介绍了随机森林的基本原理和算法流程,并通过 Python 分别实现了分类、回归和特征选择的过程。随机森林算法准确率高,可以处理高维特征,而且不需要进行降维,同时能够评估各个特征在分类问题上的准确性,对于存在缺失值的数据也能够获得令人满意的结果。

习　　题

1. 随机森林的随机性体现在哪些方面？随机森林为什么不能用全样本训练 m 棵决策树？

2. 简述随机森林的构建过程及其优缺点。

3. 简述随机森林分类和回归的异同。

4. 选取来源于 UCI 网站公开的哈伯曼生存数据集（Haberman's Survival Data Set），使用随机森林算法对该数据集中接受过乳腺癌手术的患者的生存情况进行分类研究。

5. 选取来源于 UCI 网站公开的房地产估价数据集（Real Estate Valuation Data Set），使用随机森林算法对单位面积房价进行预测，房地产估价的市场历史数据集来自中国台湾新北市新店区。

第18章 神经网络

重点内容
◇ 感知机、激活函数的含义；
◇ 前馈神经网络的基本原理；
◇ 神经网络的建模及其应用。

难点内容
◇ BP 神经网络的基本原理；
◇ 神经网络的 Python 实现。

人工神经网络（Artificial Neural Network，ANN）是在现代生物学的基础上，受大脑的生物神经网络的启发，基于对生物大脑的结构和功能的模仿，采用数学方法对其进行研究而构成的一种信息处理系统。神经网络模拟生物大脑中的神经元，每个连接如同生物大脑中的突触，可以在神经元之间传递信息，接收信号的神经元对其进行处理，通知与之相连的其他神经元。利用人工神经元可以构成各种不同拓扑结构的神经网络，是生物神经网络的一种模拟和近似。1943 年，沃伦·麦克洛卡（Warren McCulloch）和沃尔特·皮茨（Walter Pitts）首次创建了一种基于数学和算法的 ANN 计算模型，称为 M-P 模型。随着学者的深入研究，1969 年明斯基（Minsky）和帕佩特（Papert）发现：单层感知机不能处理异或问题且计算能力不足以处理大型 ANN 模型，使得 ANN 发展进入"寒冬期"。1974 年，保罗·韦伯斯（Paul Werbos）针对计算机处理 ANN 模型计算能力受限的问题提出了反向传播（Back Propagation，BP）算法，该算法能够有效地解决上述问题。2006 年，欣顿（Hinton）通过"预训练和微调"两种技术的运用，使得神经网络的训练时间大幅度减少，并设置了多个隐藏层，开创了"深度学习"。如今，ANN 已广泛应用于各大领域，如图像识别、目标检测、语音识别和机器翻译等。本章思维导图如图 18-1 所示。

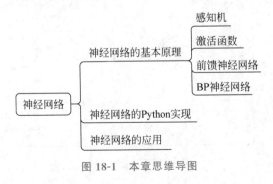

图 18-1 本章思维导图

18.1　神经网络的基本原理

　　神经网络是一种运算模型,由大量的节点(人工神经元)和它们之间的相互连接构成。每个节点代表一种特定的输出函数,称为激活函数。每两个节点间的连接都代表一个对于通过该连接信号的加权值,称为权重。神经网络的输出则根据神经网络的连接方式、神经元个数、权重值及激活函数的不同而不同。

　　下面详细介绍神经元的结构和激活函数的不同类型。

　　如今神经网络常用于两类问题:分类和回归。在使用神经网络时需要注意以下3点。

　　第一,神经网络缺乏可解释性,目前还没有能对神经网络做出显而易见解释的方法。

　　第二,神经网络会学习过度,在训练神经网络的过程中一定要恰当地使用一些能严格衡量神经网络的方法,如将数据划分为训练集和测试集与交叉验证法等。这主要是由于神经网络太灵活、可变参数太多,如果给足够的时间,它几乎可以"记住"任何事情。

　　第三,除非问题非常简单,否则训练一个神经网络可能需要相当可观的时间才能完成。当然,如果一个神经网络已经建立好,用它做预测时运行的速度还是很快的。

18.1.1　感知机

　　神经元(Neuron)是构成神经网络的基本单元,模拟生物神经元的结构和特性,接收输入信号并且产生输出。输入向量要进行加权,得到的结果经过激活函数,然后才能输出神经元的活性值,得到一个标量结果。神经元对输入向量施加仿射函数和激活函数,其输出只能沿着权值向量的方向变化,所以神经元只能形成垂直于权值向量的超平面分界面。

　　单层感知机神经元模型的结构如图 18-2 所示。假设一个神经元的输入值为 x_i,对应的权重为 w_i,初始化时在[0,1]随机生成偏置 b,n 是输入神经元的个数。对各输入值进行加权之后,神经元的输入为

$$\boldsymbol{z} = \boldsymbol{W}^{\mathrm{T}}\boldsymbol{X} + b \tag{18-1}$$

式中,$\boldsymbol{X} = [x_1, x_2, \cdots, x_n]$ 为输入向量;$\boldsymbol{W} = [w_1, w_2, \cdots, w_n]$ 为权重向量。

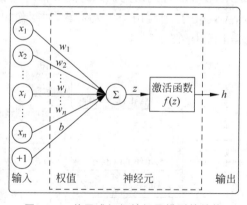

图 18-2　单层感知机神经元模型的结构

然后,输入值经过一个激活函数 f 激活得到输出值:

$$h = f(z) \tag{18-2}$$

最后,输出 h 得到预测结果。

感知机是基础的线性二分类模型,其中单层感知机是具有一个隐藏层神经元、采用阈值激活函数的前向网络。通过对网络权值和阈值的训练,可以使感知机对一组输入矢量的响应达到 0 或 1 的目标输出,从而实现对输入矢量的分类:

$$z = \sum_{i=1}^{m} w_i x_i + b, \quad h = \begin{cases} 1, & z \geqslant 0 \\ 0, & z < 0 \end{cases} \tag{18-3}$$

因为感知机学习算法是通过监督式的权值训练完成的,所以网络的学习过程需要输入和输出样本对。感知机的学习规则是使用梯度下降法,可以经过有限次迭代收敛到正确的目标标量。

18.1.2 激活函数

神经网络中的每个神经元将上一层神经元的输出值作为本神经元的输入值,并将输出值传递给下一层,输入层神经元节点将输入属性值直接传给下一层(隐含层或输出层)。在多层神经网络中,上层节点的输出和下层节点的输入之间具有一定的函数关系,该函数称为激活函数。在神经网络中,激活函数起着不可或缺的作用。常见的激活函数有 Sigmoid 函数、Tanh 函数、ReLU 函数和 Softmax 函数,其函数表达式和图例如表 18-1 所示。

表 18-1　常用的激活函数

函 数 名	函数表达式	图 例
Sigmoid	$f(x) = \dfrac{1}{1+e^{-x}}$	
Tanh	$f(x) = \dfrac{1-e^{-2x}}{1+e^{-2x}}$	

函　数　名	函数表达式	图　　例
ReLU	$f(x) = \max(0, x)$	
Softmax	$\text{softmax}(z_i) = \dfrac{\mathrm{e}^{z_i}}{\displaystyle\sum_i \mathrm{e}^{z_i}}$	

1. Sigmoid 函数

Sigmoid 函数是常用的非线性激活函数，能够把输入的连续实数转换为 0～1 范围内的输出。Sigmoid 函数曾经用得非常广泛，但是其在深度神经网络中的梯度反向传递时导致的梯度爆炸与梯度消失会给权值更新带来较大的麻烦；同时，Sigmoid 函数的输出不是 0 均值，导致后一层的神经元得到上一层的非 0 均值输出作为输入，使得梯度均为正或负，从而导致捆绑效果。

2. Tanh 函数

Tanh 函数解决了 Sigmoid 函数的非 0 均值输出问题，但是仍然会存在梯度消失的问题。同时，幂次运算问题使得训练时间大大增加。

3. ReLU 函数

ReLU 函数实质上是取最大值的函数，并且不是在全区间可导。ReLU 函数相比 Sigmoid 和 Tanh 函数能够快速收敛，提供了神经网络的稀疏表达能力，能够有效解决梯度消失的问题，同时计算更为简便。ReLU 函数是现今神经网络中最为常用的激活函数，其变体形式包括 Leaky ReLU 函数和 ELU。

4. Softmax 函数

Softmax 函数又称归一化指数函数，它是二分类函数 Sigmoid 在多分类上的推广，目的是将多分类的结果以概率的形式展现出来，常用于分类模型中。

18.1.3　前馈神经网络

人脑中大量的神经细胞通过突触形式相互联系,构成结构与功能十分复杂的神经网络系统。人工神经网络也必须将一定数量的神经元适当地连接成网络,从而建立起多种神经网络模型。下面介绍常见的神经网络结构。

人工神经网络通常呈现为按照一定层次结构连接起来的"神经元",是可以从输入向量进行分布式并行信息处理的数学模型。神经网络通过调整内部多个节点(人工神经元)及它们之间的有向连接,对数据之间的复杂关系进行建模,从而达到处理信息的目的。另外,人工神经网络可以依赖于大量的输入和一般未知近似函数,以最大限度拟合模型,提高机器学习的预测精度。

前馈神经网络(Feedforward Neural Network,FNN)是最早发明的简单人工神经网络,由单层感知机推广而来,又被称为多层感知机(Multi-Layer Perceptron,MLP),其采用的是单向多层结构。前馈神经网络的结构包括接收数据的输入层、隐藏层(一层或多层)和产生输出的输出层。其中,每一层包含若干个神经元,各神经元之间没有反馈,每一层的神经元都可通过全连接接收前一层神经元的输出(并非所有连接都相同,因为它们具有不同的权值),并产生输出作为下一层神经元的输入。前馈神经网络结构简单,易于编程,能够以任意精度逼近连续函数及平方可积函数。在前馈神经网络中,信号只在一个方向上朝着输出层进行单向传递,是一种静态非线性映射,通过简单非线性处理单元的复合映射,可获得复杂的非线性处理能力。

多层前馈神经网络结构如图 18-3 所示。

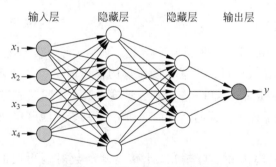

图 18-3　多层前馈神经网络结构

18.1.4　BP 神经网络

BP(Back Propagation)神经网络是 1986 年由以鲁梅尔哈特(Rumelhart)和麦克莱兰McClelland 为首的科学家提出的概念,是指采用反向传播算法的多层感知机,是目前应用广泛的神经网络。BP 神经网络是一种典型的非线性算法,由输入层(Input Layer)、输出层(Output Layer)和若干(一层或多层)隐藏层(Hidden Layer)构成,每一层可以有若干个节点,层与层之间节点的连接状态通过权重和阈值体现。BP 神经网络的核心思想就是通过调整各神经元之间的权值,将误差由隐藏层向输入层逐层反传,即实现了信号的前向传播到误差的反向传播的过程。

BP 算法的核心步骤如下。

（1）求得在特定输入下实际输出与理想输出的平方误差函数（或称代价函数）。

（2）利用平方误差函数对神经网络的阈值及连接权值进行求导，求导原则是导数的"链式求导"法则。

（3）根据梯度下降法对极小值进行逼近，当满足条件时，跳出循环。

BP 神经网络的过程主要分为两个阶段：第一阶段是信号的前向传播，从输入层各神经元接收输入数据，并传递给隐藏层各神经元，最后传递给输出层各神经元，得到最终的输出结果；若是实际输出与期望输出不符，则进入第二阶段的误差反向传播，其学习规则是使用梯度下降法，通过反向传播不断调整网络的权值和阈值，使得神经网络的误差平方和最小。

假设该神经网络输入层有 n 个神经元，隐藏层有 p 个神经元，输出层有 q 个神经元，BP神经网络的理论推导如下。

（1）网络初始化。给每个连接权值分别赋一个区间 $(-1,1)$ 内的随机数，设定误差函数 e、给定计算精度值 ε 和最大学习次数 M。

（2）随机选择 k 个输入样本及对应期望输出：

$$\begin{cases} x(k) = [x_1(k), x_2(k), \cdots, x_n(k)] \\ d_o(k) = [d_1(k), d_2(k), \cdots, d_q(k)] \end{cases} \tag{18-4}$$

（3）计算隐藏层各神经元的输入和输出：

$$\begin{cases} hi_h(k) = \sum_{i=1}^{n} w_{ih} x_i(k) - b_h, & h = 1, 2, \cdots, p \\ ho_h(k) = f(hi_h(k)), & h = 1, 2, \cdots, p \\ yi_o(k) = \sum_{h=1}^{p} w_{ho} ho_h(k) - b_o, & o = 1, 2, \cdots, q \\ yo_o(k) = f(yi_o(k)), & o = 1, 2, \cdots, q \end{cases} \tag{18-5}$$

式中，hi 表示隐藏层的输入向量；ho 表示隐藏层的输出向量；yi 表示输出层的输入向量；yo 表示输出层的输出向量；w_{ih} 和 w_{ho} 分别表示输入层与中间层的连接权值和隐藏层与输出层的连接权值；k 表示样本数据的个数；b_h 和 b_o 分别表示隐藏层和输出层各神经元的阈值，$f(\cdot)$ 为激活函数。

（4）利用网络期望输出和实际输出，计算误差函数对输出层的各神经元的偏导数 $\delta_o(k)$。根据复合函数求导法则，得

$$\begin{cases} \dfrac{\partial e}{\partial w_{ho}} = \dfrac{\partial e}{\partial yi_o} \dfrac{\partial yi_o}{\partial w_{ho}} \\[2ex] \dfrac{\partial yi_o(k)}{\partial w_{ho}} = \dfrac{\partial \left[\sum\limits_{h=1}^{p} w_{ho} ho_h(k) - b_o \right]}{\partial w_{ho}} = ho_h(k) \\[3ex] \dfrac{\partial e}{\partial yi_o} = \dfrac{\partial \left\{ \dfrac{1}{2} \sum\limits_{o=1}^{q} [d_o(k) - yo_o(k)]^2 \right\}}{\partial yi_o} \\[2ex] \qquad = -[d_o(k) - yo_o(k)] yo_o'(k) \\[1ex] \qquad = -[d_o(k) - yo_o(k)] f'[yi_o(k)] = -\delta_o(k) \end{cases} \tag{18-6}$$

式中，e 表示误差函数，且 $e = \dfrac{1}{2} \sum\limits_{o=1}^{q} [d_o(k) - yo_o(k)]$。

（5）计算误差函数对隐藏层的各神经元的偏导数 $\delta_h(k)$，根据复合函数求导法则可得

$$
\begin{aligned}
\frac{\partial e}{\partial hi_h(k)} &= \frac{\partial \left\{ \dfrac{1}{2} \sum\limits_{o=1}^{q} [d_o(k) - yo_o(k)]^2 \right\}}{\partial ho_h(k)} \frac{\partial ho_h(k)}{\partial hi_h(k)} \\[2mm]
&= \frac{\partial \left(\dfrac{1}{2} \sum\limits_{o=1}^{q} \{ d_o(k) - f[yi_o(k)] \}^2 \right)}{\partial ho_h(k)} \frac{\partial ho_h(k)}{\partial hi_h(k)} \\[2mm]
&= \frac{\partial \left(\dfrac{1}{2} \sum\limits_{o=1}^{q} \left\{ d_o(k) - f\left[\sum\limits_{h=1}^{p} w_{ho} ho_h(k) - b_o \right] \right\}^2 \right)}{\partial ho_h(k)} \frac{\partial ho_h(k)}{\partial hi_h(k)} \\[2mm]
&= -\sum\limits_{o=1}^{q} [d_o(k) - yo_o(k)] f'[yi_o(k)] w_{ho} \frac{\partial ho_h(k)}{\partial hi_h(k)} \\[2mm]
&= -\left[\sum\limits_{o=1}^{q} \delta_o(k) w_{ho} \right] f'[hi_h(k)] = -\delta_h(k)
\end{aligned} \tag{18-7}
$$

（6）利用输出层各神经元的 $\delta_o(k)$ 和隐藏层各神经元的输出修正连接权值 $w_{ho}(k)$：

$$
\begin{cases}
\Delta w_{ho}(k) = -\mu \dfrac{\partial e}{\partial w_{ho}} = \mu \delta_o(k) ho_h(k) \\[2mm]
w_{ho}^{N+1} = w_{ho}^{N} + \eta \delta_o(k) ho_h(k)
\end{cases} \tag{18-8}
$$

（7）利用隐藏层各神经元的 $\delta_h(k)$ 和输入层各神经元的输入修正连接权值：

$$
\begin{cases}
\Delta w_{ih}(k) = -\mu \dfrac{\partial e}{\partial w_{ih}} = -\mu \dfrac{\partial e}{\partial hi_h(k)} \dfrac{\partial hi_h(k)}{\partial w_{ih}} = \delta_h(k) x_i(k) \\[2mm]
w_{ih}^{N+1} = w_{ih}^{N} + \eta \delta_h(k) x_i(k)
\end{cases} \tag{18-9}
$$

式中，μ、η 为学习率。学习率可以通过调整步长来调优，防止数值过大造成不收敛，从而无限逼近最优解。

（8）计算全局误差：

$$
E = \frac{1}{2m} \sum_{k=1}^{m} \sum_{o=1}^{q} [d_o(k) - y_o(k)]^2 \tag{18-10}
$$

（9）判断网络误差是否满足要求，当误差达到预设精度要求或者学习次数大于设定的最大次数时，则结束算法；否则，选取下一个学习样本及对应的期望输出，返回第（3）步，进入下一轮学习。

神经网络的参数主要是通过梯度下降法进行优化，当确定了误差函数（风险函数）及神经网络结构后，就可以采用链式求导法则计算误差函数对每个参数的梯度。但由于 BP 算法采用的误差函数按梯度下降的学习算法，因此可能陷入局部最小值，无法达到全局最小值，因此 BP 算法不能保证 BP 网络一定收敛。计算梯度的方法通常可以分为 3 类：数值微分、符号微分和自动微分，该过程可以使用计算机自动实现，进而大幅度提高效率。

BP 网络的输入层与输出层的节点数根据所处理的任务确定，还需确定隐层数和隐层节点数，目前理论上还没有科学的、普遍的确定方法，但相关设计者已积累了不少可以借鉴的经验。对于隐层数，在设计 BP 网络时一般先考虑设计一个隐层，当一个隐层的节点数很多

但仍不能改善网络性能时,可以考虑再增加一个隐层。对于隐层节点数,若选取得太少,网络从数据中获取信息的能力会很差,即网络误差很大,性能很差;若隐层节点数太多,虽然可减少网络误差,但一方面使网络训练时间延长,另一方面训练容易出现过拟合现象,对未出现的样本推广能力变差。确定隐层节点数的基本原则:在满足精度要求的前提下取尽可能紧凑的结构,即取尽可能少的隐层节点数。这意味着可以先从隐层节点数少的神经网络开始训练,然后增加节点,选取网络误差最小时对应的节点数;也可一开始加入足够多的隐层节点,通过学习把不太起作用的隐层节点删去。

18.2　神经网络的 Python 实现

简单的神经网络可以使用 Python 语言第三方库 Sklearn 中的 neural network 模块完成分类和回归预测问题。

以神经网络中分类预测问题为例进行讲解,对鸢尾花进行分类,调用神经网络建模。完整代码如下:

```
from sklearn.neural_network import MLPClassifier
from sklearn.datasets import make_classification
from sklearn.model_selection import train_test_split
X, y = make_classification(n_samples = 100, random_state = 1)
X_train, X_test, y_train, y_test = train_test_split(X, y, stratify = y, random_state = 1)
clf = MLPClassifier(random_state = 1, max_iter = 300).fit(X_train, y_train)
clf.predict_proba(X_test[:1])
clf.predict(X_test[:5, :])
clf.score(X_test, y_test)
```

具体的 Python 实现如下:

```
from sklearn import datasets
import pandas as pd
from sklearn.preprocessing import StandardScaler     # 数据归一化处理
from sklearn.model_selection import train_test_split # 划分数据集
iris_df = datasets.load_iris()                        # 加载数据集
stdsc = StandardScaler()                              # StandardScaler 类,利用接口在训练集上
                                                      # 计算均值和标准差,以便在后续测试集上
                                                      # 进行相同的缩放

feature = pd.DataFrame(iris_df.data, columns = iris_df.feature_names)
target = [[i] for i in iris_df.target]
x, y = stdsc.fit_transform(feature), target          # 对特征归一化(target 不进行归一化处理)
x_train, x_test, y_train, y_test = train_test_split(
    x, y, test_size = 0.2, random_state = 0)         # 数据集划分
cases = x_train
labels = y_train

from sklearn.neural_network import MLPClassifier
mlp = MLPClassifier(hidden_layer_sizes = (100, ), activation = 'tanh',
                    solver = 'adam',
                    alpha = 0.0001,
```

```
                        batch_size = 'auto',
                        learning_rate = 'constant',
                        learning_rate_init = 0.001,
                        power_t = 0.5,
                        max_iter = 2000,
                        shuffle = True,
                        random_state = None,
                        tol = 0.0001,
                        verbose = False,
                        warm_start = False,
                        momentum = 0.9,
                        nesterovs_momentum = True,
                        early_stopping = False,
                        validation_fraction = 0.1,
                        beta_1 = 0.9,
                        beta_2 = 0.999,
                        epsilon = 1e - 08,
                        n_iter_no_change = 10)
mlp.fit(x_train, y_train)
print(mlp.score(x_train, y_train))

from sklearn import metrics                    #引入包含数据验证方法的包
import matplotlib.pyplot as plt
from sklearn.metrics import plot_roc_curve
y_predict = mlp.predict(x_test)
print(metrics.classification_report(y_test, y_predict))
print('Accuracy = ', metrics.accuracy_score(y_test, y_predict))
```

利用 Python 实现神经网络算法时，主要涉及 hidden_layer_sizes、activation、solver 等参数，参数解释如表 18-2 所示，多层感知机分类器（MLPClassifier）的具体属性值说明如表 18-3 所示。

表 18-2 重要参数说明

参　　数	说　　明
hidden_layer_sizes	类型为元组，元组的第 i 个元素代表第 i 个隐藏层中的神经元数量，长度取值为 n_layers-2，默认值为 100
activation	隐藏层激活函数，参数取值可从{'identity', 'logistic', 'tanh', 'relu'}中选择，默认参数为 ReLU 函数。注意，identity 激活函数是无操作激活函数，即 $f(x)=x$
solver	优化器，参数取值可从{'lbfgs','sgd','adam'}中选择，默认的优化器为 adam
alpha	L2 惩罚（正则项）参数，浮点数类型，默认值为 0.0001
batch_size	随机优化器的批次大小，整型数据，默认参数为 auto。如果优化器为 lbfgs，则分类器将不使用 batch_size；设为 auto 时，batch_size＝min(200，n_samples)
learning_rate	权重更新的学习率，参数可取{'constant', 'invscaling', 'adaptive'}，默认参数为 constant
learning_rate_init	使用的初始学习率，仅在 Solver ＝'sgd'或'adam'时使用。取值为双精度 double 类型，默认值为 0.001。它控制更新权重的步长

表 18-3　属性值说明

属 性 值	说　　明
classes_	每个输出的类标签,ndarray 或 ndarray 列表形式(n_classes,)
loss_	用损失函数计算的当前损失,取值为 float 类型
best_loss	优化器在整个计算过程中达到的最小损失,取值为 float 类型
loss_curve_	列表中第 i 个元素表示第 i 个迭代时的损失,列表结构(n_iter_,)
coefs_	列表形式(n_layers−1,),列表中的第 i 个元素表示与第 i 层相对应的权重矩阵
intercepts_	列表形式(n_layers−1,),列表中的第 i 个元素表示与层 $i+1$ 对应的偏置向量
n_layers_	神经网络的层数,取值为整型数据
n_outputs_	神经网络的输出数目,取值为整型数据
out_activation_	神经网络的输出激活函数,取值为字符串

在构建神经网络模型时,通常还涉及相关的函数,包括 fit()、predict()和 score()函数,具体说明和代码如下:

```
fit(X, y)                      # 拟合模型,输入特征矩阵 X,标签为 y
get_params([deep])             # 获取模型的参数
predict(X)                     # 预测
predict_log_proba(X)           # 返回概率估计的对数
predict_proba(X)               # 概率估计
score(X, y[, sample_weight])   # 返回给定测试数据和标签上的平均准确度
set_params( ** params)         # 设置模型参数
```

18.3　神经网络的应用

本节介绍利用神经网络对数据进行分类的案例,目的是更加深刻地理解神经网络的 Python 实现方法。使用第 10 章聚类分析中使用的鸢尾花数据集,根据鸢尾花的花萼和花瓣的长度及宽度对鸢尾花进行分类预测。

1. 导入数据集

```
from sklearn import datasets
# 加载数据集
iris_df = datasets.load_iris()
'''
iris_df.data:array([[5.1, 3.5, 1.4, 0.2],[4.9, 3. , 1.4, 0.2],...])
iris_df.data.shape:(150,4)
iris_df.feature_names:['sepal length (cm)','sepal width (cm)','petal length (cm)','petal width (cm)']
iris_df.target:array([0, 1, 2])
iris_df.target_names:array(['setosa', 'versicolor', 'virginica'], dtype = '< U10')
'''
```

2. 数据预处理

```
import pandas as pd
from sklearn.preprocessing import StandardScaler        #数据归一化处理
from sklearn.model_selection import train_test_split  #划分数据集
stdsc = StandardScaler()                                  #StandardScaler 类,利用接口在训练集上
                                                          #计算均值和标准差,以便在后续测试集上
                                                          #进行相同的缩放
feature = pd.DataFrame(iris_df.data, columns = iris_df.feature_names)
target = iris_df.target
x, y = stdsc.fit_transform(feature), target             #对特征归一化(target 不进行归一化处理)
x_train, x_test, y_train, y_test = train_test_split(
    x, y, test_size = 0.2, random_state = 0)            #数据集划分
```

3. 构建 MLP(多层感知机)模型

```
from sklearn.neural_network import MLPClassifier
mlp = MLPClassifier(hidden_layer_sizes = (100, ),
                    activation = 'tanh',
                    solver = 'adam',
                    alpha = 0.0001,
                    batch_size = 'auto',
                    learning_rate = 'constant',
                    learning_rate_init = 0.001,
                    power_t = 0.5,
                    max_iter = 2000,
                    shuffle = True,
                    random_state = None,
                    tol = 0.0001,
                    verbose = False,
                    warm_start = False,
                    momentum = 0.9,
                    nesterovs_momentum = True,
                    early_stopping = False,
                    validation_fraction = 0.1,
                    beta_1 = 0.9,
                    beta_2 = 0.999,
                    epsilon = 1e - 08,
                    n_iter_no_change = 10)
mlp.fit(x_train, y_train)
print(mlp.score(x_train, y_train))
```

4. 评估模型

```
from sklearn import metrics                              #导入包含数据验证方法的包
import matplotlib.pyplot as plt
from sklearn.metrics import plot_roc_curve
y_predict = mlp.predict(x_test)
print(metrics.classification_report(y_test, y_predict))
print('Accuracy = ', metrics.accuracy_score(y_test, y_predict))
```

模型评价如表 18-4 所示。

表 18-4　模型评价

项　　目	Precision	Recall	F1-score	Support
0	1.00	1.00	1.00	11
1	1.00	1.00	1.00	13
2	1.00	1.00	1.00	6
Accuracy	1.00			30
Macro avg	1.00	1.00	1.00	30
Weighted avg	1.00	1.00	1.00	30

从表 18-4 中可以看出，神经网络模型的 Accuracy 指标为 1.00，意味着该模型能够完美地将不同种类的鸢尾花区分开。

本 章 小 结

本章主要介绍了神经网络的发展历史、基本理论、Python 实现及利用鸢尾花数据集设计神经网络的案例应用。神经网络具有较强的非线性拟合能力和自学习能力，在图像识别、语音识别和自然语言处理等领域得到了广泛应用。神经网络不仅局限于多层感知机，还有卷积神经网络和图神经网络，实现的 Python 平台包括 TensorFlow 和 PyTorch 等，需要读者自行发现与深入学习。

深度学习主要以神经网络模型为基础，研究如何设计模型结构、如何有效地学习模型的参数、如何优化模型性能及在不同任务上的应用等。与传统的浅层学习相比，深度学习强调了模型结构的深度，其通常有 5 层及以上的隐藏层节点，明确了特征学习的重要性，通过逐层特征变换，将样本在原空间的特征表示变换到一个新的特征空间，从而使分类或预测更容易。相比人工规则构造特征的方法，利用大数据学习特征更能刻画数据丰富的内在信息。第 19 章将重点讨论深度学习的基本原理及 Python 实现。

习　　题

1. 对于一个神经元 $f(\boldsymbol{W}^{\mathrm{T}}\boldsymbol{X}+b)$，使用梯度下降法优化参数 $\boldsymbol{W}$ 时，如果输入 x 恒大于 0，其收敛速度会比零均值化的输入更慢。如果限制一个神经网络的总神经元数量（不考虑输入层）为 $N+1$，输入层大小为 $m(0)$，输出层大小为 1，隐藏层的层数为 L，每个隐藏层的神经元数量为 $\dfrac{N}{L}$，试分析参数数量和隐藏层层数 L 的关系。

2. 某地区作物生长所需的营养素主要是氮（N）。某作物研究所在该地区对某一作物做了一定数量的试验，试验数据如表 18-5 所示，其中，ha 表示公顷，kg 表示千克，t 表示吨。试应用 BP 神经网络分析施肥量与产量的关系。

表 18-5　施肥量与产量关系数据

施肥量/(kg/ha)	0	34	67	101	135	202	259	336	404	471
产量/(t/ha)	15.10	21.36	25.72	32.29	34.03	39.45	43.15	43.46	40.83	30.75

3. 美国人口数据如表 18-6 所示，试建立神经网络模型预测 2020 年美国人口总量。

表 18-6　美国人口数据　　　　　　　　　　单位：百万人

年份	1790	1800	1810	1820	1830	1840	1850	1860	1870	1880	1890
人口	3.9	5.3	7.2	9.6	12.9	17.1	23.2	31.4	38.6	50.2	62.9
年份	1900	1910	1920	1930	1940	1950	1960	1970	1980	1990	2000
人口	76.0	92.0	106.5	123.2	131.7	150.7	179.3	204.0	226.5	251.4	281.4

4. 公路运量主要包括客运量和货运量两个方面。据研究，某地区的公路运量主要与该地区的人数、机动车数量和公路面积有关，表 18-7 给出了该地区 1990—2009 年 20 年间公路运量的相关数据。根据有关部门的数据，该地区 2010 年和 2011 年的人数分别为 73.39 万人、75.55 万人，机动车数量分别为 3.9635 万辆、4.0975 万辆，公路面积分别为 0.9880 万平方米、1.0268 万平方米，请利用 BP 神经网络预测该地区 2010 年和 2011 年公路客运量与货运量。

表 18-7　某地区的公路运量的相关数据

年份	人口数量/万人	机动车数量/万辆	公路面积/万平方千米	客运量/万人	货运量/万吨
1990	20.55	0.6	0.09	5126	1237
1991	22.44	0.75	0.11	6217	1379
1992	25.37	0.85	0.11	7730	1385
1993	27.13	0.9	0.14	9145	1399
1994	29.45	1.05	0.2	10460	1663
1995	30.1	1.35	0.23	11387	1714
1996	30.96	1.45	0.23	12353	1834
1997	34.06	1.6	0.32	15750	4322
1998	36.42	1.7	0.32	18304	8132
1999	38.09	1.85	0.34	19836	8936
2000	39.13	2.15	0.36	21024	11099
2001	39.99	2.2	0.36	19490	11203
2002	41.93	2.25	0.38	20433	10524
2003	44.59	2.35	0.49	22598	11115
2004	47.3	2.5	0.56	25107	13320
2005	52.89	2.6	0.59	33442	16762
2006	55.73	2.7	0.59	36836	18673
2007	56.76	2.85	0.67	40548	20724
2008	59.17	2.95	0.69	42927	20803
2009	60.63	3.1	0.79	43462	21804

第 *19* 章　深度学习

重点内容
◇ 深度学习的基本概念和原理；
◇ 深度学习的不同模型；
◇ 深度学习模型的参数含义。

难点内容
◇ 深度学习的基本原理；
◇ 手写字体识别的 Python 实现。

2016 年，由谷歌旗下的 DeepMind 开发的 AlphaGo 在围棋大战中打败了韩国的围棋大师李世石，从此关于人工智能、机器学习和深度学习的研究开始逐渐火热。虽然从严格定义来说，上述 3 种技术在 AlphaGo 程序中都有所使用，但其真正的核心技术是深度学习。

人工智能包含机器学习，而深度学习则是机器学习的子领域，是神经网络、人工智能、图模型、最优化理论、模式识别和信号处理的交叉学科，是一种试图使用包含复杂结构或由多重非线性变换构成的多个处理层对数据进行高层抽象的算法，是对机器学习中的神经网络进行深度拓展，如图 19-1 所示。深度学习是神经网络革命性的发展，它有助于产生更快的处理器、更廉价的内存及各种形式的数据。至今已有数种深度学习框架，如卷积神经网络、深度置信网络等已被应用在计算机视觉、语音识别、自然语言处理、音频识别与生物信息学等领域并获取了极好的效果。

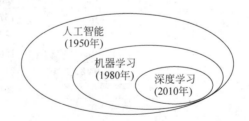

图 19-1　深度学习、机器学习、人工智能之间的关系

本章主要从深度学习基本框架、基本模型和应用场景出发，细化深度学习中的基础知识，如损失函数、学习率、动量，随后介绍卷积神经网络对手写数字进行识别，并使用 Python 编程对案例进行分析。本章思维导图如图 19-2 所示。

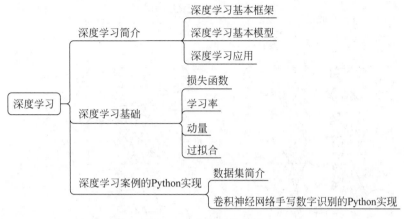

图 19-2　本章思维导图

19.1　深度学习简介

典型的深度学习模型就是层次加深了的神经网络,基于之前介绍的神经网络,只需通过叠加层就可以创建深度网络。神经网络的隐藏层个数增加,其相对应的神经元连接权值、阈值等就会增多。模型的复杂度也可以通过简单增加神经元的数目实现。虽然单隐藏层的前馈神经网络已经具有很大的学习能力,但从增加模型复杂度的角度看,增加神经网络隐藏层个数往往要比增加神经元数目效果好。因为增加隐藏层个数的同时不仅增加了拥有激活函数的神经元数目,也增加了激活函数嵌套的层数。下面详细讲解深度学习的相关知识。

19.1.1　深度学习基本框架

构建深度学习模型通常采用的方法如图 19-3 所示,将输入数据传入模型,经过多个非线性层的过滤,由最终的输出层分类器确定目标对象属于哪一类。

图 19-3　通用深度学习框架

机器学习技术如决策树、随机森林、支持向量机,虽然都是很强大的工具,但都不能算是深度学习技术。决策树和随机森林不对数据进行转换,也不产生新的特征;支持向量机被认为是浅学习,因为其只由核函数和线性转换组成。与之相似,只有一个隐藏层的神经网络也不认为是深度学习。图 19-4 所示为深度学习的神经网络示例,其特点如下。

(1)具有更多的神经元。

(2)具有更复杂的网络连接方式。

(3)拥有惊人的计算量。

(4)能够自动提取数据高维特征。

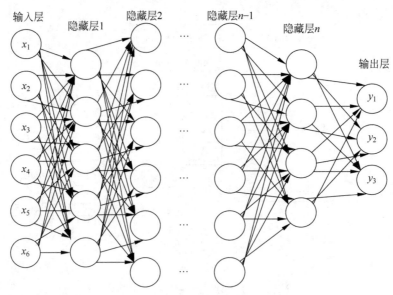

输入层　　隐藏层1　　隐藏层2　　　　隐藏层$n-1$　　隐藏层n　　输出层

图 19-4　深度学习的神经网络示例

19.1.2　深度学习基本模型

现在我们对深度学习已经有了一个大概的认识，接下来将具体介绍深度学习的相关方法和模型。

1. 卷积神经网络

卷积神经网络是图像处理和计算机视觉中最常用的模型，最初研究人员希望通过卷积神经网络模仿动物的大脑视觉皮层结构，因此不同于常规神经网络，卷积神经网络各层中的神经元是三维排列的，具有宽度、高度和深度。每一层的神经元也仅与上一层中有限范围内的神经元相连。卷积神经网络主要由输入层、若干卷积层（CONV）、池化层（POOL）和全连接层（FC）组成，如图 19-5 所示。

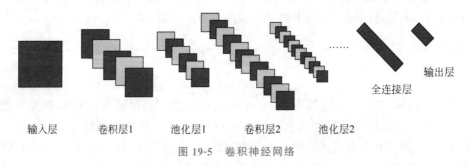

输入层　　　卷积层1　　　池化层1　　　卷积层2　　　池化层2　　全连接层　　输出层

图 19-5　卷积神经网络

在实际应用中卷积层经过卷积操作也是要经过激活函数的，激活函数一般选择 ReLU函数。具体来说，卷积层和全连接层对输入执行变换操作时，不仅会用到激活函数，还会用到共享权值和共享偏置，共享权值和共享偏置通常被称为一个卷积核或滤波器。具体来说，将卷积核的各个参数与对应的局部像素值相乘之和加上对应偏置项，得到的矩阵为特征图（Feature Map）。

　　池化层实际上是对得到的特征图每个深度切片的宽度和高度方向上进行的降采样,常见为最大池化和平均池化,其中最大池化是最为常见的。它将输入的图像划分为若干个矩形区域,对每个子区域输出最大值,池化层会不断地减小数据的空间大小,因此参数的数量和计算量也会下降,这在一定程度上也控制了过拟合。

　　卷积层和池化层的输出代表了输入图像的高级特征,而全连接层的目的是基于训练集用的这些特征对图像进行分类,卷积层和全连接层中的参数会随着梯度下降被训练,最终输出层对全连接层的分类结果进行输出。

2. 循环神经网络

　　循环神经网络是一种包含定向环结构的人工神经网络。循环神经网络中的定向环包含网络的节点和边,连接顺序完全由边决定,因此,循环神经网络随着时间的变化而动态调整自身的网络状态,并不断循环传递,还可以接受广泛的序列信息作为输入。不同于前馈神经网络的是,循环神经网络更加重视网络的反馈作用,因此可以具有一定的记忆功能。

　　图 19-6 所示为循环神经网络模型,由输入向量 X、隐层状态 S、输出向量 O 组成。循环神经网络的隐藏层之间的节点是有连接的,隐藏层的输入不仅包括输入层的输出,还包括上一时刻隐藏层的输出。其不再是单向的,而是包含了循环,可以利用其内部记忆处理任意具有序列特性的数据,能够挖掘出数据中的时序信息及语义信息,因此循环神经网络较多应用在语音识别和手写识别这两个相关领域。

3. 受限玻尔兹曼机

　　受限玻尔兹曼机(Restricted Boltzmann Machine,RBM)是结构特殊的二元马尔可夫模型,拥有多个隐藏层随机变量层,属于对称耦合的随机反馈型二值单元神经网络。受限玻尔兹曼机包含两个层:可视层和隐藏层。神经元之间的连接具有如下特点:层内无连接和层间全连接。每个节点都是处理输入数据的单元,每个节点随机决定是否传递输入。由于所有可视层节点的输入都被传递到所有的隐藏节点,因此受限玻尔兹曼机对应的图是一个二分图。一般来说,可视层单元用来描述观察数据的一个方面或一个特征;而隐藏层单元的意义则并不明确,可以看作特征提取层。图 19-7 所示为受限玻尔兹曼机模型。

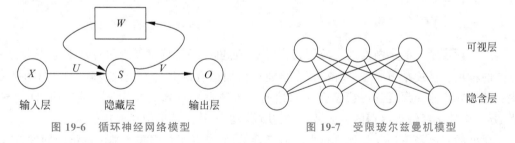

图 19-6　循环神经网络模型　　　　　图 19-7　受限玻尔兹曼机模型

　　受限玻尔兹曼机的性质如下。当给定可视层神经元的状态时,各隐藏层神经元的激活条件独立;反之,当给定隐藏层神经元的状态时,可视层神经元的激活条件也条件独立。受限玻尔兹曼机可以完成对象或语音识别领域的复杂及抽象的内部表达。

4. 深度信念网络

　　深度信念网络(Deep Belief Network,DBN)与受限玻尔兹曼机类似,由多个限制玻尔兹曼机层组成,但在深度信念网络中,每个子网络的隐藏层实际为下一个子网络的可视层,隐藏层单元被训练去捕捉在可视层表现出来的高阶数据的相关性。广义而言,深度信念网络也属于生成模型,由多层潜变量构成,层间存在连接,但层内的神经元间不存在连接。经典的深度信念网络结构由若干个受限玻尔兹曼机层和一个反向传播层组成,结构如图 19-8 所示。

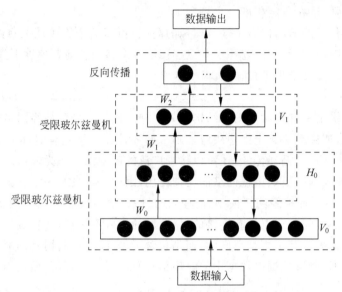

图 19-8　经典的深度信念网络结构

深度信念网络训练模型的过程主要分为以下两步。

(1) 分别单独无监督地训练每一层受限玻尔兹曼机网络,确保特征向量映射到不同特征空间时都尽可能多地保留特征信息。

(2) 受限玻尔兹曼机的输出特征向量作为深度信念网络最后一层反向传播网络的输入特征向量,有监督地训练分类器。每一层受限玻尔兹曼机网络只能确保自身层内的权值对该层特征向量映射达到最优,并不是对整个深度信念网络的特征向量映射达到最优,所以反向传播网络还将错误信息自顶向下传播至每一层受限玻尔兹曼机,微调整个深度信念网络。

19.1.3　深度学习应用

随着深度学习的不断发展与应用,其已经远远超过了传统机器学习算法对数据预测和分类的精度。深度学习模型的“威力”来自通过使用适度的并行非线性步骤,对非线性数据进行分类和预测。深度学习模型会从原始的输入数据一直到最终的分类结果输出的全过程,分层次地学习输入数据的特征,每一层从前一层的输出数据中提取特征。

深度学习已经不仅仅是计算科学的研究领域,它结合了更多关于神经网络的问题,广泛应用于各个领域,如医疗健康、医学图像、自然语言处理等。深度学习就像一座宝矿,等待人们不断地学习与开发。下面简单介绍关于深度学习的应用。

1. 图像识别

图像识别是一种利用计算机对图像进行处理、分析和理解,以识别各种不同模式的目标和对象的技术。

从 2012 年的 ImageNet 竞赛开始,深度学习在图像识别领域就发挥出巨大威力。在图像分类、图像检测、人脸识别等领域,表现最好的系统都是基于深度学习的。2012年,深度学习技术第一次应用到 ImageNet 竞赛中。相对于 2011 年基于传统算法的最佳模型,深度学习模型的识别错误率降低了 41.1%;2015 年基于深度学习技术的图像识别正确率已经超过了人类;2016 年深度学习模型的识别错误率已经降低到 2.991%。

图像分类的任务是根据对于给定的图像,预测其类别标签,其中,自动驾驶就是理解图像分类的很好例子。为了实现自动驾驶,建立一个图像分类模型来识别道路上的各种物体,常用 LeNet、AlexNet、VGGNet、ResNet 等模型。

目标检测是指从一幅图像中找出目标,并采用矩阵框对目标位置进行确认,多用于人脸识别、遥感影像识别等领域。常用两种识别算法:一种是基于区域建议的目标检测与识别算法(R-CNN、Fast-R-CNN 等);另一种是基于回归的目标检测与识别算法(YOLO、SSD 等)。

语义分割是让计算机根据图像的语义进行分割,确定边缘位置,属于同一类的像素都要被归为一类,其实就是像素级别的分类。目前应用于医疗影像识别、遥感影像识别等领域。

图像生成是指从已知的图像中学习特征后进行组合,生成新图像的过程,生成的图像是所有被学习图像特征的结合。常见的图像生成应用有神经风格迁移、谷歌公司研发的 Deep Dream 算法和变分自编码器等。

2. 自动驾驶

成熟的自动驾驶技术部署将减少交通事故和交通拥挤,并改善拥挤城市中的流动性,打造智能化交通通行。而自动驾驶技术从概念设计阶段向实际应用阶段的快速迈进,主要得益于深度学习的快速发展。在自动驾驶领域,深度学习广泛应用于解决感知、行为决策、控制算法中面临的难题,而自动驾驶作为感知和控制技术的制高点,会在未来几年发生巨大的进步。谷歌研发的无人汽车在车辆的感知、决策、控制系统中都广泛应用了深度学习算法。

自动驾驶技术可以分为两种流程。一种是分解式解决方案,感知、决策和控制三个模块相互联系、分工协作,感知模块接受车载传感器和 V2X 通信获得的环境信息并对其进行处理,包括图像、点云识别与高精度定位等,最终实现对车辆行驶环境的场景理解;决策模块接受感知模块传来的环境信息,结合乘客的乘车需求来规划车辆行驶路径,并进行行驶过程的行为决策;控制模块则接受决策模块传来的控制指令,实现对车辆的运动控制。另一种是端到端式方案,一般使用深度学习技术由所输入的传感器数据直接输出控制指令。

而在控制执行方面,深度学习多数用于学习控制系统,以控制对象和环境交互的特性。在决策方面,深度学习被用于解读感知模块信息,进一步利用感知信息解决无人汽车的路径规划与行为决策问题。在环境感知方面,深度学习主要用于车载传感器目标检测与识别,旨在能够从多种传感器数据中准确检测识别出各类环境信息,检测出路面、车道线、交通信号,精确地识别出不同的光照场景,时间,地点,形状的车物体以及障碍。自动驾驶的快速发展不仅能实现巨大的经济与社会效益,还深刻改变汽车行业的布局,推动其他领域人工智能的应用,如智慧城市、广泛物联网等。

3. 医疗健康诊断

随着医疗信息化和数字化诊断的发展,深度学习克服了传统机器学习算法依赖人为特征建立与筛选的限制,在语音识别、视觉对象识别、目标检测、药物发现等领域都取得了较好的成果。2011 年,IBM 机器人 Watson 利用深度学习技术对医学知识进行学习和研究,在学习 200 本肿瘤领域的教科书、290 种医学期刊和超过 1500 万份文献后,Watson 开始被应用在临床上,在肺癌、乳腺癌、直肠癌、结肠癌、胃癌和宫颈癌等领域向人类医生提供临床诊断辅助,与早期筛查诊断相结合,提高患者康复概率。以深度学习为代表的特征学习可以使计算机以大数据为基础自动寻找目标的高维相关特征值,建立数据处理通道模型,实现全自动的智能处理流程,完成在规定应用场景下的目标检测、分割、分类及预测等任务。对医疗影像进行"阅片"处理,首先进行病灶检测,即对可疑病灶进行识别和勾画,然后进行病灶量化诊断,帮助医生鉴别疾病良恶性、分型、分期等,最后给出科学合理的治疗决策。

深度学习对于生物信息领域产生分子层面的基因突变及表达、制药企业的药物研发、监管部门对于流行病的预测和对药物不良反应的检测、患者的个性化治疗和个人健康管理监测等都有重要意义。

从无人驾驶汽车、无人驾驶飞机到生物医学的预防诊断,甚至是更加贴近年轻一代的电影推荐购物指南,深度学习技术已经开始渗透到每一个领域中,几乎所有领域都可以使用深度学习。

19.2 深度学习基础

第 18 章介绍了神经网络的基本概念和特征,了解了神经网络的输入层、隐藏层、输出层及相关的激活函数。通过定义合理的损失函数,实现了神经网络的分类预测。本节将继续介绍建立深度神经网络所必需的基本知识。

19.2.1 损失函数

在机器学习任务中,使用损失函数作为算法优化的目标函数对模型进行调参。不同的损失函数在梯度下降过程中的表现不同,特别是针对自定义的深度神经网络,损失函数的模型会变得更加复杂。了解损失函数的类型,并掌握损失函数的使用技巧,有助于加深对深度学习的认识。

在神经网络中,损失函数用来评价网络模型输出的预测值 $\hat{\boldsymbol{Y}} = f(\boldsymbol{X})$ 与真实值 $\boldsymbol{Y}$ 之间的差异,这里使用 $L(\boldsymbol{Y}, \hat{\boldsymbol{Y}})$ 表示。损失值越小,网络模型的性能就越好。

假设网络模型中有 N 个样本,样本的输入和输出向量 $(\boldsymbol{X}, \boldsymbol{Y}) = (x_i, y_i)(i \in [1, N])$,那么总损失函数 $L(\boldsymbol{Y}, \hat{\boldsymbol{Y}})$ 为每一个输出预测值与真实值的误差之和:

$$L(\boldsymbol{Y}, \hat{\boldsymbol{Y}}) = \sum_{i=0}^{N} l(y_i, \hat{y}_i) \tag{19-1}$$

下面详细介绍各类损失函数,其中前 4 种损失函数常被用作回归问题的损失函数,后 5 种损失函数常被用作分类问题的损失函数。

(1) 均方误差损失函数:

$$\text{loss}(\boldsymbol{Y}, \hat{\boldsymbol{Y}}) = \frac{1}{N} \sum_{i=1}^{N} (\hat{y}_i - y_i)^2 \tag{19-2}$$

实际上,均方误差损失函数的公式可以看作欧式距离的计算公式,欧式距离的计算简单方便,而且是一种很好的相似性度量标准,因此通常使用均方误差(MSE)作为标准的衡量指标。另外，由于均方误差损失函数对异常值非常敏感，平方操作会放大异常值，因此学者们又相继提出了平均绝对误差（MAE）、均方对数误差（MSLE）、平均绝对百分比误差（MAPE）等损失函数来避免该问题。

（2）平均绝对误差损失函数：

$$\text{loss}(\boldsymbol{Y},\hat{\boldsymbol{Y}})=\frac{1}{N}\sum_{i=1}^{N}|\hat{y}_i-y_i| \tag{19-3}$$

（3）均方对数误差损失函数：

$$\text{loss}(\boldsymbol{Y},\hat{\boldsymbol{Y}})=\frac{1}{N}\sum_{i=1}^{N}(\log\hat{y}_i-\log y_i)^2 \tag{19-4}$$

（4）平均绝对百分比误差损失函数：

$$\text{loss}(\boldsymbol{Y},\hat{\boldsymbol{Y}})=\frac{1}{N}\sum_{i=1}^{N}\frac{100|\hat{y}_i-y_i|}{y_i} \tag{19-5}$$

（5）Logistic 损失函数。当神经网络中涉及多分类问题时常使用 Logistic 损失函数，神经网络模型会为每一个分类产生一个有效的概率。为了让某一分类的概率最大，引入了最大似然估计函数。

定义损失函数 $\text{loss}(Y,P(Y|X))$，表示样本 X 在分布 Y 的情况下使概率 $P(Y|X)$ 达到最大值。假设二分类有 $P(Y=1|X)=Y$、$P(Y=0|X)=1-Y$，因此对于多分类有

$$P(Y\mid X)=y_i^{y_i}\times(1-y_i)^{1-y_i} \tag{19-6}$$

在这里使用最大似然函数，目的是使每个分类都最大化，预测其所属正确分类的概率：

$$\text{loss}(\boldsymbol{Y},\hat{\boldsymbol{Y}})=\prod_{i=0}^{N}\hat{y}_i^{y_i}\times(1-\hat{y}_i)^{1-y_i} \tag{19-7}$$

（6）负对数似然损失函数。为了方便运算，在处理概率乘积时通常把最大似然函数转化为概率的对数，这样可以把最大似然函数中的连乘转化为求和。在前面加一个负号后，最大概率 $P(Y|X)$ 等价于寻找最小化的损失。最后，Logistic 损失函数变成了常见的负对数似然函数：

$$\text{loss}(\boldsymbol{Y},\hat{\boldsymbol{Y}})=-\sum_{i=0}^{N}y_i\times\log\hat{y}_i+(1-y_i)\times\log(1-\hat{y}_i) \tag{19-8}$$

（7）交叉熵损失函数。从两个类别扩展到多类别，定义交叉熵损失函数如下：

$$\text{loss}(\boldsymbol{Y},\hat{\boldsymbol{Y}})=-\sum_{i=1}^{N}\sum_{j=1}^{M}y_{ij}\times\log\hat{y}_{ij} \tag{19-9}$$

（8）Hinge 损失函数。Hinge 损失函数可以用来解决间隔最大化问题，因此支持向量机分类器使用该损失函数。

$$\text{loss}(\boldsymbol{Y},\hat{\boldsymbol{Y}})=\frac{1}{N}\sum_{i=1}^{N}\max(0,1-\hat{y}_i\times y_i) \tag{19-10}$$

（9）指数损失函数。使用指数损失函数的经典分类器是 AdaBoost 算法：

$$\text{loss}(\boldsymbol{Y},\hat{\boldsymbol{Y}})=\sum_{i=1}^{N}e^{-y_i\times\hat{y}_i} \tag{19-11}$$

在机器学习中有两种类型参数，一种是与模型结构相关的参数；另一种是与模型调优训练相关的参数，如权重参数 $\boldsymbol{W}$、偏置 b 等。与模型调优有关的参数称为超参数，目的是让模型训练的效果更好、收敛速度更快。接下来对超参数的调优进行介绍。

19.2.2　学习率

梯度下降算法广泛应用于最小化模型误差的参数优化，其公式如下：

$$\theta \leftarrow \theta - \eta \frac{\partial L}{\partial \theta} \tag{19-12}$$

式中，$\eta \in \mathbf{R}$ 为学习率；θ 为网络模型参数；$L = L(\theta)$ 为关于 θ 的损失函数；$\frac{\partial L(\theta)}{\partial \theta}$ 为损失函数对参数 θ 的一阶导数（梯度误差）。

网络模型参数 θ 的更新依赖于梯度误差与学习率；学习率越大，参数 θ 的更新步长越大；学习率越小，参数 θ 的更新步长越小。

在神经网络训练阶段，调整梯度下降算法学习率可以改变网络权重参数的更新幅度，当大的损失和陡峭的梯度与学习率相结合时，下一步长会变大；当很小的误差和比较平坦的梯度与学习率相结合时，下一步长会变小。

为了使梯度下降法具有更好的性能，需要把学习率的值设定在合适的范围内。如果学习率过大，选中参数很可能会越过最优值；反之，网络可能需要很长的优化时间，优化效率过低，最终导致算法无法收敛。

设定学习率时，可以让学习率随迭代次数分阶段衰减。在网络训练初期使用高学习率，当误差降低幅度减少时，转而采用较低的学习率，让误差继续平滑下降，这样就可以让模型训练得到更好的效果。

19.2.3　动量

动量的物理意义为物体的质量和速度的乘积，是与物体的质量和速度相关的物理量。参数更新时也可以模仿物理中的动量，在梯度方向保持不变的维度上动量不断增大，在梯度方向不停变化的维度上动量持续减少，因此可以加快收敛速度并减少振荡。网络中的参数通过动量更新，参数向量在任何有持续梯度的方向上增加速度。其公式如下：

$$\theta \leftarrow \mu\theta - \eta \frac{\partial L}{\partial \theta} \tag{19-13}$$

式中，$\mu \in \mathbf{R}$ 为动量系数，取值为 0～1。

式（19-13）表明，当前梯度方向与前一步的梯度方向一样，就进行权值参数更新，否则不更新。最终在一定程度上增加稳定性，加快学习速率，并且有一定的跳出局部最优的能力。

19.2.4　过拟合

如果模型在训练集上表现出来的效果无法复制到测试集上，就说明该模型存在过拟合。解决过拟合的方法有很多，包括正则化方法和在模型中增加 Dropout 层等。

1. L2 正则化

L2 正则化就是直接在原来的损失函数的基础上加上权重参数的平方和（正则化项）：

$$L = L_0 + \lambda \sum_j w_j^2 \tag{19-14}$$

式中，L_0 为未包含正则化项的训练样本误差；λ 为可调正则化参数。

L2 正则化可以让权重变小，小的权值可以使神经网络的复杂度变低，网络模型相对简单,引起过拟合的可能性变小。

2. L1 正则化

L1 正则化是直接在原来的损失函数的基础上加上权重参数的绝对值:

$$L = L_0 + \lambda \left| w_j \right| \tag{19-15}$$

当权值为正时,更新后的权值变小;当权值为负时,更新后的权值变大。因此,L1 正则化的目的是让权值趋于 0,使得网络的权值尽可能小,降低模型复杂度,避免过拟合。

3. 增加 Dropout 层

L1、L2 正则化通过修改损失函数降低模型复杂度;而增加 Dropout 层则是在神经网络中去掉一些神经元,直接修改神经网络的模型复杂度。简单地说,Dropout 就是在前向传播时,让某个神经元以一定的概率 p 停止工作,这样可以使模型泛化性更强,因为它不会过于依赖某些局部的特征。

19.3　深度学习案例的 Python 实现

19.3.1　数据集简介

MNIST 是一个手写体数字的图片数据集,该数据集由美国国家标准与技术研究所整理,一共统计了来自 250 个不同的人手写数字图片,其中 50% 来自高中生,50% 来自人口普查局的工作人员。收集该数据集的目的是希望通过算法实现对手写数字的识别。MNIST 包括 6 万张分辨率为 28 像素×28 像素的训练样本和 1 万张测试样本,该数据集几乎成为图像识别算法实践的范本,所以本小节也使用 MNIST 进行实战。

19.3.2　卷积神经网络手写数字识别的 Python 实现

1. 导入相关包

```
% matplotlib inline
% config InlineBackend.figure_format = 'retina'
import numpy as np
import torch
import helper
import matplotlib.pyplot as plt
```

2. 下载 MNIST 数据集

该数据集是由 torchvision 包提供。下面的代码将下载 MNIST 数据集,然后创建训练和测试数据集。将训练数据加载到 trainloader 中,并使用 iter(trainloader)使其成为迭代器。

以下代码创建了批大小为 64 的 trainloader。DataLoader()的参数 batch_size 用于设置在一次迭代中从数据加载器获得的图像数量,也就是批大小。参数 shuffle 为 True,表示再次遍历数据加载器时,都要对数据集进行重新排列。

```
from torchvision import datasets, transforms
# 定义转换以规范化数据
```

```
transform = transforms.Compose([transforms.ToTensor(),
                               transforms.Normalize((0.5,), (0.5,)),
                               ])
#下载并训练数据
trainset = datasets.MNIST('~/.pytorch/MNIST_data/', download = True, train = True, transform
 = transform)
trainloader = torch.utils.data.DataLoader(trainset, batch_size = 64, shuffle = True)
# print(trainloader)
testset = datasets.MNIST('~/.pytorch/MNIST_data/', download = True, train = False, transform =
transform)
testloader = torch.utils.data.DataLoader(testset, batch_size = 64, shuffle = True)
```

3. 查看图像规格

```
dataiter = iter(trainloader)
images, labels = dataiter.next()
print(type(images))
print(images.shape)
print(labels.shape)
```

4. 定义超参数

```
BATCH_SIZE = 512                                    #大概需要 2GB 的显存
EPOCHS = 3                                          #总共训练的批次
#让 torch 判断是否使用 GPU,建议使用 GPU 环境,因为会快很多
DEVICE = torch.device("cuda" if torch.cuda.is_available() else "cpu")
```

5. 定义卷积网络模型

网络包含两个卷积层,即 conv1 和 conv2;两个线性层作为输出,最后输出 10 个维度,这 10 个维度用 0~9 标识,以确定识别出的是哪个数字。

```
from torch import nn
import torch.optim as optim
import torch.nn.functional as F
class ConvNet(nn.Module):
    def __init__(self):
        super().__init__()
        #1,28x28
        self.conv1 = nn.Conv2d(1,10,5)              #10,24x24
        self.conv2 = nn.Conv2d(10,20,3)             #128,10x10
        self.fc1  = nn.Linear(20 * 10 * 10,500)
        self.fc2  = nn.Linear(500,10)
    def forward(self,x):
        in_size = x.size(0)
        out = self.conv1(x)                         #24
        out = F.relu(out)
        out = F.max_pool2d(out, 2, 2)               #12
        out = self.conv2(out)                       #10
        out = F.relu(out)
        out = out.view(in_size, -1)
        out = self.fc1(out)
        out = F.relu(out)
```

```
        out = self.fc2(out)
        out = F.log_softmax(out, dim = 1)
        return out
```

6. 实例化网络

实例化一个网络，实例化后使用 to() 方法将网络移动到 GPU，选择优化器 Adam。

```
model = ConvNet().to(DEVICE)
optimizer = optim.Adam(model.parameters())
```

7. 定义训练函数

下面定义训练的函数，并将训练的所有操作都封装到该函数中。

```
def train(model, device, train_loader, optimizer, epoch):
    model.train()
    for batch_idx, (data, target) in enumerate(train_loader):
        data, target = data.to(device), target.to(device)
        optimizer.zero_grad()
        output = model(data)
        loss = F.nll_loss(output, target)
        loss.backward()
        optimizer.step()
        if(batch_idx + 1) % 30 == 0:
            print('Train Epoch: {} [{}/{} ({:.0f} %)]\tLoss: {:.6f}'.format(
                epoch, batch_idx * len(data), len(train_loader.dataset),
                100. * batch_idx / len(train_loader), loss.item()))
```

8. 定义测试函数

测试操作也封装成一个函数。

```
def test(model, device, test_loader):
    model.eval()
    test_loss = 0
    correct = 0
    with torch.no_grad():
        for data, target in test_loader:
            data, target = data.to(device), target.to(device)
            output = model(data)
            #将一批的损失相加
            test_loss += F.nll_loss(output, target, reduction = 'sum').item()
            pred = output.max(1, keepdim = True)[1]    #找到概率最大的下标
            correct += pred.eq(target.view_as(pred)).sum().item()
    test_loss /= len(test_loader.dataset)
    print('\nTest set: Average loss: {:.4f}, Accuracy: {}/{} ({:.0f} %)\n'.format(
        test_loss, correct, len(test_loader.dataset),
        100. * correct / len(test_loader.dataset)))
```

9. 开始训练

```
for epoch in range(1, EPOCHS + 1):
    train(model, DEVICE, trainloader, optimizer, epoch)
    test(model, DEVICE, testloader)
```

本 章 小 结

　　本章简单介绍了深度学习的基本概念、原理及一些基本的深度学习模型,读者可以清晰地了解到深度学习是机器学习的衍生,它具有庞大的神经元、复杂的网络连接方式、惊人的计算量及自动提取特征等特点,是降低数据挖掘难度、提高分类预测精度的不二之选。本章也在神经网络的基础上简单介绍了深度学习算法用到的损失函数、学习率和动量等模型必需的参数。

　　损失函数用于评价模型输出的预测值和真实值之间的差异,使用梯度下降法对损失函数进行优化,更新网络参数。学习率是梯度下降法的参数,高学习率使误差下降得快,低学习率则使误差下降得慢。当一个模型从样本中学习到的特征不能推广到其他新数据时,容易出现过拟合,解决过拟合的方法包括 L1 和 L2 正则化与在神经网络中加入 Dropout 层等。

　　最后,本章使用卷积神经网络方法实现了手写数字体的识别,使读者了解了其 Python 的实现流程。

习　　题

1. 尝试使用不同的损失函数训练深度学习模型。
2. 体会使用不同大小的学习率和动量优化深度学习模型。
3. 试述学习率的取值对网络训练的影响。
4. 建立一个深度学习模型,并尝试解决过拟合问题。
5. 编程实现卷积神经网络,并在公开数据集上进行测试。

参 考 文 献

[1] 姜启源,谢金星,叶俊.数学建模[M].5 版.北京:高等教育出版社,2018.

[2] 朱道元.数学建模案例精选[M].北京:科学出版社,2003.

[3] 韩中庚.数学建模方法及其应用[M].北京:高等教育出版社,2005.

[4] 高惠璇.应用多元统计分析[M].北京:北京大学出版社,2022.

[5] 周志华.机器学习[M].北京:清华大学出版社,2016.

[6] 李航.统计学习方法[M].北京:清华大学出版社,2012.

[7] 雷秀娟.群智能优化算法及其应用[M].北京:科学出版社,2012.

[8] 赵静,但琦.数学建模与数学实验[M].5 版.北京:高等教育出版社,2020.

[9] 司守奎,孙玺菁.Python 数学实验与建模[M].北京:科学出版社,2022.

[10] 孙玺菁,司守奎.数学建模算法与应用[M].3 版.北京:国防工业出版社,2021.

[11] 吕晓玲,宋捷.大数据挖掘与统计机器学习[M].北京:中国人民大学出版社,2019.

[12] 姜启源,谢金星.数学建模案例选集[M].北京:高等教育出版社,2006.